中国地质大学"十二五"规划教材

环境生态学

HUANJING SHENGTAIXUE

主　编：谢作明
副主编：邢　伟　潘晓洁　王伟波　王英才

中国地质大学出版社
ZHONGGUO DIZHI DAXUE CHUBANSHE

前言

随着人类社会经济的快速发展和人口的急剧增长,与人类生产和生活息息相关的生态环境遭受了严重破坏。影响人类生存的环境污染、生态系统退化等生态环境问题反过来又制约着人类的经济发展和社会进步。正因如此,由生态学与环境科学相互交叉、相互融合而逐步形成的新兴学科——环境生态学应运而生。所以,环境生态学的主要任务是研究人为干扰下生态系统中生物与环境之间的相互关系、生态系统结构内在的变化机制和规律,以及生态系统功能的响应,并寻求因人类活动的影响而受损的生态系统的恢复、重建和保护对策。

本书是基于运用生态学理论指导并解决重要的环境问题,来设置主要内容框架的。第一,介绍了环境生态学的产生、研究内容与研究方法及其发展趋势;第二,从生态学的角度阐述了生物个体、种群、群落与其周围环境之间的相互关系;第三,从生态系统层次上介绍了淡水、森林、草地、荒漠和矿山等典型受损生态系统的修复与重建技术;第四,从受污环境方面介绍了环境污染物的产生与毒理学效应和生态学行为,及其生态监测与评价机制;第五,从自然环境保护的角度介绍了生态学理论在生态工程设计中的应用,以及对生态资源的保护与利用和可持续发展的重要作用。

全书共分8章。第一、第六、第七章由中国地质大学(武汉)谢作明编写,第二、第八章由水利部中国科学院水工程生态研究所潘晓洁、中国科学院武汉植物园常锋毅共同编写,第三章由中国科学院武汉植物园邢伟编写,第四章由中国科学院武汉植物园王伟波编写,第五章由长江流域水环境监测中心王英才、中国科学院水生生物研究所汪志聪共同编写。全书由谢作明统稿。

本书较系统地阐述了环境生态学的基本理论与应用技术,具有培养环境类相关专业复合型人才的知识体系。本书可作为环境科学、环境工程、生态学、地球科学、大气科学、农学、林业与园林等专业的课程教材,也可作为从事环境保护、水土保持、矿山修复、农林保护方面的科技工作者和管理人员的学习参考书。

本书在编写过程中参考了大量国内外生态学领域的专著、教材和科研论文,在此向所有被引用文献的作者表示最诚挚的谢意。

由于编者的编写水平和经验有限,书中不足之处在所难免,敬请广大读者批评指正。

谢作明

2015 年 12 月于文华楼

目录

第一章 绪 论 ………………………………………………………………… (1)
  第一节 环境问题的产生及其影响 ………………………………………… (1)
    一、环境问题的概念、产生原因和发展过程 ……………………………… (1)
    二、全球性主要生态环境问题 ……………………………………………… (3)
  第二节 环境生态学的产生、研究内容和发展趋势 ……………………… (5)
    一、环境生态学的定义 ……………………………………………………… (5)
    二、环境生态学的发展简史 ………………………………………………… (6)
    三、环境生态学的研究体系和领域 ………………………………………… (10)
    四、环境生态学的研究方法 ………………………………………………… (12)
    五、环境生态学的研究展望 ………………………………………………… (13)

第二章 生物与环境 …………………………………………………………… (16)
    一、生物及其进化 …………………………………………………………… (16)
    二、环境及其类型 …………………………………………………………… (19)
    三、生态因子的生态作用 …………………………………………………… (21)
    四、生态因子作用的基本规律 ……………………………………………… (36)

第三章 种群生态学 …………………………………………………………… (41)
  第一节 种群的概念和基本特征 …………………………………………… (41)
    一、种群的概念 ……………………………………………………………… (41)
    二、种群的基本特征 ………………………………………………………… (41)
  第二节 种群的动态 ………………………………………………………… (50)
    一、自然种群的数量变动 …………………………………………………… (50)
    二、种群的空间动态 ………………………………………………………… (53)
    三、种群的调节 ……………………………………………………………… (53)
    四、种群的适应对策 ………………………………………………………… (55)

第三节　种群关系 …………………………………………………………………… (57)
　　一、种内关系 ……………………………………………………………………… (57)
　　二、种间关系 ……………………………………………………………………… (61)

第四章　群落生态学 …………………………………………………………………… (65)

第一节　群落的概念和基本特征 ………………………………………………… (65)
　　一、群落的概念 …………………………………………………………………… (65)
　　二、群落的基本特征 ……………………………………………………………… (65)

第二节　群落的物种组成 …………………………………………………………… (66)
　　一、物种组成的性质分析 ………………………………………………………… (66)
　　二、物种组成的数量特征 ………………………………………………………… (67)
　　三、物种多样性 …………………………………………………………………… (68)
　　四、群落调查 ……………………………………………………………………… (70)

第三节　群落的结构 ………………………………………………………………… (71)
　　一、群落外貌 ……………………………………………………………………… (71)
　　二、群落的垂直结构 ……………………………………………………………… (71)
　　三、群落的水平结构 ……………………………………………………………… (72)
　　四、群落的时间结构 ……………………………………………………………… (73)
　　五、群落交错区和边缘效应 ……………………………………………………… (74)
　　六、影响群落结构的因素 ………………………………………………………… (74)

第四节　群落的动态 ………………………………………………………………… (76)
　　一、生物群落的内部动态 ………………………………………………………… (76)
　　二、生物群落的演替 ……………………………………………………………… (77)

第五章　生态系统生态学 ……………………………………………………………… (82)

第一节　生态系统的概念和基本特征 …………………………………………… (82)
　　一、生态系统的概念 ……………………………………………………………… (82)
　　二、生态系统的基本特征 ………………………………………………………… (83)

第二节　生态系统的组成与结构 ………………………………………………… (84)
　　一、生态系统的组成与结构 ……………………………………………………… (84)
　　二、生态系统组成与结构的稳定性及其作用 ………………………………… (85)

第三节　生态系统的功能 …………………………………………………………… (86)
　　一、生态系统的能量流动 ………………………………………………………… (87)
　　二、生态系统的物质循环 ………………………………………………………… (89)

三、生态系统的信息传递…………………………………………………………………(95)
　第四节　生态系统的平衡与自我调节机制………………………………………………(96)
　　一、生态系统平衡及其特征………………………………………………………………(96)
　　二、生态系统失衡…………………………………………………………………………(98)
　　三、生态系统平衡的调节机制……………………………………………………………(101)

第六章　受损生态系统修复与重建……………………………………………(103)

　第一节　受损生态系统的特征及形成原因………………………………………………(103)
　　一、受损生态系统的概念…………………………………………………………………(103)
　　二、受损生态系统的形成原因……………………………………………………………(103)
　　三、受损生态系统的基本特征……………………………………………………………(104)
　第二节　受损生态系统修复与重建的基本理论…………………………………………(107)
　　一、生态修复的概念………………………………………………………………………(107)
　　二、受损生态系统修复与重建的原理……………………………………………………(108)
　　三、生态修复与重建的常用技术和方法…………………………………………………(109)
　　四、生态修复的时间与评价标准…………………………………………………………(110)
　第三节　典型受损生态系统的修复重建技术与实践……………………………………(111)
　　一、受损淡水生态系统的修复……………………………………………………………(111)
　　二、受损森林生态修复……………………………………………………………………(115)
　　三、受损草地生态修复……………………………………………………………………(118)
　　四、荒漠生态修复…………………………………………………………………………(119)
　　五、矿山废弃地修复………………………………………………………………………(121)

第七章　生态环境监测与评价……………………………………………………(124)

　第一节　环境污染物及其环境毒理学效应………………………………………………(124)
　　一、环境污染与环境污染物………………………………………………………………(124)
　　二、毒物……………………………………………………………………………………(125)
　　三、主要污染物的环境毒理学效应………………………………………………………(125)
　第二节　环境污染物的生态学行为………………………………………………………(131)
　　一、环境污染物的迁移、转化和富集……………………………………………………(131)
　　二、环境污染的生态效应…………………………………………………………………(134)
　第三节　污染物的毒性评价方法…………………………………………………………(137)
　　一、污染物的毒性作用……………………………………………………………………(137)
　　二、污染物的毒性评价方法………………………………………………………………(140)

第四节　生态监测与生态评价···(142)
　　　一、生态监测···(142)
　　　二、生态环境影响评价···(147)
　　　三、生态风险评价···(151)

第八章　生态工程···(154)

　　第一节　生态工程的形成与发展···(154)
　　　一、生态工程的定义···(154)
　　　二、生态工程学的形成与发展···(154)
　　　三、生态工程学研究意义···(156)
　　第二节　生态工程学基本原理···(158)
　　　一、生态学原理···(158)
　　　二、工程学原理···(162)
　　　三、经济学原理···(164)
　　第三节　生态工程设计思路与应用实例···(165)
　　　一、生态工程设计原则···(165)
　　　二、生态工程设计的一般步骤···(166)
　　　三、生态工程案例——以湖泊为例···(167)

主要参考文献···(175)

第一章 绪 论

第一节 环境问题的产生及其影响

一、环境问题的概念、产生原因和发展过程

在人类与其周围环境的相互关系中,一方面,自然条件从某些方面(如自然灾害)限制和破坏人类的生产和生活;另一方面,人类生活在环境之中,其生产和生活不可避免地对周围环境产生影响。其中,有些是积极的,对环境起着改善和美化的作用;有些是消极的,对环境起着退化和破坏的作用。这种自然条件或人类活动对环境的消极影响就构成了环境问题。从引起环境问题的根源上,可将环境问题分为两类:由自然界本身变异引起的为原生环境问题,又称第一环境问题,它主要是指火山活动、地震、台风、洪涝、干旱和滑坡等自然灾害问题;由人类的生产和生活活动引起的为次生环境问题,也称第二环境问题。在环境科学学科中着重研究的不是自然灾害问题,而是人为的环境问题,即次生环境问题。

因此,所谓环境问题,是指人类在利用和改造自然的过程中,对自然环境破坏和污染所产生的危害人类自身生存的各种负反馈效应,包括环境污染和生态环境破坏。环境污染是指人类排放的污染物对环境和人体健康造成了危害,如 SO_2 污染、农药污染、重金属污染等。生态环境破坏是指因不合理开发和利用资源而造成的自然环境的破坏,如森林破坏、水土流失、土地沙化等。

环境问题的产生是从人类对自身生存环境的破坏开始的,因此可以说,从人类诞生开始就存在着人与环境的对立统一关系,环境问题应运而生,并且随着人类社会的发展,环境问题也发生着相应变化。在原始社会,人类以采集野果和捕猎动物为生,生产力低下,对环境基本上不构成危害和破坏,即使局部环境受到了破坏,也很容易通过生态系统的自身调节得到恢复。但是,随着生产工具不断改进,生产力水平不断提高,人类改造自然的能力也随之增强,农业和畜牧业得到发展,同时出现了相应的环境问题,如大量砍伐森林、破坏草原、刀耕火种、盲目开荒而导致严重的水土流失、水旱灾害频繁和沙漠化,兴修水利和不合理灌溉引起土壤的盐渍化、沼泽化。随着工业革命的到来,人类改造自然的能力显著增强,工业迅速崛起,工业企业集中分布的工业区和城市大量涌现,城市和工矿区排出大量的废弃物,造成了不同程度的环境污染。如工业废水和城市生活污水使河流和湖泊水质急剧下降;废气排放导致烟雾污染;对矿物的大量开采使土地和植被受到严重破坏和污染,大片矿区及其邻近土地成为不毛之地。随着工业的进一步发展,能源和原材料的消耗量急剧增加,导致对自然资源开发与污染物排放达到空前规模,环境问题更加突出,震惊世界的公害事件接连不断,如著名的"八大公害"事件(表1-1)。随着全球性环境污染和大范围生态破坏的加剧,危害严重、影响范围大的环境问题有三

大类：一是全球性的大气污染，如"温室效应"、臭氧层破坏和酸雨；二是大面积的生态破坏，如大面积森林被毁、草场退化、土壤侵蚀和荒漠化；三是突发性的严重污染事件迭起，如印度博帕尔农药泄漏事件（1984年12月）、前苏联切尔诺贝利核电站泄漏事故（1986年4月）、莱茵河污

表1-1 八大公害事件（引自程发良，2009）

公害事件	富山事件（骨痛病）	米糠油事件	四日事件（哮喘病）	水俣事件	伦敦烟雾事件	多诺拉烟雾事件	洛杉矶光化学烟雾事件	马斯河谷事件
主要污染物	镉	多氯联苯	SO_2、煤尘、重金属、粉尘	甲基汞	烟尘及SO_2	烟尘及SO_2	光化学烟雾	烟尘及SO_2
发生时间	1931—1975年（集中在1950—1960年）	1968年	1955年以来	1953—1961年	1952年12月	1948年10月	1943年5—10月	1930年12月（1911年发生过，但无死亡）
发生地点	日本富山县神通川流域，蔓延至群马县等地7条河的流域	日本九州爱知县等23个府县	日本四日市，并蔓延几十个城市	日本九州南部熊本县水俣镇	英国伦敦市	美国多诺拉镇（马蹄形河湾，两岸山高120m）	美国洛杉矶市（三面环山）	比利时马斯河谷（长24km，两侧山高为90m）
中毒情况	至1968年5月确诊患者258例，其中死亡128例。至1977年12月又死亡79例	患病者5000多人，死亡16人，实际受害者超过1万人	患者500多人，其中36人因哮喘病死亡	截至1972年有180多人患病，50多人死亡，22个婴儿生来神经受损	5天内死亡4000人，历年共发生12起，死亡近万人	4天内43%的居民（6000人）患病，20人死亡	大多数居民患病，65岁以上老人死亡400人	几千人中毒，60人死亡
中毒症状	开始关节痛，继而神经痛和全身骨痛，最后骨骼软化萎缩、自然骨折、饮食不进，衰弱疼痛至死	眼皮浮肿，多汗，全身有红丘症，重者恶心呕吐，肝功能下降，肌肉疼痛、咳嗽不止，直至死亡	支气管炎、支气管哮喘、肺气肿	口齿不清，步态不稳，面部痴呆，耳聋眼瞎，全身麻木，最后精神失常	胸闷、咳嗽、呕吐	咳嗽、喉痛、胸闷、呕吐、腹泻	刺激眼、喉、鼻，引起眼病和咽喉炎	咳嗽、呼吸短促、流泪、喉痛、恶心、呕吐、胸闷窒息
致害原因	食用含镉的米和水	食用含多氯联苯的米糠油	重金属粉尘和SO_2随煤尘进入肺部	海鱼中富含甲基汞，当地居民食用含毒的鱼而中毒	SO_2在金属颗粒物催化下生成硫酸和硫酸盐，附在烟尘上，人吸入肺部	SO_2、SO_3和烟尘生成硫酸盐气溶胶，吸入肺部	石油工业和汽车废气在紫外线作用下生成光化学烟雾	SO_2、SO_3和金属氧化物颗粒进入人肺部深处
公害成因	炼锌厂未经处理的含镉废水排入河中	米糠油生产中用多氯联苯作热载体，因管理不善，多氯联苯进入米糠油中	工厂大量排出SO_2和煤粉，并含有钴、锰、钛等重金属微粒	氮肥厂含汞催化剂随废水排入海湾，转化成甲基汞被鱼和贝类摄入	居民取暖燃煤中含硫量高，排出大量SO_2和烟尘，又遇逆温天气	工厂密集于河谷盆地中，又遇逆温和多雾天气	汽车大量排放烃类1000多吨，盆地地形不利于空气流通	谷地中工厂集中，烟尘量大，逆温天气日有雾

染事故(1986年11月)等。人类首次感觉到这些全球性大范围的环境污染和生态破坏问题已严重威胁着人类的生存和发展。1992年联合国在巴西里约热内卢召开的"环境与发展"大会,标志着人类对环境与发展的观念升华到了一个崭新的阶段。环境污染和生态破坏所造成的影响,已从局部向区域和全球范围扩展,并上升为严肃的国际政治和经济问题。

二、全球性主要生态环境问题

全球性环境问题的产生是多种因素共同作用的结果。随着科学技术的飞速发展,人类干扰、改造自然界的力量日益强大,环境问题出现的频率增加,强度增大,范围也更广。环境问题已从局部的、小范围的环境污染与生态破坏演变成区域性、全球性的环境问题。当今全球性环境问题可以归纳为4类,即人口问题、资源问题、生态破坏问题和环境污染问题。它们之间相互关联、相互影响,成为当今世界所关注的主要问题。

(一)人口问题

目前,全世界人口已经超过70亿,而且仍在持续增长。毋庸置疑,人口的急剧增加是引发全球生态危机和环境恶化的主要原因之一。随着人口的增长和人们生活水平的提高,人们对各类资源如土地、矿物、水资源等的利用急剧增加,排出的废物量也随之增加,从而加重资源消耗和环境污染。而地球上的一切资源都是有限的。如果人口急剧增长,超过了地球环境的合理承载能力,必将造成资源短缺、环境污染和生态破坏。因此,控制人口增长过快是解决环境压力的重要措施。但是,环境问题不仅仅是由人口增长所引发的。所以,环境问题是不能只靠控制人口的增长就可以自行解决的。

(二)资源问题

自然资源是人类生存和发展不可缺少的物质依托和条件。资源问题作为全球问题的存在绝非孤立,它总是同人口、环境、经济、社会等问题紧密地联系在一起,并构成当代全球问题的基础。随着人口的剧增和经济的发展,自然资源迅速耗损,越来越多的物种濒临灭绝,矿物能源日渐枯竭,矿产资源严重短缺,海洋生态受损严重,未来资源宝库面临浩劫。淡水资源不足,森林资源持续赤字,气候变化异常,各类灾害加剧。

土地资源损失尤其是可耕地资源损失严重,人类开发利用的耕地和牧场,由于各种原因正在不断减少或退化,而全球可供开发利用的后备土地资源已很少,许多地区几乎枯竭。森林不仅能为人类提供大量的林木资源,具有重要的经济价值,而且它还具有调节气候、防风固沙、涵养水源、保持水土、净化大气、保护生物多样性、吸收二氧化碳、美化环境等重要的生态学价值。人类受短期利益的驱使,对森林资源的过度利用,使全球森林资源锐减,造成了许多生态灾害。世界上有43个国家和地区缺水,占全球陆地面积的60%。约有20亿人用水紧张,10亿人得不到良好的饮用水,并且随着水污染日益严重,淡水资源更加紧张,水资源的短缺严重阻碍了社会经济的发展。由于过度捕捞,海洋渔业资源正急速锐减,而且海产品中的重金属和一些有机污染物等有可能对人类的健康带来威胁。人类活动使得近海水域的氮和磷含量增加,水体富营养化导致海藻大量繁殖。化石燃料是指煤、石油和天然气等地下开采出来的能源。当今人类的生产和生活都依赖于化石能源,人类无节制地使用和过度浪费这些不可再生能源,导致其逐渐走向枯竭。

(三)生态破坏问题

全球性的生态破坏主要包括植被破坏、水土流失、土地沙化、生物多样性减少等。

植被是全球或某一地区内所有植物群落的泛称,包括森林植被、草原植被等。植被是生态系统的基础,为动物和微生物提供了特殊的栖息环境,为人类提供了食物和多种有用物质材料。植被还是气候和无机环境条件的调节者,无机和有机营养的调节和储存者,空气和水源的净化者。植被在人类环境中起着极其重要的作用,它既是重要的环境要素,又是重要的自然资源。森林不仅为人类提供丰富的林木资源,而且是陆地生态系统的中心,在涵养水源、保持水土、调节气候、繁衍物种、动物栖息等方面起着不可替代的作用。但是,人们对森林在生态环境中的重要作用缺乏认识,长期过量地采伐,使消耗量大于生长量。另外,由于不合理开垦,过度放牧,重用轻养,使本处于干旱、半干旱地区的生态系统遭受严重破坏而失去平衡,导致生产力下降。另外,近年来地球气温变暖,草原地区降雨量下降,导致草原面积逐年缩小,草原植被覆盖日渐降低,草原植物种类减少。

水土流失是指在水力、风力、重力及冻融等自然力和人类活动作用下,水土资源和土地生产力的破坏和损失,包括土地表层侵蚀及水的损失。水土流失分为水力侵蚀、重力侵蚀和风力侵蚀3种类型。水土流失不仅直接破坏土壤资源,导致可耕作土地面积减少,土壤肥力下降,农作物产量降低,而且流失的泥沙进入江河、湖泊和水库,造成大量淤积,从而给地表径流带来一系列的严重后果。

土地沙化是指因气候变化和人类活动使土壤上的植被及覆盖物被破坏,形成流沙及沙土裸露而导致沙漠扩张的过程。人类造成土地沙化的主要活动包括过度放牧、开垦耕地、滥挖滥伐、不合理利用水资源。土地沙化的扩展使可利用土地面积缩小,土地产出减少,降低了养育人口的能力,成为影响全球生态环境的重大问题。

生物多样性是指在一定时间和一定地区的所有生物物种及其遗传变异和生态系统的复杂性总称。它包括遗传多样性、物种多样性、生态系统多样性和景观生物多样性4个层次。在生物进化过程中会产生一些新的物种,而随着生态环境的变化,也会使一些物种消失。近年来,由于人口的急剧增长和人类对自然资源的不合理开发,加之环境污染等原因,地球上的各种生物及其生态系统受到了极大的冲击,致使生物多样性锐减。据估计,世界上每年至少有5万个生物物种灭绝,平均每天灭绝的物种达140个。由于人口增长和经济发展的压力,对生物资源的不合理利用和破坏,中国的生物多样性所遭受的损失也非常严重,大约有200个物种已经灭绝;估计有5000种植物在近年内处于濒危状态,约占中国高等植物总数的20%;大约还有398种脊椎动物也处在濒危状态,约占中国脊椎动物总数的7.7%。因此,保护和拯救生物物种以及这些生物赖以生存的生态环境,是摆在人类面前的重要任务。

(四)环境污染问题

环境污染作为全球性的重要环境问题,主要是指温室气体过量排放造成的全球气候变化、臭氧层破坏、酸雨和酸沉降、海洋污染等。

全球气候变化主要是指全球气候变暖问题。全球气候变暖主要是由于大气中温室气体增加产生的温室效应造成的。人类活动产生大量CO_2、CH_4、N_2O、氟氯烃等气体,当它们在大气中的含量不断增加时,即产生所谓的温室效应,使气候逐渐变暖。全球气候变化对全球生态系统带来了威胁和严峻的考验。全球气候变暖,使得气候反常,如厄尔尼诺现象等灾难性天气频发;极地冰川融化,海水膨胀,从而使海平面上升;引起气候带发生变化,如温度带北移,降水带变化,从而导致生物分布发生变化,生活在赤道的种群扩展到温带,温带的物种向极地方向扩展,导致某些地区的农作物可能会因温度的升高、CO_2浓度的增加而增产,但全球范围内农作物的产量和品种的地理分布将发生变化,并且产量会减少。

臭氧层是大气平流层中臭氧浓度相对较高的部分,是地球的保护罩。它一方面可以使地球表面温度不至过高,另一方面通过吸收太阳紫外线辐射来保护地球表面的生物免遭强紫外线的伤害。但是,臭氧层是一个很脆弱的气体层,如果一些会和臭氧发生化学作用的物质进入臭氧层,臭氧层就会遭到破坏,这将使地面受到紫外线辐射的强度增加,给地球上的生命带来很大的危害。大气中臭氧的减少使到达地面的短波长紫外辐射(UV-B)的辐射强度增加,导致皮肤病和白内障的发病率增高,破坏人体免疫系统;使植物的叶片变小,光合作用有效面积减小,光合作用受到抑制;使海洋中的浮游生物减少,进而影响水生生物的生存,并对整个生态系统构成威胁。

大气酸沉降是指pH<5.6的大气化学物质通过降水、扩散和重力作用等过程降落到地面的现象或过程。通过降水过程表现的大气酸沉降称为湿沉降,它最常见的形式是酸雨。通过气体扩散、固体物降落的大气酸沉降称为干沉降。酸雨降落到水体中会妨碍水中鱼虾的生长,使鱼虾减少甚至绝迹;导致土壤酸化,破坏土壤的营养,使土壤贫瘠化;危害植物的生长,造成作物减产或危害森林的生长;腐蚀建筑材料,破坏文化古迹。

海洋污染是目前海洋环境面临的最重大问题。目前局部海域的石油污染、赤潮、海面漂浮垃圾等现象非常严重,并有扩展到全球海洋的趋势。海洋石油污染不仅影响海洋生物的生长、降低海滨环境的使用价值,破坏海岸设施,还可能影响局部地区的水文气象条件和降低海洋的自净能力。赤潮生物可分泌黏液,黏附在鱼类等海洋动物的鱼鳃上,妨碍其呼吸,导致鱼类窒息死亡;赤潮生物可分泌毒素,使生物中毒或通过食物链引起人类中毒;赤潮生物死亡后,其残骸被需氧生物分解,消耗水中溶解氧,造成缺氧环境,厌氧气体(NH_3、H_2S、CH_4)的形成引起鱼、虾、贝类死亡;赤潮生物吸收阳光,遮盖海面(深达几十厘米),使水下生物得不到阳光而影响其生长、发育和繁殖;引起海洋生态系统结构变化,造成食物链局部中断,破坏海洋的正常生产过程。

第二节 环境生态学的产生、研究内容和发展趋势

一、环境生态学的定义

环境生态学(environmental ecology)是生态学的一个新分支,伴随着环境问题的出现而产生和发展,以生态学的基本原理为理论基础,结合物理学、化学、环境科学和仪器分析等学科的理论与应用技术,研究生物与受人为干预的环境之间的相互关系及其规律的一门综合性学科。因此,环境生态学是研究人为干扰的环境条件下,生态系统结构内在的变化机制和规律、生态系统功能的响应,寻求因人类活动的影响而受损的生态系统的恢复、重建、保护的生态学对策,即运用生态学理论,阐明人与环境之间的相互作用及解决环境问题的生态途径的科学。

环境生态学是环境科学与生态学之间的交叉学科,是生态学的重要应用学科之一。因此,

环境生态学既不同于以研究生物与其生存环境之间相互关系为主的经典生态学,也不同于只研究污染物在生态系统中的行为规律和危害的污染生态学,亦不同于研究社会生态系统结构、功能、演化机制以及人的个体和组织与周围自然、社会环境相互作用的社会生态学。它主要解决环境污染和生态破坏这两类环境问题。

环境生态学是生态学学科体系的组成部分,是依据生态学理论和方法研究环境问题而产生和发展的新兴分支学科。因此,在诸多的相关学科中,环境生态学与生态学的联系最为紧密。环境生态学也是环境科学的分支学科之一。人们在环境科学的研究中,发现解决大量环境问题需要运用生态学理论,环境生态学应运而生。因此,生态学和环境科学为环境生态学奠定了理论基础。

环境生态学一方面关注环境背景下生态系统自身发生、演化和发展的动态变化以及受扰后生态系统的治理与修复,另一方面致力于自然-社会-经济复合生态系统的规划、管理与调控研究。在环境科学体系中,环境生态学与环境监测和评价、环境工程、环境治理和修复以及环境规划和管理的关系尤为密切。

二、环境生态学的发展简史

(一)生态学的萌芽、建立、巩固、发展和研究内容

生态学(Ecology)一词源于希腊文 oikos,由词根"oiko"和"logos"演化而来,"oiko"意为"住所"或"栖息地","logos"意为"论述"或"学科"。因此,从字义上讲,生态学是研究居住环境的科学。

1866 年,德国博物学家 Haeckel E 在其所著的《普通生物形态学》(Generelle Morphologie der organismen)一书中首先将生态学(oecologie)作为一个学科名词提出。他认为,生态学是研究生物有机体与其栖息场所之间相互关系的科学,尤指动物有机体与其他动、植物之间的互惠或敌对关系。但是,首先使用"Ecology"一词的学者是 Henry David Thoreau(1858)。1895 年,日本东京帝国大学的 Miyoshi Manabu 将"Ecology"译为"生态学"。1935 年,武汉大学张挺教授将"生态学"一词引入我国,被广泛使用至今。

随着生态学的发展,也由于研究背景和研究对象的差异,不同学者对生态学提出了不同的定义。1927 年,英国生态学家 Charles Elton 认为生态学是科学的自然史。1945 年,苏联生态学家 KaIIkapo B 认为,生态学是研究生物的形态、生理和行为上的适应性的科学。在 20 世纪 50 年代之后,生态学已打破动植物的界限,进入生态系统时期,研究范围越来越广泛,并超出生态学的领域。1954 年,澳大利亚生态学家 Andrewartha 认为,生态学是研究有机体的多度分布的科学。1958 年,美国生态学家 Odum E P 认为,生态学是研究生态系统结构和功能的科学。他在其 1997 年出版的《生态学》(Ecology: A Bridge Between Science and Society)一书中指出,生态学越来越脱离生物学而成为独立的学科,是"综合研究有机体、物理环境与人类社会的科学",并强调人类在生态学过程中的作用。1980 年,我国生态学会创始人马世骏认为,生态学是研究生命系统与环境系统之间相互作用规律的科学。他同时还提出了社会-经济-自然复合生态系统的概念。

利用现代生态学的观点理解"生态学是研究生物有机体与其栖息场所之间相互关系的科学",我们发现 Haeckel E 对生态学的定义包含着丰富的思想。"生物有机体"包括动物、植物、

微生物及人类本身,而"栖息场所"则指生物生活在其中的无机因素、有机因素,以及生物因素和人类社会。因此,至今大部分生态学家都认为 Haeckel E 对生态学的定义是最准确的。

实际上,生态学是人类在认识自然过程中逐渐发展起来的。人类在和自然的斗争中,已经认识到环境和气候对生物生长的影响,以及生物和生物之间关系的重要性。因此,生态学经历了一个漫长的历史过程,而且是多元起源的。概括地讲,大致可以分为 4 个时期,即生态学的萌芽时期、建立时期、巩固时期和现代生态学时期。

(1) 生态学的萌芽时期(公元 16 世纪以前)。早在公元前 1200 年,我国《尔雅》一书中就记载了 176 种木本植物和 50 多种草本植物的形态与生态环境。公元前 200 年,《管子·地员篇》中详细介绍了植物分布与水文地质环境的关系。公元前 100 年前后,我国农历已确立了二十四节气,它反映了作物、昆虫等生物现象与气候之间的关系。在欧洲,Aristotle(公元前 384—公元前 322 年)按栖息地把动物分为陆栖、水栖等大类,还按食性分为肉食、草食、杂食及特殊食性 4 类。Aristotle 的学生、古希腊著名学者 Theophrastus(公元前 370—公元前 285 年)在其著作中曾经根据植物与环境的关系来区分不同树木类型,并注意到动物色泽变化是对环境的适应。但是,这些书籍中并没有出现生态学这一名词。

(2) 生态学的建立时期(公元 17 世纪至 19 世纪末)。进入 17 世纪后,随着人类社会经济的发展,生态学作为一门科学开始成长。例如,1670 年,英国著名化学家 Boyle R 发表了低气压对动物效应的试验,研究了低气压对小白鼠、猫、鸟、蛙和无脊椎动物的影响,标志着动物生理生态学的开端。1735 年,法国昆虫学家 Reaumur 发现,就一个物种而言,日平均气温总和对任一物候期都是一个常数,这一发现被认为是研究积温与昆虫发育生理的先驱。1792 年,德国植物学家 Willdenow C L 在《草学基础》一书中,详细讨论了气候、水分与高山深谷对植物分布的影响。1798 年,马尔萨斯《人口论》(*An Essay on the Principle of Population*)的发表,促进了达尔文生存斗争及物种形成理论的形成,并促进了人口统计学及种群生态学的发展。

进入 19 世纪之后,生态学得到很快发展并日趋成熟。1807 年,Humboldt A 在其出版的《植物地理学知识》一书中提出了"植物群落""外貌"等概念,揭示了植物分布与气候条件的关系,并指出"等温线"对植物分布的意义,分析了环境条件与植物形态的关系,创立了植物地理学。1855 年,Al. de Candolle 将积温的概念引入植物生态学,为现代积温理论打下基础。1859 年达尔文的《物种起源》问世,促进了生物与环境关系的研究,使不少生物学家开始了环境诱导生态变异的实验生态学研究。

1866 年,德国博物学家 Haeckel E 首次提出了生态学定义。1895 年,丹麦植物学家 Warming E 发表了《以植物生态地理为基础的植物分布学》,后改名为《植物生态学》(*Ecology of Plants*)。1898 年,德国生态学家 Schimper A F W 发表了《以生理学为基础的植物地理学》。这两本书全面总结了 19 世纪末叶之前生态学的研究成就,被公认为生态学的经典著作,标志着生态学作为一门生物学的分支科学的诞生。

(3) 生态学的巩固时期(20 世纪初至 20 世纪 50 年代)。20 世纪初期,动植物生态学并行发展,各种著作和教材相继出版。在动物生态学方面,关于生理生态学、动物行为学和动物群落学等研究有了较大的进展。1906 年,Jennings H S 发表了《无脊椎动物的行为》(*Behavior of the Lower Organisms*);1913 年,美国生态学家 Shelford V E 发表了《温带美洲的动物群落》(*Animal Communities in Temprate America as Illustrated in the Chicago Region*);1927 年,Elton C 在其《动物生态学》(*Animal Ecology*)一书中提出了食物链、数量金字塔、生态位等概念;1942年,Lindeman提出了生态系统物质生产率的渐减法则。在植物生态学方面,Clements(1938)、Whittaker(1953)、Tansley(1954)等先后提出了诸如顶级群落、演替动态、生物群落类型等重要概念,对生态学理论的发展起到了重要的推动作用。同时,由于各研究区的自然条件、植物区系、植被性质及开发利用程度的差异,植物生态学在研究方法、研究重点上各有千秋,形成了几个著名的生态学派。主要有:以美国的Clements F E和英国的Tansley A G为代表的英美学派,以研究植物群落的演替和创建顶级学说而著名,被称为动态学派;以瑞士苏黎世大学的Rubel E和法国蒙伯利埃大学的Braun-Blanquet J为代表的法瑞学派,他们把植物群落生态学称为"植物社会学",并用特征种和区别种划分群落类型,称为群丛,并建立了比较严格的植被等级分类系统,完成了大量的植被图,常被称为植物区系学派;由瑞典乌普萨拉(Uppsala)大学的Sernauder R创建,其继承人Du Rietz G E为代表的北欧学派,以注重群落分析为特点,1935年与法瑞学派合流后,被称为西欧学派或大陆学派;以В Н Сукачёв(作者英文名不详)为代表的苏联学派,注重建群种与优势种,建立了一个植被等级分类系统,并重视植被生态、植被地理与植被制图工作。

(4)现代生态学时期(20世纪60年代以后)。20世纪60年代以来,由于工业高度发展和人口迅速增长,导致人类居住环境的污染、自然资源的破坏与枯竭,以及城市化进程的加速和资源开发规模的不断增长,迅速改变着人类自身的生存环境,造成对人类未来生活的威胁。在解决这些困扰人类问题的过程中,生态学不仅与生物学的各个分支领域相互促进,而且还与物理学、化学、地质学和数学等自然科学相互交叉,甚至超越自然科学界限,与经济学和社会学相互结合。生态学成了自然科学和社会科学之间相互衔接的真正桥梁之一。随着高精度的分析测试技术、电子计算机技术、遥感技术和地理信息系统技术的发展,生态学得到了快速发展。

因为研究对象的复杂性,生态学已经发展成一个庞大的学科体系。从研究的范围和尺度来看,经典生态学主要研究个体生态学、种群生态学、群落生态学和生态系统生态学,而现代生态学除了经典生态学的研究对象外,借助现代科学技术手段,向宏观和微观两极发展,宏观方向发展到整个地球生物圈,微观方向发展到分子生态学。

随着现代生态学的进一步发展,生态学不再仅仅是一门解释自然规律的科学,而且还成为改造自然的武器。因此,生态学在理论与应用两方面向更深层次方向发展。理论生态学涉及生态学进程、生态学关系的数学推理及生态学建模,而应用生态学则是将生态学原理应用于改造自然,如农业生态学、森林生态学、草地生态学、城市生态学、污染生态学、恢复生态学、人类生态学等。生态学还与其他学科相互渗透而产生边缘学科,如化学生态学、物理生态学、经济生态学、生态伦理学等。

(二)环境科学的形成、发展和研究内容

环境科学是20世纪50年代后,由于环境问题的凸显而诞生和发展起来的一门新兴学科。随着全球性环境污染与破坏的日益加剧,人类生存空间受到严重威胁,引起人类思想的极大震动和全面反省。1962年,美国海洋生物学家Rachel Carson在其出版的《寂静的春天》(*Silent Spring*)一书中说明了杀虫剂污染造成了严重的生态灾害。该书促使环境保护事业在美国和全世界迅速发展,推动了世界上许多科学家,包括生物学家、化学家、物理学家、地理学家、医学家、工程学家和社会学家,对环境问题共同进行调查和研究。1972年,英国经济学家Ward B和美国微生物学家Dubos R受联合国人类环境会议秘书长Strong M的委托,主编出版了《只有一个地球》(*Only One Earth*)一书,副标题是"对一个小小行星的关怀和维护"。主编者试图不仅从整个地球的前途出发,而且也从社会、经济和政治的角度来探讨环境问题,要求人类明智地管理地球。这本书可以被认为是环境科学的一部绪论性质的著作,从而形成了环境科学相对独立的研究体系。不过,这个时期有关环境问题的著作,大部分是研究污染或公害问题的。20世纪70年代后半期,人们认识到环境问题不再仅仅是排放污染物所引起的人类健康问题,而且包括自然保护和生态平衡以及维持人类生存发展的资源问题。随着人们对环境问题的研究与探讨以及利用和控制技术的发展,环境科学迅速发展了起来。环境科学从提出到现在,只有短短几十年的历史,然而这门新兴学科发展异常迅速。许多学者认为,环境科学的出现,是50年代以来自然科学迅猛发展的一个重要标志。首先,环境科学的出现推动了自然科学各个学科的发展;其次,环境科学的出现还推动了科学整体化研究。

环境科学是以人类为研究中心,研究人类与环境关系的科学。而生态学是以生物为研究中心,研究生物与环境关系的科学。随着环境科学与其他学科的交叉发展,在原有学科理论和方法的基础上,逐渐出现了环境地质学、环境生物学、环境化学、环境物理学、环境医学、环境工程学、环境经济学、环境法学、环境管理学等一些新的分支交叉学科。因此,环境科学可以定义为:是研究人类社会发展活动与环境演化规律之间相互作用关系,寻求人类社会与环境协同演化、持续发展途径与方法的科学。

环境科学的主要研究内容包括:探索全球范围内环境系统演化的规律,揭示人类活动与环境的关系,探索环境变化对人类生存的影响,研究人类对环境不同范围和尺度的影响,探索区域环境综合治理的技术和管理手段。

(三)环境生态学的产生和发展

自20世纪50年代开始,全球性环境问题日益严重,如全球性气候变化、酸雨、臭氧层破坏、荒漠化扩展、生物多样性减少等带来环境不断被破坏、资源日益衰竭的严重生态危机,使全球环境和生态系统失衡。人类社会所面临的新的生态问题正在成为生态学关注的重点,经典生态学的研究内容和研究重点急需快速拓展。

1962年,美国海洋生物学家Rachel Carson出版了《寂静的春天》一书,描述了使用农药造成的严重污染,阐明了污染物在环境中的迁移转化,初步揭示了污染对生态系统的影响机制,阐述了人类同大气、海洋、河流、土壤及生物之间的密切关系。这些论述有力地促进了生态学与环境科学的结合,被认为是环境生态学的启蒙之著和学科诞生的标志。随后,另一些著作的发表更加加深了人类活动对环境影响方面的认识,如《人类与环境》(*Man and Environment*)(Arvill R,1967)《我们生态危机的历史根源》(*The Historical Roots of Our Ecologic Crisis*)(Lynn White Jr,1967)《人口炸弹》(*Population Bomb*)(Ehrlich Paul R,1978)和《人类对环境的影响》(*Man's Impact on Environment*)(Detwuler T R,1971)等使人们更加清晰地认识到人类活动是如何影响地球表面大气圈、水圈、土壤-岩石圈和生物圈的一些自然过程的。

1972年,罗马俱乐部发表了著名的研究报告——《增长的极限》(*Limit of Increase*),这是环境生态学发展初期的主要象征。同年,联合国人类环境会议在瑞典首都斯德哥尔摩召开,来自世界113个国家和地区的代表参加了这次会议,并通过了《人类环境宣言》。这是人类第一次将环境问题纳入世界各国政府和国际政治的事务议程,呼吁人类在决定世界各地的行动时,必须更加审慎地考虑它们可能对环境造成巨大的无法挽回的损失。1980年,国际自然及自然资源保护联合会公布了《世界自然资源保护大纲》。这些文件的制定,表明人类开始认识到地球的环境是脆弱的,各种资源也不是取之不尽的;环境被破坏、资源被过度利用以后是很难恢复的,必须依赖于生态学原理和方法,维护人类赖以生存的环境和可持续利用的各种自然资源,这就是环境生态学产生的基础。

20世纪70—80年代是环境生态学的迅速发展时期。1980年,Cairs 等出版了《受害生态系统的恢复过程》(The Recovery Process in Damaged Ecosystem)一书,较为详细地论述了人为干扰受害生态系统的原因、过程、结果和恢复途径。1987年,Freedman B 发表了第一部教科书《环境生态学》,其主要内容包括空气污染、有害元素、酸化、森林衰减、油污染、淡水富营养化和杀虫剂等。该书的出版标志着环境生态学的学科框架已基本形成,从而对环境生态学的发展起到了积极的推动作用。

三、环境生态学的研究体系和领域

环境生态学是研究人类与其生存环境的科学。其着重研究人类活动影响下生物与环境的相互关系,以避免人类生产和生活活动对环境造成不利影响,并保护和改善人类的生存环境。环境生态学是一门理论与实践并重的科学。随着环境问题的日益凸显,国内外的相关研究也在不断丰富。因此,环境生态学的研究内容除了涉及经典生态学的基本理论外,更加关注解决环境问题的方法和途径,主要包括以下几个方面的内容。

(一)人为干扰下受损生态系统内在的变化机制和规律

环境生态学研究的对象是受人类干扰的生态系统。人类对生态系统的干扰主要表现在对环境的污染和生态破坏上。自然生态系统受到人为的外界干扰后,将会产生一系列的反应和变化。在这一过程中,干扰效应在生态系统各组分间是如何相互作用的?产生了哪些生态效应?如何影响人类?在哪些条件下,人类干扰将加速、延缓群落演替,甚至更改演替方向?污染物在生态系统中的行为规律和危害方式有哪些?人类干扰如何影响生态系统中物质能量的输送和生物产量?

(二)退化生态系统的机理以及恢复与重建技术

在人类干扰和恶化的自然条件的影响下,很多生态系统处于退化状态。退化生态系统的恢复与重建是将环境生态学理论应用于生态环境建设的一个重要方面,应重点研究人类活动与自然干扰造成各类生态系统退化的机理;在遵循自然规律的基础上,通过人类的作用,探寻恢复和重建自然生态系统的途径和技术方法;研究石油、煤炭、矿山等开发过程中或开发后土地生产力的恢复和重建问题。

(三)生态系统受损程度及危害性的判断

受损后的生态系统,在结构和功能上有哪些退化特征?这些退化特征的生态学效应和性质是什么?危害性如何?对这些问题都需要做出准确和量化的评价。物理、化学、生态学和系统理论的方法是环境质量评价和预测所常用的4个最基本的手段,科学的评价应该是几种方法的结合,而生态学判断所需的大量信息就是来自生态监测。实际上,生态监测是利用生态系统各生命层次对干扰的响应来分析变化的效应、程度和范围,包括人为干扰下生物的个体生理反应、种群动态变化、群落演替过程和风险预测评估等。

(四)各类生态系统功能及其保护的措施和技术研究

各类生态系统在生物圈中执行着不同的功能,它们是人类生存的基础,被破坏后所产生的生态后果也各不相同,如水体富营养化、水土流失、土地荒漠化、盐碱化等。环境生态学就是要研究各类生态系统的结构、功能及对其进行保护和合理利用的途径和对策,探索不同生态系统的演变规律和调节技术,为防治人类活动对自然生态系统的干扰,有效地保护自然资源、合理利用资源提供科学依据。

(五)解决环境问题的生态学对策研究

单纯依靠工程技术解决人类面临的环境问题,已被实践证明是行不通的,而采用生态学方法治理环境污染和解决生态破坏问题,尤其在区域环境的综合整治上,已经初见成效,前景令人鼓舞。依据生态学的理论,结合环境问题的特点,采取适当的生态学对策并辅之以其他方法或工程技术来改善环境质量,恢复和重建受损的生态系统是环境生态学的重要研究内容。如研究治理水体、土壤、大气污染的生态技术,各种废物处理和资源化的生态工程技术,探索自然资源利用的新途径,研究生态系统科学管理的原理和方法等。

(六)全球性生态环境问题监测与应对策略

全球性生态环境问题严重威胁着人类的生存和发展,如臭氧层破坏、温室效应、全球变化等,产生的根本原因是人类对大自然的不合理开发和破坏。因此,要在监测全球生态系统变化的基础上,研究全球变化对生物多样性和生态系统的影响、生存环境历史演变的规律、敏感地带和生态系统对环境变化的反应、全球环境变化及其与生态系统相互作用的模拟,建立适应全球变化的生态系统发展模型,提出减缓全球变化中自然资源合理利用和环境污染控制的对策与措施。

(七)地质环境调查与生态修复措施研究

随着人口的剧增和工农业的快速发展,人类对生态环境的干扰,不只限于地表环境,而且还在加速影响着地壳浅层地质环境和地下水环境。因此,环境生态学也关注地质生态环境问题,主要包括:地质背景对生态系统的控制、生态地质脆弱性的地质灾害、岩-土-水-植物生态系统、土壤地球化学与生态农业、生态地质环境的动态监测和评价决策支持系统、生态地质环境计算机模拟、研究区域地下水资源及生态环境地质调查方法。

以上内容都是针对现代生态环境的研究。有研究者认为环境生态学还应研究地球古环境生态和古气候,因为古环境生态和古气候的演变不仅是地球生物系统演化史的一部分,而且还与生物进化有着十分紧密的关系。对地球古环境生态和古气候的研究有助于为未来全球变化提供科学线索和模式检验的历史资料。因此,对"过去全球变化"的主要研究包括:古环境生态与气候的演化过程研究;古环境生态、古气候演化的周期性和突发事件的研究;古环境生态与古气候相互作用模拟研究;古环境生态变迁的数值模拟。

综上所述,维护生物圈的正常功能、改善人类生存环境,是环境生态学研究的根本目的;运用生态学理论和方法,识别人为干扰的生态学效应以保护与合理利用自然资源,治理被污染和被破坏的生态环境,恢复和重建受损的生态系统,实现生态系统结构和功能的完整性,以满足人类社会生存与可持续发展之需要等问题,是环境生态学研究的基本内容。

四、环境生态学的研究方法

环境生态学以现代生态学为理论基础,以解决因人为干扰而出现的环境问题为主要研究目的。因此,环境生态学研究应以解决实际问题的生态学研究方法为主,结合环境科学的研究手段,形成并完善一套极具学科特色的研究方法。根据环境生态学研究的不同需要,可以分为原地观测研究、室内模拟研究和新技术应用研究三大类型。

(一)原地观测研究

原地观测研究是指在研究区对人类活动影响下生态系统受损情况的考察,是环境生态学研究的主要方法之一。对受损生态系统的修复、重建和保护,都需要直观的第一手资料,而这些资料都来自于实地观测。原地观测研究方法包括野外调查、定位观测和原地示范试验。

1. 野外调查

野外调查是考察研究区内环境状态、特定种群行为或群落结构与自然环境因子之间的相互关系。对于不同类型的生物所采取的调查方法往往有一定的差异。如在动物种群调查中的取样方法有样方法、标记重捕法、去除取样法等。在植物种群和群落调查中的取样方法有样方法、无样地取样法、相邻格子取样法等。样地或样本的大小、数量和空间配置,都要符合统计学原理,保证得到的数据能反映总体特征。

2. 定位观测

定位观测是考察某个体、种群、群落或生态系统的结构和功能与其环境因子的关系在时间上的变化。定位观测先要设立一块可供长期观测的具有代表性的固定样地,样地必须能反映所研究的种群或群落及其生境的整体特征。定位观测所需时间,取决于研究对象和目的。若观测微生物种群,只需要几天时间即可;若观测污染物对植物的生态效应可能需要数月;若观测群落演替,则需要几年、十几年、几十年,甚至更长时间。

3. 原地示范试验

原地示范试验是指在野外现场观察濒危生物物种数量变化、污染区域生物数量变化、草地荒漠化发展趋势、矿物资源现存量变化等环境问题后,分析导致环境问题的原因和变化规律,依据观察所得的第一手资料,在调查现场划定一个具有代表性的区域,开展研究区示范性试验研究,以探寻环境问题的最佳解决方案。如在自然水体中进行围隔试验,观测水体污染过程及其影响因素;在富营养化水体中划定一个具有代表性的研究区域,开展生物修复试验;在荒漠化地区选定一个区域,采取藻-草-灌-乔的立体生物修复试验。

(二)室内模拟研究

室内模拟研究是指在室内模拟自然条件下研究不同环境因子变化对生态系统的影响,以揭示自然生态系统受损的原因和机理。室内模拟研究包括微宇宙模拟、系统分析、数学模型等。

1. 微宇宙模拟

微宇宙模拟是在人工气候室或人工水族箱中建立自然生态系统的模拟系统,即在光照、温度、湿度、风力、土质、营养元素等环境因子的数量与质量都完全可控制的条件下,通过改变其中某一因素或多个因素,来研究实验生物的个体、种群以及小型生物群落系统的结构、功能、生活史动态过程及其变化的动因和机理。

2. 系统分析

系统分析是一种进行科学研究的策略,它以一种系统的、科学的方法对系统进行模拟和预测,找出生态系统内各组分之间的关系、各组分内不同的影响力。系统分析中应用最多的方法有多元统计法、多元分析方法、动态方程、多维几何、模糊数学理论、综合评判方法、神经网络理论等一系列相关的数学和物理研究方法。目前,应用比较广泛的系统分析模型有微分方程模型(动力模型)、矩阵模型、突变量模型及对策论模型等。

3. 数学模型

环境生态学强调以野外实地调查、室内模拟研究和数学模型分析相结合的手段研究受人为干扰的生态环境系统,因此数学模型与野外调查和室内模拟具有同样重要的地位。数学模型是一个系统的基本要素及其关系的数学表达,模型能使一个十分复杂的系统简化,使研究者容易了解并预测其未来的发展趋势。生物种群或群落系统行为的时空变化的数学概况,统称为生态数学模型。生态数学模型仅仅是实现生态过程的抽象,每个模型都有一定的限度和有效范围。模型也能更好地揭示关键性的生态过程,如从最早的描述种群增长的指数方程和Logistic方程以及Lotka - Volterra竞争和捕食模型,到湖泊、河流、海湾生态模型,再到草原、森林、农田管理模型,直至全球生态模型。

(三)新技术应用

尽管环境生态学成为一门独立的学科至今仅有半个世纪,但其发展非常迅速。这在很大程度上得益于多种新技术、新方法被广泛应用于环境生态学的理论和实践研究。这些新技术包括计算机、卫星遥感、地理信息系统、同位素、分子生物学技术、自动测试技术、受控实验生态系统装置以及其他高精尖分析测试技术等。计算机技术在生态系统资料、数据处理中有极其重要的作用,生态系统的复杂规律必须在现代计算机技术手段下才能得以充分地揭示;对于环境治理、资源合理利用、全球环境变化等复杂问题,如预测系统行为及提出最佳方案等,也只有利用计算机模拟才能解决。遥感、航测和地理信息系统则频繁地应用于资源探测、环境污染检测,如用近红外和可见光谱的遥感数据计算出来的归一化植被指数(NDVI)预测生态系统的初级生产量。生态模拟技术则是另一类受到重视的新技术。应用生态模拟在优化生态系统控制和生态恢复技术,生态建设的规划及设计,预测生态变化方面有重要的价值。美国和日本等国均已开展了许多生态模拟试验。如1991年9月,美国在Arizona沙漠中建成全部由钢材和玻璃构成的"生物圈Ⅱ号"(biosphere 2)全封闭式人工模拟生态系统。近年来,日本也在考虑建造类似的人工生态系统工程。现代环境生态问题的研究需要范围更大、分辨率更高的遥感技术,更精密的化学分析技术,稳定性同位素和分子生物学技术,以及数学模型的应用。

五、环境生态学的研究展望

随着工农业的进一步发展,环境问题日益突出,特别是环境问题出现了新的变化和发展,使得环境问题越来越制约社会的可持续发展。环境生态学作为环境科学的一门重要分支学科,其研究内容及发展趋势值得我们关注。总体上来说,环境生态学的发展趋势是充分利用生态学原理和生物技术,在环境质量的监测和评价、环境污染的净化和治理、自然资源的开发和利用等方面进行研究,进一步认识环境问题,解决环境问题,控制环境污染,由污染治理转向污染控制,由后治理转向先预防,以"清洁生产"代替"末端治理"。如在一些反应过程中,采用高效率、无污染的生物酶制剂代替化学催化剂,提高反应效率,减少副产物对环境的压力和污染。因此,环境生态学的研究内容和学科任务逐渐向更深、更广的方向发展,着重关注以下研究内容,并努力取得突破性进展。

（一）生态系统的人为干扰与监测

干扰包括自然干扰和人为干扰,环境生态学所指的干扰主要是人为干扰。人为干扰被认为是驱动种群、群落和生态系统退化的主要动因。人为干扰涉及干扰的类型、损害强度、作用范围和持续时间,以及发生频率、潜在突变、诱因波动等方面。但如何判定一个生态系统是否受到人为干扰的损害及损害程度、受害生态系统结构和功能变化有何共同特征等,目前还存在不同看法,需要不断研究,获取共识。通过监测和诊断人为干扰对生态系统的损害,有利于排除消极干扰,把危害性控制在最低范围,确保生态系统的健康发展。

（二）退化生态系统的恢复与重建

退化生态系统是指生态系统在自然或人为干扰下形成的偏离自然状态的系统。也有人认为,退化生态系统是指生态系统在一定的时空背景下,在自然因素和人为因素,或者在二者的共同干扰下,生态要素和生态系统整体发生的不利于生物和人类生存的量变和质变,其结构和功能发生与其原有的平衡状态或进化方向相反的位移,具体表现为生态系统的基本结构和固有功能的破坏或丧失、生物多样性下降、稳定性和抗逆性减弱、系统生产力下降。

国外学者对生态恢复的解释有3种观点:一是强调受损的生态系统要恢复到较接近受干扰前的理想状态;二是强调其应用生态学过程;三是生态整合性恢复。如何保护好现有的健康的自然生态系统,如何综合恢复与整治退化的生态系统,以及如何重建可持续的人工生态系统,将成为环境生态学中最具吸引力和最有发展前景的研究领域。目前,关于各类受损生态系统恢复与重建的具体原则和方法已有了大量的实践,如湿地、湖泊、河流的生态修复与重建,农田、森林、草原和荒漠化土地的恢复和重建,工厂、矿山和城市等受干扰生态系统的退化规律、恢复和重建的对策、措施、方法以及退化生态系统恢复的指标体系等,都有实践研究的成功案例。然而,这个研究领域仍不能满足实践的需要,我们必须紧跟生态环境问题的变化而发展更加完善的恢复和重建技术,确保实现生态、社会和经济效益的统一。

（三）环境生物技术与生态工程技术

环境生物技术是指运用生物手段认识环境问题和解决环境问题的生物技术,主要包括环境质量监测与评价、环境污染净化与处理的生物学方法和技术的发展与应用。生态工程技术是应用生态系统中种共生与物质循环再生原理、结构与功能协调原理,结合系统最优化方法设计的分层多级利用物质的生产工艺系统。

应用环境生物技术与生态工程技术进行环境质量的监测、评价、控制和环境污染的净化、处理以及污染环境的修复,都将变得越来越重要,如水体、空气、土壤污染治理和固体废弃物处理的生态修复技术。这些生态技术尤其在湿地、湖泊、河流的生态修复和重建方面表现出了优势。污染环境的生物修复(包括微生物修复和植物修复)和利用生态工程修复技术修复被污染环境和退化生态系统将是污染治理的新途径,目前已在重金属污染和有机污染物影响的土壤、地下水和地表水生物修复技术方面取得成功。

环境质量监测与评价的生物技术发展趋势有:在环境中低浓度污染物和沉积物中污染物的研究方面,除了继续根据具有指示种、耐污种、敏感种特点的生物来监测环境质量的变化外,还可以针对一些生物对环境污染很敏感的现象进行监测和评价。因此可以利用生物传感器监测其形态指标、行为指标、生理指标和生化指标等的变化,为发现污染起到预警作用。

环境污染净化和受损环境修复的生物技术发展趋势有:利用基因工程、细胞工程、酶学工程和发酵工程改变微生物的遗传特性,使之能够适应各种被污染的环境,并以污染物作为营养物质,将污染物进行分解和转化,从而进一步提高微生物降解污染物的能力;在生态工程技术上,利用污水稳定塘处理、土地处理、固体废弃物处理方法和技术在环境污染处理方面,对土壤、湿地、湖泊、河流的生态系统进行修复与重建。

(四)生态安全与生态风险评价

各种生态环境问题所造成的严重后果,引起了人们对环境与生态的高度重视。因此,在环境影响评价的基础上发展了生态风险与生态安全评价,并且随着理论和技术的不断完善,生态风险和生态安全评价工作也发生了很大变化。生态风险与生态安全评价研究经历了从环境危害评价到局地生态风险与生态安全评价,再到区域评价的发展历程。

生态安全研究是环境生态学研究的新内容,如生态入侵、生物工程农产品及人类其他活动的生态安全与预测。因此,生态安全是研究生态环境的正面情况或其发展趋势,分析合理的安全阈值,设法保障和提高生态环境的安全度。而生态风险是对生态环境或区域生态系统出现的负面问题进行分析和评价,研究的目的是分析影响生态系统的不确定因素及其影响程度,找出降低风险的方法,维护生态环境的稳定。因此,生态风险评价可预测各种人为干扰的生态效应和健康效应,如根据污染物的化学行为模型、毒性毒理学模型和地理信息系统,对区域生态系统的承载能力、污染负荷能力、恢复能力及其修复后生态系统的恢复情况进行综合的定量评价和预测。

(五)生态系统管理

生态系统管理的概念是在环境生态学发展过程中逐渐形成和发展的。在探索人类与自然和谐发展的道路上,生态系统的可持续性已成为生态系统管理的首要目标。生态系统的科学管理是合理利用和保护资源、实现可持续发展的有效途径。实现人类社会的可持续发展,重要的措施就是加强对生物圈各类生态系统的管理。然而,生态系统的复杂性和管理难度远远超出人们的想象。在实践中,由于对生态系统功能及其动态变化规律还缺乏全面认识,往往注重的是短期产出和直接经济效益,而对于生态系统的许多公益性价值,如对污染空气的净化、防灾减灾、植物授粉和种子传播、气候调节等功能,以及维护生态系统长期可持续性研究的重视还不够,对于修复或重建生态系统的科学管理也缺乏经验。因此,明确生态系统管理的基本原则,寻求生态系统管理的有效方法和途径,也是环境生态学的重要任务。

第二章 生物与环境

从严寒的极地到炙热的赤道,地球表面的几乎所有角落均生长分布着各种类型的生物,生物在适应多样化环境的过程中,表现出很强的生态适应性。生物与环境的关系包含两方面的含义:其一是指生物对环境的适应性和环境对生物生存与演化的作用;其二是指不利环境条件下生物对环境的适应性改变。探讨生物与环境之间的相互关系和生物对环境的适应性是本章的主要内容。

一、生物及其进化

(一)生命的起源

生物即有生命的个体,具备支撑生命现象的新陈代谢和遗传两大基本特征。地球上生命无处不在,充斥着包括大气底部、水体大部、岩石表面的整个生物圈。并且,随着人类认识的加深,生命的范围拓展到诸多以往认为不可能存在生命的极端环境。例如,地表以下 2000m 深的地层中,属于一个几乎没有空气,高温、高压的极端环境,但大量嗜酸、嗜铁、嗜甲烷的微生物却可以生存。而大气圈上部,空气干燥稀薄、紫外线强烈且温度极低(零下 50℃),如此条件下依然有生命存在的迹象。在为生命无处不在感到惊讶的同时,需要思考其背后所蕴藏的规律与本质。

尽管关于生命起源的问题目前人们还无法给出一个令所有人普遍认同的答案,但来自生命科学以外的古环境学和地球化学等其他学科的证据,为人们达成共识提供了基础——地球生命起源于地球上的化学过程。地球形成初期,地表为还原性气体,充满硫化氢、氮气、甲烷、氢气、氨气及水蒸气,没有氧气,大气层稀薄,缺乏臭氧层,紫外线强烈,温差变化大。正是这种环境为原始生命的形成提供了条件。1953 年,美国学者 Miller 进行的米勒模拟实验(Miller - Urey experiment)为生命起源的化学进程提供了实验证据。

生物活性大分子的形成为生命的出现奠定了基础,而细胞的出现则为生命从活性大分子向生命进化迈出了关键一步,标志着生命进程开始由化学进化进入生物进化。尽管细胞进化阶段有关自我复制系统的建立、蛋白质合成以及生物膜系统的形成还缺少可靠的证据,对进化的具体过程还不十分清楚,但从形成于不同年代的生物化石序列中,可以看出生物进化的基本过程。30 亿年前,地球形成之初出现了以蓝藻门为主的光合自养型生物,其在海洋中生长与繁殖,使地球原始大气成分发生改变:消耗二氧化碳,产生氧气,使大气由还原性逐渐变成氧化性。经过 28 亿年的漫长演变过程,为随后绿色植物和其他生物的出现创造了条件。可以看出,生命形成的过程是由变异、遗传、选择等环境因素所驱动的。生物界的发展历史表明,生物进化是从水生到陆生、从简单到复杂、从低等到高等,对环境的适应性过程。

(二)生物种的概念

种又称为物种,作为分类系统中最基本的单位,指具有一定共同形态特征和生理特性以及一定自然分布区的生物类群。不同物种之间具有明显的界限,即生殖隔离。一个物种中的个体一般不能与其他物种中的个体交配,即使可以交配也不能产生有生殖能力的后代。

对于物种的认识,是随着科学的发展而变化的。早在17世纪,Ray在其《植物史》一书中把种定义为"形态相似的个体之集合",并认为种具有通过繁殖而永远延续的特点。18世纪中期,瑞典植物学家林奈(Linnaeus)在继承Ray的观点上,认为种是形态相似个体的集合,同种个体可自由交配,能产生可育的后代,而不同种之间的杂交则不育,并创立了种的双命名法。例如,一头牛、一匹马、一条鱼等。这一时期种的概念相对简单,每个物种在形态方面具有易于识别区分的特征,分类学家主要以形态特征作为物种划分的依据,并且认为物种是固定不变的。随着进化思想发展并被广泛接受,物种不变的认识发生了改变,人们认识到地球上的物种是在长期发展过程中,环境变化对其遗传、变异自然选择的结果。

不同学科之间,往往结合其学科特点对物种有不同的定义。遗传学对物种的定义为:物种是一个具有共同基因库的、与其他类群有生殖隔离的类群。这一定义主要强调物种间的基因交流,认为有无基因交流是划分物种的主要依据。根据遗传学理论,物种的性状可分为基因型与表型两类。前者是物种的遗传本质,即生物性状表现所必须具备的内在因素,后者为与环境结合后实际表现出的可见性状。一个物种的性状随环境条件而改变的程度称作该物种的可塑性。植株的高低、叶子的大小、分支的多少等,属于非遗传性变异。另一类变异来自基因型的改变,主要是通过基因突变与基因的重组实现,这类变异是可以遗传的。例如,家畜、家禽及栽培植物中的许多品种,虽然形态上不同,但可以杂交,按照遗传学观点这些生物只能属于一个物种的不同品种。遗传学物种概念的出现与发展有着积极意义,可有效解决由于种内、种间变异的错综复杂关系,导致分类学者对物种的划分存在较大分歧的问题。对基于外部形态进行物种分类的"形态种"而言,以遗传学特征为基础的"生物种"对其是一种有益补充。

近年来有人试图把物种的特征数量化,提出数量分类方法,即根据表型相似系数或表型距离进行聚类分析,并得出一系列不同等级的聚类群。但把物种划在哪个等级上只能人为决定,不同的人可能有不同的归类标准,模糊了物种存在的客观性。表型分类法只强调形态的相似性。美国现代生物学家Mayr E从种群遗传学的角度把物种定义为"能实际地或潜在地彼此杂交的种群的集合构成一个种",而"种群是某一地区具有实际或潜在杂交能力的个体的集群"。但有人提出,以可杂交性对物种进行分类在理论上讲是十分重要的,但应用于野外操作的可行性较差,因为在野外识别其可杂交性有很大困难。此外,生物间的杂交能力很少达到100%。如果A和B两个种群杂交能力达55%,那么这两个种群算不算一个物种?由此可见,这种划分也有一定的局限性。

总之,不同分类学家对物种的划分标准是不同的。不管用什么方法所确定的物种,总是在客观存在基础上的人为划分。尽管如此,目前关于物种的概念在不同学科和不同发展阶段之间是存在共识的。在生物学认识方面,物种是客观存在的实体,并且不同物种之间存在明显的形态上的不连续性及不同形式的生殖隔离;而在进化方面,物种是由内在因素(特殊、遗传、生理、生态及行为)联系起来的个体的集合,是自然界中的一个基本进化单位和功能单位。在生物界进化的漫长历史中,物种的分化是生物对环境异质性的适应结果。一个物种能代代相传,保存其物种性,取决于遗传物质或生化控制机制。没有这种控制机制,物种就不会存在。但物种又是适应环境的产物,它不能脱离其生存环境,由于环境的变动和一个物种的分布区内环境的异质性,常常会引起物种性状的改变。

(三)生物的协同进化

以进化的眼光审视生命形成的过程,可以看出生命是地球上各种物质综合作用的结果。一方面,环境中的任何生物,不能脱离环境而单独存在,必须依赖于其所处的环境;另一方面,生存于环境中的生物也并非一成不变,而是在进化中生存,在进化中发展。推动生物进化进程的并非生物本身,而是自然选择。生物世代中产生的遗传变异多种多样,并最终表现为具有不同特征的生物个体。自然选择决定哪些个体或种群应该生存,哪些应该被自然界所淘汰。因此,从这种意义上来讲,生命是适应环境的一种特殊的物质运动。但是生命又不是一成不变的,而是由于遗传变异和自然选择向着更高的、更适应于环境的方向进化。生命的存在过程就是不断地适应新环境、改变新环境的过程,形成了生物与环境之间相互补偿和协同发展的关系。

生物的协同进化是在环境的选择压力下进行的,这里所指的环境不仅包括非生物因素,还包括生物因素。一个物种的进化必然会作用于其他生物的自然选择压力,引起其他生物的进化环境发生变化,这些变化反过来又会引起相关物种的进一步变化。在很多情况下,两个或更多物种的单独进化常常互相影响,形成一个相互作用的协同适应系统。

1. 捕食者和猎物之间的协同进化

大型动物中,捕食者和猎物之间的相互作用是这种协同进化的最好实例。捕食对于捕食者和猎物都是一种强有力的选择:捕食者为了生存必须获得狩猎的成功,而猎物的生存则依赖逃避被捕食的能力。在捕食者的压力下,猎物必须靠增加隐蔽性、提高感官的敏锐性和疾跑来减少被捕食的风险。例如,瞪羚为了不成为猎豹的牺牲品就会跑得越来越快,但瞪羚提高了奔跑速度反过来又成了猎豹的一种选择压力,促使猎豹也增加奔跑速度。捕食者或猎物的每一点进步都会作为一种选择压力促进对方发生变化,这就是我们所说的协同进化。

2. 昆虫与植物间的协同进化

植食性昆虫可给植物造成严重的损害,对植物来说可能是最大的选择压力。作为对这种压力做出的反应,不同植物发展的适应能力有所不同。对于处于早期演替阶段的一年生植物来说,主要靠植物个体较小、分散分布和短命来逃避取食;对多年生植物来说,由于受到昆虫攻击的概率更大,此类植物中很多靠加厚表皮、多毛和生长棘刺等物理防卫阻止具有刺吸式口器昆虫的攻击;还有一些植物则通过分泌有毒、有难闻气味或具有对抗营养物质吸收作用的物质进行化学防卫,防止昆虫的损害。例如,甘蓝的次生化学物质使它具有特殊的气味,这些化合物对于那些不适应于吃这类植物的昆虫是有毒的。植物获得化学防卫能力,就会对植食性昆虫形成一种选择压力,反过来昆虫会逐渐适应并克服这种防卫手段,对植物形成一种新的压力,迫使植物产生新的适应性变化。

3. 大型草食动物与植物的协同进化

大型草食动物的取食活动可对植物造成严重的损害,这对其所啃食的植物而言无疑是一种强大的选择压力。在这种压力下,很多植物都采取了储存的生长方式或者长得很高大。几乎所有的植物都靠增强再生力和增加对营养生殖的依赖来适应草食动物的啃食,其生长点都不在植物顶尖而是在基部,这样草食动物的啃食就不会影响它们的生长。大型草食动物(如各种有蹄类动物)的存在对整个植物群落的结构有显著影响。通过啃食活动,不仅淘汰了那些对啃食敏感的植物,而且还能抑制抗性较强植物的营养生长,从而减弱种间竞争。这种协同进化对生态系统有着积极意义,植物通过适应性进化获得在某一区域的生存能力,可以保持和增加其物种的多样性。

4. 互惠共生物种间的协同进化

生物之间的适应和被适应过程是一个螺旋式的发展过程,选择压力持续作用。在这种条件下可能会导致两种生物之间形成一种稳定状态,此时每一方都尽量减少对对方的干扰和损害,从而最大限度地减少对方的反应,而达到相互适应。金合欢树和蚂蚁之间的互惠共生关系就属于这种实例。金合欢树的特点是具有膨大的叶形刺,而其恰恰是蚁群的天然栖息地。蚁群不仅会攻击在树上遇到的任何其他昆虫,而且还会攻击生长在金合欢树下方圆150 cm 以内的任何外来植物,以保卫金合欢树不受昆虫危害以及其他植物的竞争胁迫。因此,一棵拥有足量共生蚁群的成年金合欢树可在自己独占的一个圆筒形空间内,因蚂蚁的保卫而使天敌减少并在其周围创造了一个无竞争环境。在同蚂蚁共生之前,金合欢幼苗的生长非常缓慢,一旦同蚁群建立了共生关系,生长就会大大加速,如果不与蚁群建立这种关系,金合欢树就永远不会发育成熟。

5. 协同适应系统

上面的讨论只限于两个物种之间的进化关系。实际上,每一个物种都处在一个由很多物种组成的群落环境之中,一种树栖昆虫不可能孤立地只同树木发生关系,而是同树上的所有其他昆虫都处在相互作用之中。协同进化不仅仅存在于一对物种之间,而且也存在于同一群落的所有成员之间。所有种类的捕食者之间也存在着互相影响、互相作用和互相竞争的关系。捕食者要适应它们的每一种猎物,而每一种猎物也要适应捕杀它们的每一种肉食动物。

总之,所有物种都处于协同进化的相互适应之中。不同的捕食动物采取不同的猎食方式,并依据年龄和性别选择自己的食物,以便最大限度地减少它们之间的竞争。在坦桑尼亚的草原上,各种草食动物(斑马、野牛、转角牛羚和汤姆森瞪羚)按照严格的次序一种接一种地陆续穿过草原,每一种都取食草的不同部分,并为下一个到来的物种准备食料。每种草食动物不仅直接与植被相互作用,而且也与草食序列中的其他动物相互作用。虽然自然选择是在个体或由亲缘个体组成的群体水平上起作用的,但是由于群落中生物之间的相互作用总包含着对相关物种的巨大选择压力,所以协同进化总是导致生态系统的进化,这种协同进化压力对决定群落的结构和多样性显然也起着重要作用。

二、环境及其类型

(一)环境的概念

环境(environment)是指某一特定生物以外的空间,以及直接或间接影响该生物生存的一切事物的总和。环境的概念总是针对特定主体或中心而言的,属于一个相对的概念,离开了主体或中心就无从谈起。因此,不同学科对环境的定义也不尽相同。生态学中所指的环境是以生物有机体为主体的,包括自然环境(未经破坏的天然环境)、半自然环境(人类作用于自然界后发生变化了的环境)以及社会环境(如聚落环境、生产环境、交通环境及文化环境等),即影响生物机体生命、发展与生存的所有外部条件的总体。而环境科学中所指的环境较生态环境要宽泛,是以人类为主题,围绕着人群的空间以及其中可以直接或间接地影响人类生活和发展的各种因素的总体。除此之外,特定领域对环境的定义也因为针对的主体差异而有所不同。例如,《环境保护法》(2012)中对环境的定义为:"影响人类生存和发展的各种天然的和经过人工改造的自然因素的总体,包括大气、水、海洋、土地、矿藏、森林、草原、湿地、野生生物、自然遗迹、人文遗迹、自然保护区、风景名胜区、城市和乡村等。"

环境之间存在大小之别,因此同一事物既可以是主体又可以是环境。例如,在宇宙环境中,太阳系可以作为主体,其外部的所有空间都是作为环境而存在;但如果以地球作为主体进行研究,整个太阳系就是地球生存和运动的环境。同样,对于栖息于地球表面的动植物而言,整个地球就是它们生存和发展的环境。具体到生物群落来讲,环境是指所在地段上影响该群落发展的全部无机因素(光、热、水、土壤、大气及地形等)和有机因素(动物、植物、微生物及人类)的总和。总之,环境是相对的,讨论环境时,不能离开特定的主体,离开了主体的环境是没有意义的。

(二) 环境的类型

环境作为一个复杂的体系,至今尚未形成统一的分类系统。如图 2-1 所示,按照主体不同,环境可以分为以人为主体的环境,即人类环境;以生物为主体的环境,即生态学所指的生态环境。根据性质差异,可将环境划分为自然环境、半自然环境和被人类破坏后的自然环境。按照介质的不同,可将环境划分为大气环境、水环境和土壤环境。根据环境尺度的差异,可将环境划分为宇宙环境、地球环境、区域环境、微环境以及内环境。宇宙环境是指大气层以外的空间,地球环境则是指大气圈、水圈、土壤圈、岩石圈和生物圈,其范围要小于宇宙环境。而区域环境指占有特定空间、由地球表面 5 个自然圈层配合形成的自然环境,在范围上较地球环境更小。微环境则是指由于一个或者几个圈层变化所产生的小环境,在尺度上同样从属于地球环境。内环境则是针对生物体内细胞组织而言,对生物体生长和繁殖有影响的环境。各种尺度

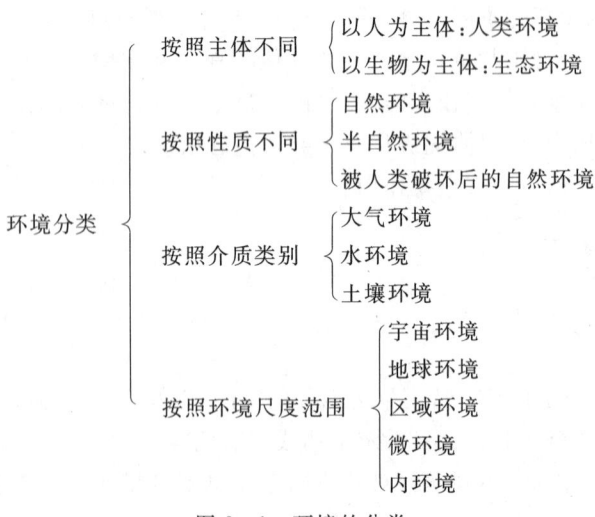

图 2-1 环境的分类

的环境条件中,地球环境与人类和生物的关系最为密切,其中生物圈是连接地球环境各圈层的核心。生物圈作为经过万亿年演变而形成的最大的生态系统,在全球物质循环、能量交换以及信息传递等方面对整个地球的进化发展起着举足轻重的作用。

(三)环境的基本功能和特性

在生态系统中,环境作为一个复杂、动态、开放的系统,对于生物主体而言具有物质、能量和信息传递与循环的功能。系统内外以环境为介质相互作用,一方面,系统内部的各种物质和能量,通过输入过程进入系统内部;另一方面,系统内部也对外部产生作用,通过输出过程将物质和能量排放到系统外部。在一定的外部条件下,通过系统输入、输出的动态调整,使环境的物质与能量趋于平衡状态。以植物为例,一方面各种环境因子可为植物生长提供物质与能量的供应,包括为其生长繁殖提供物质与能量的土壤、水分、温度、光照、大气和生物因子等;另一方面植物生长的过程也改变了环境中物质与能量的状态,可以改变其生长繁殖环境的土壤、水分、温度、大气以及生物等。

根据环境的定义与内涵,其具有的基本特征包括综合性和可调节性、整体性和有限性、变动性和稳定性、显隐性与持续性。

环境的综合性和可调节性是指,组成环境的各部分、各要素对环境主体的作用需要将其联结起来,作为统一的整体来考虑,并且环境的综合效应可通过不同环境因子的变动与组合进行调整。

整体性和有限性是指,影响环境主体的分部之间存在紧密的相互联系、相互制约的关系,但是这种联系与制约的关系有一定的范围。例如,影响水生植物生长的环境因子中,光照和温度存在紧密的联系,一般而言,光照强度大、时间长的环境温度往往较高,但是光照对温度的调节作用是有限的,不会导致水体温度上升过高而影响其生长繁殖。

环境的变动性和稳定性是指,在自然和人类活动的作用下,环境的内部结构和外部状态始终处于动态变化过程中,但是这种变化无论在幅度上还是在过程上均表现出一定的稳定性。对于环境具体因子,如影响动植物生长繁殖的光照、温度、水分、大气等,始终处于不断的变化中,但是其变化只能在一定范围内进行。因此,环境的变动性是绝对的,而稳定性则是相对的,两者之间相辅相成。

就环境因子对主体的效应而言,环境具有显隐性和持续性的特征,即环境因子结构和功能变化后,对主体的环境效应往往不会即刻显现,具有一定的滞后性,并且其所造成的后果是长期的、连续的。例如,在水生态系统中,氮、磷输入等环境因子的变动在较短时期内并不会造成水生植物的消亡,而是由于生态系统稳定和水生植物耐受性的存在,使水生植物群落在氮、磷输入初期具有一定稳定性,即环境的显隐性。随着污染物的持续输入,水生植物生长繁殖最终受限。一旦氮、磷对水生植物生长造成影响与限制后,在进行恢复的过程中,即使完全阻断氮、磷营养的输入,也不易在较短时期内恢复其群落生长与繁殖,表现为一定的持续性。

三、生态因子的生态作用

生态学中,环境是指以生物为主体的一切事物的总和,组成环境的因素则称为环境因子。相对于环境因子,生态因子(ecological factor)指对生物有影响的各种环境因子,在范围上隶属于环境因子。生态因子对生物的作用是多方面的,不仅会在个体水平影响生物的生长、发育与生殖,还会在种群与群落水平影响其种群分布、群落结构和功能。同环境因子相同,不同生态因子具有综合性和可调节性的特征。一方面,不仅单个生态因子对生态系统具有作用,而且不同生态因子之间相互发生作用,共同影响生态系统;另一方面,生态因子既会受周围其他生态因子的影响,反过来又会影响其他生态因子。尽管生态因子具有综合性的特征,但是作为研究复杂问题的一种方法,对单个生态因子的研究是评价其综合作用的基础。本部分将对影响生物生长繁殖的光照、温度、水分与土壤4个生态因子及其生态效应进行介绍。

(一)光因子的生态作用及生物的适应

光是万物生存和繁衍的基本能量的源泉,无论是动物还是植物所必需的能量均直接或者间接来源于太阳光。对于地球上所有的生物,光是驱动整个生态系统物质循环和能量流动的动力。绿色植物的光合作用是太阳能以化学能的形式进入生态系统的唯一途径,也是生态系统食物链的起点。光作为一个十分复杂的环境因子,其辐射强度、质量及其变化周期对生物个体的生长发育和地理分布都具有深刻的影响,对生态系统的影响是多方面的。而生物本身对这些变化的光因子也有着极其多样性的反应。

1. 光照强度(也称光强)的生态作用与生物的适应

光照强度与植物细胞的增长和分化、体积的增长和重量的增加关系密切。进而在组织与器官水平上,通过促进组织分化,制约器官发育速度,使植物各器官和组织保持发育上的正常比例。黄化现象(etiolation phenomenon)是植物对黑暗环境的特殊适应,可以作为体现光因子对植物生长发育与形态建成产生影响的典型案例。在光照正常的情况下,绿色植物可以通过叶绿体,利用光能,把二氧化碳和水转化成有机物并释放氧气。而在黑暗条件下,植物不能合成叶绿素,显现出类胡萝卜素的黄色。黄化现象广泛存在于被子植物中,在苔藓植物和裸子植物中也存在,但黄化现象并不普遍。动物的生长发育对光照强度也具有很强的响应效应:光照强度会影响两栖动物蛙类和鱼类卵细胞的孵化和发育速度,也会加速浮游动物和贻贝(Mytilidae)生长速度。光照强度对蚜虫(Aphidoidea)繁殖影响的实验表明,在连续有光和连续无光的条件下,繁殖产生的多为无翅个体;但在光暗交替条件下,则产生较多的有翅个体。

对于水生植物而言,光的穿透性限制着植物在水体中的生长与分布,只有水生植物分布于透光带内才能满足其光合作用量大于呼吸作用量的基本生长要求,这既是光强的生态效应也是水生植物对光强的适应性。在透光带的下部,植物的光合作用量与呼吸消耗相平衡之处,即所谓的光照补偿点。在湖泊生态系统中,浮游植物过度繁殖造成光补偿点升高,当高于沉水植物生长所需的光补偿点时,沉水植物将无法生存。而在海洋生态系统中,当浮游藻类沉降到补偿点以下或者被洋流携带到补偿点以下而又不能很快回升到表层时,这些藻类便会死亡。清澈的海水和湖水中最大光补偿点可以深达几百米。但受浮游植物和水体中悬浮物的影响,这种状况在自然界中非常少见。多数情况下透光带可能只限于水面下1m到几米处,而在一些重度污染的湖泊水体中,即使水面以下几厘米也很难有光线透入。光照强度对水生植物的限制关系决定了其在水体中的分布状况。在海洋生态系统中,巨型藻类通常分布在浅水大陆架上,深度一般不会超过100m。在湖泊生态系统中,沉水植物同样大多分布于水深较小的湖湾沿岸带,透明度状况较好的湖泊中分布深度通常在10m以内,而对于富营养化湖泊,分布深度多数在2m以内。除广泛分布于海洋透光带中的浮游植物受限于光照外,以之为食的浮游动物的分布也间接受其影响。但是,水体中动物的分布则不限于水体的上层,深海也有,这些动物以海洋表层生物死亡后沉降下来的残体为食。

光照强度在地球表面分布的差异性,决定了不同的动植物对光强响应的生态多样性。在植物进行光合作用的过程中,光合作用的效率与光强在一定范围内成正比,光照强度超过光补偿点后,随着光照强度的增加,光合作用速率逐渐提高,这时光合作用强度就超过呼吸作用强度,植物体内积累干物质。但达到一定值后,再增加光照强度,光合作用速率却不再增加,反而会下降,这点谓之光饱和点。由于植物在进行光合作用的同时也在进行呼吸作用,因此当影响植物光合作用和呼吸作用的其他生态因子都保持恒定时,光合作用和呼吸作用这两个过程之间的平衡就主要取决于光照强度了(图2-2)。从图中可以看出,光合作用率随着光照强度的增加而增加,直至达到最大值。图中的光合作用率(实线)和呼吸作用(虚线)两条线的交叉点就是所谓的光补偿点,在此处的光照强度是植物开始生长和进行净生产所需要的最小光照强度。

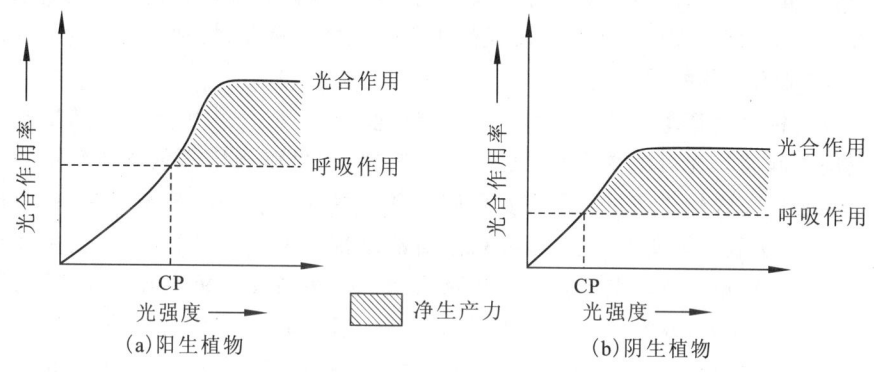

图2-2 光补偿点示意图

(CP:光补偿点)(引自 Emberlin,1983)

根据光饱和点的差异,可以将陆生植物分为阳生植物、阴生植物和耐阴植物。适应强光照地区生活的植物称阳生植物,也称阳地植物,这类植物光饱和点在20 000~25 000lx之间,光合作用速率和呼吸作用速率都比较高,常见种类有蒲公英、蓟、杨、柳、桦、槐、松、杉和栓皮栎等。适应弱光照地区生活的植物称阴生植物,也称阴地植物,这类植物的光饱和点在5000~10 000lx之间,其光合作用速率和呼吸作用速率都比较低。阴地植物多生长在潮湿背阴的地方或密林内,常见种类有山酢浆草、连钱草、观音座莲、铁杉、紫果云杉和红豆杉等。很多药用植物如人参、三七、半夏和细辛等也属于阴地植物。而在光照条件好的地方生长好,但也能耐受适当的荫蔽,或者在生育期间需要较轻度遮阴的植物则称为耐阴植物。此类植物对光照的需求介于阳生植物和阴生植物之间,所需的最小光量约为全光照的1/15~1/10。其主要包括青岗属、山毛榉、云杉、侧柏、胡桃等乔本植物,常见药材中的桔梗、党参、沙参、黄精、肉桂、金鸡纳等也属于耐阴植物。

2. 光质的生态作用与生物的适应

光作为能量的一种传播方式,以波的形式传播,在本质上具有波粒二象性。其中可见光是人眼可以感知的部分,其波长范围介于400~760nm之间。太阳光谱中的可见光辐射是植物进行光合作用所必需的太阳辐射能,由紫、蓝、青、绿、黄、橙、红7色光组成。光质随太阳辐射、地理纬度以及海拔的不同在地球表面呈现一定的时空变化规律。在空间尺度上,光质随着纬度增加而减少,随着海拔升高而增大。在时间尺度上,周年变化规律表现为冬季长波光增多,夏季短波光增多;昼夜变化规律表现为中午短波光最多,早晚长波光较多。

不同波长的光对生物具有不同的生态作用。波长介于 10～400nm 之间的光尽管在视觉上不能被人类感知,但对生物细胞和组织却具有极大的伤害作用。例如,$0.28\mu m$ 的辐射可直接杀死植物,$0.28～0.315\mu m$ 的辐射则对多数植物具有伤害作用,而 $0.315～0.4\mu m$ 的辐射对植物叶片器官建成有促进作用。波长介于微波光与可见光之间即 760 nm～1mm 的光质,具有延长植物茎叶生长、种子萌发时间以及提高植物体温度的生态作用。波长介于 400～760nm 之间的可见光中,具有不同波长的色光对植物的生态效应各不相同,其中绿色植物吸收最多的是红光(622～770nm)和橙光(597～622nm),其次是蓝紫光(350～492nm),而对绿光(492～577nm)的吸收最少(又称为生理无效光)。在植物生理代谢方面,红光有利于糖的合成,蓝光有利于蛋白质的合成,蓝紫光等短波光则有利于提高高山植物花青素的含量。而在组织器官建成与生长发育方面,蓝紫光和青光的生态作用尤为重要,特别是对植物幼芽的形成作用明显,是支配细胞分化的重要光波。

基于光波对植物生理生态的显著影响,已广泛地应用于农作物生产指导和植被生态调控等领域。应用不同波长光对植物生长的促进和抑制原理,可以利用彩色薄膜对不利于生长的光波进行过滤来提高农作物产量。研究发现应用紫色薄膜可以提高茄子产量;蓝色薄膜可以提高草莓产量,但不利于洋葱的生长;红光栽培对甜瓜植株发育十分有利,不仅可使果实成熟时间缩短 20 天,还会增加果肉的糖分和维生素含量。自然条件下植物叶片对日光的吸收、反射和透射的程度直接与波长有关。当日光穿透森林生态系统时,大部分能量被树冠层截留,到达下层的日光不仅强度大大减弱,而且红光和蓝光也所剩不多,所以生活在那里的植物必须对低辐射能环境有较好的适应。这也是植物群落对光波分布生态适应的结果。

光质对于高等动物的生态效应尽管由于其所具有的运动性,可以对不利环境加以趋避,不如对植物的生态效应显著,但对很多低等动物的生殖、体色变化、迁徙、毛羽更换、生长及发育等都有影响。实验条件下,生长在光照环境中的峡蝶体色变淡;而生长在黑暗环境中的,身体呈暗色。不仅如此,其幼虫和蛹在光照与黑暗的环境中,体色也出现与成虫类似的变化。光质对于动物的分布和器官功能的影响目前还不十分清楚,但色觉在不同动物类群中的分布却很有趣。在节肢动物、鱼类、鸟类和哺乳动物中,有些种类色觉很发达,另一些种类则完全没有色觉。哺乳动物中,只有灵长类动物才具有发达的色觉。不可见光对动物的影响也是多方面的,如昆虫对紫外光有趋光反应,而草履虫则表现为避光反应。这种差异同紫外光对昆虫的生理效应有关,研究表明紫外光是昆虫新陈代谢所必需的,与维生素 D 的产生关系密切。

对于微生物而言,紫外光具有广泛的致死作用。波长 360nm 即开始有杀菌作用,240～340nm 可使细菌、真菌和病毒等停止活动,200～300nm 紫外光杀菌能力强,能杀灭空气中、水面和各种物体表面的微生物,这些生物效应是抑制自然界传染病病原体的重要基础。

3. 光周期现象与生物的适应

1)植物的光周期

地球公转和自转的存在造成太阳高度和角度发生周期性变化,进而使地球上日照呈现规律的长短变化。虽然地球上不同纬度海拔有所差异,但其昼夜周期中光照期和暗期长短均表现出一定周期性的交替规律,即光周期。根据光周期的变化,可划分为长日照和短日照,其中光照长度超过 14h 称为长日照,日照不足 12h 称为短日照。日照长度的变化不仅对植物,而且对动物和微生物均具有重要的生态作用。

就植物而言，根据光周期可以将其划分为长日照植物和短日照植物。长日照植物通常是在日照时间超过一定数值或者暗期必须短于一定数值才开花，否则便只进行营养生长，不能形成花芽。较常见的长日照观花植物有牛芹、紫菀、凤仙花、除虫菊等，农作物中有冬小麦、大麦、油菜、菠菜、甜菜、大葱、大蒜、芥菜、甘蓝和萝卜等，药用植物有红花、当归、莨菪等。利用植物存在光周期的特点，可通过人工延长光照时间促使其提前开花，缩短种植时间。短日照植物通常是在日照时间短于一定数值或者说暗期超过一定数值才能开花，否则就只进行营养生长而不开花，这类植物通常在早春或深秋开花。常见观花种类有牵牛花、苍耳和菊类，农作物有水稻、玉米、大豆、烟草、扁豆、麻和棉等，药用植物有紫苏、菊花、苍耳、大麻、龙胆、牵牛花等。还有一类植物只要其他条件合适，在什么日照条件下都能开花，如黄瓜、番茄、番薯、四季豆和蒲公英等，这类植物可称中间性植物。

植物光周期现象是其对昼夜光暗循环格局的反应，这种特征主要与其原产地生长季节中的自然日照的长短密切相关。在地理分布格局上，短日照植物起源于南方，而长日照植物起源于北方。除对开花产生影响外，块根、块茎的形成，叶的脱落和芽的休眠等同样受到光周期的控制。因此，了解植物的光周期现象对植物的引种驯化工作非常重要，引种前必须特别注意植物开花对光周期的需要。在园艺工作中也常利用光周期现象人为控制开花时间，以便满足观赏需要。

2) 动物的光周期

光周期对动物的影响主要体现在生殖和迁徙行为上。不同类群的动物中，鸟类对光周期变化的生态效应最为明显，研究得最为透彻，鸟类的迁移活动就是由光周期中日照长度的变化所引起的。由于日照长度的变化是地球上最严格和最稳定的周期变化，所以是生物节律最可靠的信号系统。鸟类在不同年份迁离某地或到达某地的时间都不会相差几日，如此严格的迁飞节律是任何其他因素（如温度的变化、食物的缺乏等）都不能解释的。光周期对鸟类的影响不仅局限于迁徙活动，其生殖时间也受光周期控制。鸟类生殖腺的发育在变化周期上与日照长度的变化是完全吻合的，基于此可通过人为改变鸟类生殖期间的光周期对其产卵量加以控制。例如，人类采取在夜晚给予人工光照提高母鸡产蛋量的历史已有200多年了。

鱼类的生殖和迁移活动也表现出明显的光周期现象，特别是那些需要光照充足的表层鱼类。实验证实，光可以影响鱼类的生殖器官，人为地延长光照时间可以提高娃娃鱼的生殖能力，这一点已在水产养殖实践中得到了广泛的应用。日照长度的变化通过影响内分泌系统而影响鱼类的迁移。日照时间决定着三刺鱼体内激素的变化，激素的变化又影响着三刺鱼对水体含盐量的选择，后者则是促使三刺鱼春季从海洋迁入淡水和秋季从淡水迁回海洋的直接原因，归根到底三刺鱼的迁移还是由日照长度的变化引起的。

对于昆虫而言，滞育现象是昆虫对光周期变化的一种重要的适应行为，有助于昆虫增强应对恶劣气候和食物短缺等不利环境的能力。秋季的短日照可以诱发马铃薯甲虫的滞育，引起其土壤中冬眠而有利于越冬；玉米螟（老熟幼虫）和梨剑纹夜蛾（蛹）的滞育率同样取决于日照时数，与温度也有一定关系。很多昆虫的发育代谢行为也受日照长度的控制，例如一些昆虫依据光周期信号总是在白天羽化，另一些昆虫则在夜晚羽化。

光周期对哺乳动物的影响主要体现在生殖和换毛生理行为上。无论是野生还是人工饲养的哺乳动物（特别是生活在高纬度地区的种类），都是随着春天日照长度的逐渐增加而开始生殖的,如雪貂、野兔和刺猬等长日照动物。还有一些哺乳动物总是随着秋天短日照的到来而进入生殖期,如绵羊、山羊和鹿,这些种类属于短日照动物。而人工饲养的哺乳动物,如水貂、獐、狐等尽管一年内具有多次发情期,但其仍严格受季节的限制。在畜牧业养殖过程中,对光周期的应用有助于其繁育。

(二)温度因子的生态作用及生物的适应

温度是所有生物生存的基本条件,不仅直接影响着生物的新陈代谢、生长发育、繁殖、行为与地理分布,而且通过对其他生态因子的调节作用,间接作用于生物而对其产生影响。生物生存的地表温度主要受太阳辐射控制,尽管地球所接受到的太阳辐射能量仅为其总辐射能量的20亿分之一,却是地球上生物生存所需温度的主要能量源泉。地表温度的变化不仅随太阳辐射的季节变化呈现有规律的变化,而且还随地理纬度和海拔而呈现一定的规律。生物随温度规律变化而表现出的规律,称为节律性变温。就生态学效应而言,不仅节律性变温对其有重要影响,而且极端温度对生物生存与发育更具意义。

1. 温度因子的生态作用

任何生物都是在一定的温度范围内活动,温度是对生物影响最为明显的生态因子之一。生物在长期的进化过程中,形成了适合自身生存的温度范围,影响和决定生物的生长、发育、分布。在生物生存的温度范围内,相对于最适温度、最低温度和最高温度等极端温度对生物的进化更具意义。由于生物生理生化和所有代谢活动均有酶系统的参与,而每一种酶的活性都有它的最低温度、最适温度、最高温度。高温使蛋白质凝固,酶系统失活;低温将引起细胞膜系统渗透性改变、脱水、蛋白质沉淀以及其他不可逆转的化学变化。对应酶活性的温度变化,生物体同样存在最低温度、最适温度和最高温度,即温度三基点。在最适温度下,生物生长发育迅速而良好;在最高和最低温度下,生物尽管能维持生命,但其生长发育处于停滞状态。

不同生物的"三基点"是不一样的,一般陆生植物的生存温度介于$-5 \sim 55℃$,具体到特定物种有所不同。例如,水稻种子发芽的最适温度是$25 \sim 35℃$,最低温度是$8 \sim 12℃$,$45℃$终止活动,$46.5℃$就会死亡;玉米种子发芽最适温度是$25 \sim 35℃$,最低温度是$8 \sim 12℃$,$40℃$终止营养生长活动,$4 \sim 5℃$时根系生长完全停止,短时间遇见霜冻地温为$-4℃$且持续1h以上时,幼苗会受冻害甚至死亡;雪球藻和衣藻只能在冰点温度范围内生长发育;而生长在温泉中的生物可以耐受$100℃$的高温。在地理分布上,一般来说生长于低纬度的生物高温阈值较高,而生长在高纬度的生物低温阈值较低。在一定的温度范围内,生物的生长速率与温度成正比,在多年生木本植物茎的横断面上大多可以看到明显的年轮,这就是植物生长快慢与温度高低关系的真实写照。同样,动物的鳞片、耳石等,也有这样的"记录"。

温度不仅对植物的萌发与营养生长至关重要,很多植物在其生命周期的特定阶段,往往需要经历一段时间的持续低温才能由营养生长阶段转入生殖阶段生长,这一现象称为春化作用。例如,温带地区的耐寒花卉,只有经历较长的冬季和适度严寒,才能满足其开花生理过程中对低温的要求。而冬小麦、甜菜、萝卜、大白菜以及多年生草本植物、牧草等,都必须经过低温春化作用在翌年才能开花。中国农民早就发现了这一现象,并在农业生产中广泛应用。如很多地区采用的"闷麦法",即将冬小麦种子装在罐中,放在冬季的低温下处理$40 \sim 50$天,以便春季播种时,获得和秋播同样的收成。就生态功能而言,春化作用同休眠活动一样均是为了抵御不良环境所采用的生理适应。而从植物适应性进化的角度来看,开花期作为植物最脆弱的发育阶段,环境低温很容易导致个体死亡。为了延续种群发展,植物演化发展出了一个适应的策略,即等待寒冬过去后再开花结果(即春化作用),以实现繁衍后代的目的。

温度与生物发育关系最普遍规律——有效积温法则。有效积温法则最初是法国雷米尔(Reaumur,1735)在研究植物发育的过程中被发现的,该法则的核心思想是植物完成某一生长发育过程必须从环境摄取一定的热量,而且植物个体不同发育阶段所需要的总热量是一个常数。适用该法则的生物,其发育均是从某一温度开始的,这一生物开始发育的温度就称为发育起点温度(或最低临界温度)。随后人们却发现该法则不仅适用于植物,而且可以用来解释各种变温动物和昆虫的发育过程,其中比较集中地体现在对昆虫发育速率的影响上。应用公式可将有效积温法则表示为:

$$K = N(T - T_0)$$

其中:K 是生物所需的有效积温,为一常数;T 为发育期间的平均温度,T_0 为生物生长活动所需最低临界温度(生物学零度);N 为生长发育所需时间。

不同种类的植物生物学零度是不同的。图 2-3 是地中海果蝇发育历程与温度的关系。它表示在发育的温度内,温度与发育历程成双曲线关系。有效积温及双曲线关系,在农业生产中有着很重要的意义,全年的农作物茬口必须根据当地的平均温度和每一作物所需的总有效积温安排,否则,可能会导致土地不能得到充分利用,或者由于积温不足致使作物无法成熟而颗粒无收。例如,柑橘正常生长所需的有效积温为 4000~5000℃,椰子则需要 5000℃ 以上,而杉树

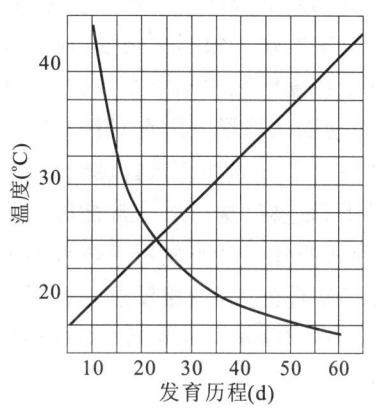

图 2-3 地中海果蝇发育历程与温度的关系(引自孙儒泳,2001)

仅需要 2558℃。不同植物有效积温的差异是不同区域引种的重要依据。同样在预测病虫害过程中,应用有效积温法则可以推测害虫在不同气候条件下可能发生的世代数,预测地理分布界限以及发生时期,进而根据预测有效地采取防治措施。

2. 极端温度对生物的影响及生物对极端温度的适应

1)极端温度对生物的影响

由于地球距太阳远近适中,从而使地表大部分区域处于 0~50℃ 较为狭窄的适宜温度范围内,为生物正常的生命活动提供最重要的生存条件。但是,占地表一小部分的特殊地理环境,如高海拔、高纬度下的低温条件,以及极端干旱和寒冷导致的极端高温和极端低温条件,对生物的生理生长活动会产生重要的影响,有些影响和伤害甚至是不可恢复的。根据上面的介绍,生物的温度可分为最低温度、最适温度和最高温度,即生物的"三基点"温度。当生物处于最适温度条件下时,体内的代谢会随着温度升高而加快,表现为生长发育的加速。而当环境温度高于生物最适温度时,参与生理生化的酶系统会发生失活,代谢活动受阻,这对于生物的生长发育甚至生存都是致命的。当环境温度低于生物最适温度时,生物正常的生长代谢也会由于酶系统活性下降导致代谢活动受阻,还会导致各种冻害,严重时甚至导致死亡。除此之外,对于某些最适温度较窄的生物而言,极端温度的出现不仅会影响其正常生长,还会影响其生殖发育,进而导致整个种群发生崩溃。例如,爬行类动物的卵在孵化时性别是不固定的,而是会随着温度的改变而发生改变,一般温度较高条件下孵出雌性个体,温度较低时则孵出雄性个

体。保持适当温度有利于整个种群的稳定性。

2)生物对极端低温的适应

针对极端低温和极端高温造成的影响与伤害,生物在长期的进化过程中发展了多种适应能力。长期生活在低温环境中的生物通过自然选择,在形态、生理和行为方面来适应不良温度环境。在形态方面,北极和高山植物的芽和叶片通过在表面分泌油脂类物质、芽具鳞片,植物体表面覆盖蜡粉与密毛,以及植物呈匍匐状或莲座状等应对低温环境。植物在繁殖方式上应对极端低温的方式,不同类群之间差异较大,一年生草本植物以种子越冬的方式进行适应,而多年生草本则以块茎、鳞茎、根块茎越冬的方式进行适应,木本植物则以落叶的方式进行适应。这些生理和形态的适应有利于植物体保持较高的温度,减轻严寒带来的不利影响。

动物对低温的适应性主要通过个体与身体表面器官大小的特化,以及个体表层御寒结构的调整来实现。根据贝格曼(Bergman)定律,生活在高纬度地区的恒温动物,其身体往往比生活在低纬度地区的同类个体大,因为个体大的动物,其单位体重散热量相对较少(表 2-1)。另外,动物在外形方面也对极端温度表现出一定的适应性。例如,生活在寒冷地区的恒温动物身体突出部分如耳、吻、首、肢、翼和尾等在低温环境中有变小变短的趋势,这也是减少散热的一种形态适应,这一适应常被称为阿伦(Allen)规律。例如,北极狐的外耳明显短于温带的赤狐,赤狐的外耳又明显短于热带的大耳狐(图 2-4)。这是由于寒带北极狐减少体表面积,有利于防止体温发散;相反热带大耳狐则增加体表面积,有利于热量散失。恒温动物的另一形态适应是在寒冷地区和寒冷季节增加毛或者羽毛的数量和质量,增加皮下脂肪的厚度,从而提高身体的隔热性能。

表 2-1　不同纬度带企鹅个体大小比较(引自 Dreux,1974)

物种	纬度	高度(m)	重量(kg)
Apenodytes forsteri	>61°	1.2	35
Apenodytes patagpmoca	55°	1.0	15~17
Spheniscus demersus	34.5°	0.55	5~6
Spheniscus demersus	0°	0.5	4

极端低温条件下,动物和植物的生态学适应是以个体生理学响应为基础的。生活在低温环境中的植物往往通过减少细胞中的水分和增加细胞中的糖类、脂肪和色素等物质来降低植物的冰点,增加抗寒能力。例如鹿蹄草(*Pyrola calliantha*)就是通过在叶细胞中大量贮存五碳糖、黏液等物质来降低冰点,通过这种生理适应可使其耐受-31℃的极端低温。植物还可以通过调节叶片颜色、增加叶片花青素含量使其转变为红色,从而可吸收更多的红外线的生理变化来适应极端低温环境。动物对极端低温的生理适应主要是通过增加体内产生的热量和脂肪来增强御寒能力,保持恒定的体温。但寒带动物由于有隔热性能良好的毛皮,往往能使其在少增加甚至不增加代谢产热的情况下就能保持恒定的体温。

3)生物对极端高温的适应

生物对高温环境的适应也表现在形态、生理和行为3个方面。就植物来说,有些植物叶片

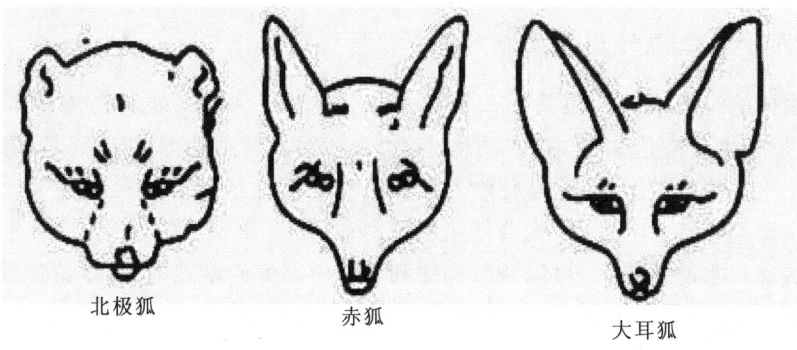

图 2-4 不同温度地带 3 种狐外耳长短的比较（引自 Dreux，1974）

表层密布绒毛和鳞片，能过滤一部分阳光；有些植物体呈白色、银白色，叶片革质发亮，能反射一大部分阳光，使植物体免受热伤害；有些植物叶片垂直排列使叶缘向光或在高温条件下叶片折叠，减少光的吸收面积；还有些植物的树干和根茎生有很厚的木栓层，具有绝热和保护作用。首先，植物对高温的生理适应主要是降低细胞含水量，增加糖或盐的浓度，这有利于减缓代谢速率和增加原生质的抗凝结力；其次是靠旺盛的蒸腾作用避免使植物体因过热而受到伤害。还有一些植物具有反射红外线的能力，夏季反射的红外线比冬季多，这也是避免使植物体受到高温伤害的一种适应。

动物对高温环境的一个重要适应就是适当放松恒温性，使体温有较大的变幅，这样在高温炎热的时刻身体就能暂时吸收和贮存大量的热并使体温升高，而后在环境条件改善时或躲到阴凉处时再把体内的热量释放出去，体温也会随之下降。沙漠中的啮齿动物对高温环境常常采取行为上的适应对策，即夏眠、穴居和白天躲入洞内、夜晚出来活动。有些黄鼠（*Citellus dauricus*）不仅在冬季进行冬眠，还要在炎热干旱的夏季进行夏眠。昼伏夜出是躲避高温的有效行为适应，因为夜晚温度低，可大大减少蒸发散热失水，特别是在地下巢穴中，这就是所谓夜出加穴居的适应对策。

4）极端温度对生物地理分布的影响

温度因子包括节律性变温和绝对温度，制约着生物的生长发育，而每个地区又都生长繁衍着适应于该地区气候特点，特别是极端温度的生物。极端温度（最高温度、最低温度）是限制生物分布的最重要条件。例如，苹果和某些品种的梨不能在热带地区栽培，就是由于高温的限制；相反，橡胶、椰子、可可等只能在热带分布，这是由于受低温的限制。

温度对动物的分布，有时可起到直接的限制作用。例如，各种昆虫的发育需要一定的热总量，若生存地区有效积温少于发育所需的积温时，这种昆虫就不能完成生活史。就北半球而言，动物分布的北界受低温限制，南界受高温限制。如喜热的珊瑚和管水母只分布在热带水域中，在水温低于 20℃ 的地方，它们是无法生存的。

一般地说，暖和的地区生物种类多，寒冷的地区生物种类较少。例如，我国两栖类动物，广西有 57 种，福建有 41 种，浙江有 40 种，江苏有 21 种，山东、河北各有 9 种，内蒙古只有 8 种。爬行动物的情况也是如此，植物的情况也不例外。我国高等植物有 3 万多种，巴西有 4 万多种，苏联虽然国土总面积位于世界第一，但是由于温度低，它的植物种类只有 16 000 多种。

(三)水因子的生态作用及生物的适应

水是生物体的组成成分。植物体一般含水量达60%~80%,而动物体含水量比植物更高。例如,水母含水量高达95%,软体动物达80%~92%,鱼类达80%~85%,鸟类和兽类达70%~75%。水是很好的溶剂,许多化学元素都是在水溶液的状态下被生物吸收和运转。水是生物新陈代谢的直接参与者,是光合作用的原料;水是生命现象的基础,没有水也就没有原生质的生命活动。水的比热大,可以调节和缓和环境中温度的剧烈变化,维持恒温。水能维持细胞和组织的紧张度,使生物保持一定的状态,维持正常的生活。

1. 水因子的生态作用

1)水对动植物生长发育的影响

水能使种子内凝胶状态的原生质转变为溶胶状态,使生理活性增强,促使种子萌发。水分还影响植物各种生理活动,如呼吸和同化作用等。水分对植物产品质量的影响:如土壤含水量少时,淀粉含量减少,而木质素和半纤维素增加,纤维素不变,果胶质减少。水对植物繁殖也产生深刻影响:主要表现在对水生植物的传粉上,如金鱼藻、眼子菜等植物的花粉是靠水搬运和授粉的。水流和洋流能携带植物的花粉或孢子、果实(椰子、萍蓬草、苍耳)、幼株(红树和藻类部分的营养体及浮萍科、槐叶萍科完整的植株)到很远的地方。

在水分不足时,可以引起动物的滞育或休眠。水分不足可能是直接因为空气湿度的降低,也可能因为食物中水分减少。许多在地衣和苔藓上栖居的动物,如线虫、蜗牛等,在旱季中多次进入麻痹状态。但水生昆虫等雨季一过,就进入滞育期。许多动物的周期性繁殖与降水季节相一致,如澳洲鹦鹉遇到干旱年份就停止繁殖;羚羊幼兽的出生时间,正好是降水和植被茂盛的时期。由此可见,降水对植被的影响是十分巨大的,而动物的食物来源和隐蔽场所都与植被有着密切的关系。

2)水对动植物数量和分布的影响

降水在地球上的分布是不均匀的,这主要由于地理纬度、海陆位置、海拔高度的不同所致。我国从东南至西北,可以分为3个等雨量区,因而植被类型也可分为3个区,即湿润森林区、干旱草原区及荒漠区。即使是同一山体,迎风坡和背风坡,因降水时长的差异而各自生长着不同的植物,随即分布着不同区系的动物。水分与动植物的种类和数量存在着密切的关系。在降水量最大的赤道热带雨林中每100m^2达52种植物存在,而降水量较少的大兴安岭红松林群落中,每100m^2仅有10种植物存在。在荒漠地区,单位面积物种数更少。

2. 生物对水因子的适应

1)植物对水因子的适应

根据植物对水分的需求量和依赖程度,可把植物划分为水生植物和陆生植物。植物对于水的适应,由于对水的依赖程度的不同而面临着不同的问题。对于陆生植物而言,面临着如何解决失水的问题;而对于水生植物,则是如何呼吸和生存的问题。

(1)陆生植物对水因子的适应。陆生植物不需要利用水来排泄盐分和含氮废物,但在正常的气体交换过程中所损失的水却很多。如何保持根系吸收水和叶蒸腾水之间的平衡是保证植物正常生活所必需的。要维持水分平衡就必须增加根的吸收作用和减少叶的蒸腾作用,植物在这方面具有一系列的适应性。例如,气孔能够自动开关,当水分充足时气孔便张开以保证气体交换,但当干旱缺水时气孔便关闭以减少水分的散失。当植物吸收阳光时,植物体就会升温,但植物体表面浓密的细毛和棘刺则可增加散热面积,防止植物表面受到阳光的直射和避免植物体过热。植物体表生有一层厚厚的蜡纸表皮,可减少水分的蒸发,因为这层表皮是不透水的。有些植物的气孔深陷在植物叶内,有利于减少失水。此外,有许多植物靠光合作用的生化途径适应于快速地摄取CO_2并以改变的化学形式贮存起来,以便在晚间进行气体交换,晚间温度很低,蒸发失水的压力较小。

一般地,在低温地区和低温季节,植物的吸水量和蒸腾量小,生长缓慢。反之,在高温地区和高温季节,植物的吸水量和蒸腾量大,生长量大,但对水分的需求也是相当大的。当然,植物的需水量还和其他生态因子有直接关系,如光照强度、温度、风速和土壤含水量等。植物的不同发育阶段吸水量也不同。

(2)水生植物对环境的适应。水生环境与陆生环境有很大的差异,水体的主要特点在于弱光、缺氧、密度大、黏性高、湿度变化平缓,以及能溶解各种无机盐类。因此,水生植物具有与陆生植物本质的区别:首先,水生植物具有发达的通气组织,以保证各器官组织对氧的需要,减轻体重、增大体积,例如荷花,从叶片气孔进入的空气,通过叶柄、茎进入地下茎和根部的气室,形成了一个完整的通气组织,以保证植物体各部分对氧气的需要;其次,机械组织不发达或退化,以增强植物的弹性和抗扭曲能力,适应于水体流动;最后,水生植物在水下的叶片多分裂成带状、线状,而且很薄,以增加吸收阳光、无机盐和CO_2的面积。最典型的是伊乐藻属植物,叶片只有一层细胞。又如有的水生植物,出现有异型叶,毛茛在同一植株上有两种不同形状的叶片,在水面上呈片状,而在水下则丝裂成带状。

(3)植物的分类。

①水生植物根据生长环境中水的深浅不同,可划分为沉水植物、浮水植物和挺水植物3类。

沉水植物:整株植物沉没在水下,为典型的水生植物。根退化或消失,表皮细胞可直接吸收水中气体、营养物和水分,叶绿体大而多,适应水中的弱光环境,无性繁殖比有性繁殖发达。如狸藻、金鱼藻和黑藻等。

浮水植物:叶片漂浮在水面上,气孔多分布在叶的表面,无性繁殖速度快,生产力高。如凤眼莲、浮萍、睡莲等。

挺水植物:植物体大部分挺出水面,如芦苇、香蒲等。

②陆生植物指生长在陆地上的植物,包括湿生植物、中生植物和旱生植物3种类型。

湿生植物:指在潮湿环境中生长,不能忍受较长时间的水分不足,即为抗旱能力最弱的陆生植物。根据其环境特点,还可以再分为阴性湿生植物和阳性湿生植物两个亚类。

中生植物:指生长在水湿条件适中环境中的植物。该类植物具有一套完整的保持水分平衡的结构和功能,其根系和输导组织均比湿生植物发达。

旱生植物:生长在干旱环境中,能耐受较长时间的干旱环境,且能维护水分平衡和正常的生长发育,多分布在干热草原和荒漠地区。一般旱生植物在形态结构上有发达的根系,例如沙漠地区的骆驼刺,其地面部分只有几厘米,而地下部分可以深达15m,扩展的范围达623m,使根系可以更多地吸收水分;叶面积很小,例如仙人掌科的许多植物,叶特化成刺状;许多单子叶植物具有扇状的运动细胞,在缺水的情况下,它可以收缩,使叶面卷曲。这些形态结构特征的一个共同点是尽量减少水分的散失。有的旱生植物具有发达的贮水组织。例如,美洲沙漠中的仙人掌树,高达15~20m,可贮水2t左右;南美的瓶子树、西非的猴面包树,可贮水4t以上,这类植物能贮备大量水分,同样适应干旱条件下的生活。此外,还有的旱生植物从生理上适应,它们的原生质的渗透压特别高,能够使植物根系从干旱的土壤中吸收水分,同时保证不因发生渗透现象而使植物失水。

2)动物对水因子的适应

动物按栖息地划分同样可以分水生和陆生两大类。水生动物的媒质是水,而陆生动物的媒质是大气,故它们的主要矛盾也就不同。

(1)水生动物的渗透压调节。水生动物生活在水的包围之中,似乎不存在缺水问题。其实不然,因为水是很好的溶剂,溶解有不同种类和数量的盐类,在水交换中伴随着溶质的交换。水生动物需要面对如何调节渗透压和水平衡的问题。

不同类群的水生动物,有着各自不同的适应能力和调节机制。水生动物的分布、种群形成和数量变动都与水体中含盐量的情况和特点密切相关。调节渗透压可以限制外表对盐类和水的通透性,改变所排出的尿和粪便的浓度与体积,可通过逆浓度梯度主动吸收或主动排出盐类和水等方法来实现。如淡水动物体液的浓度对环境是高渗性的,体内的部分盐类既能通过体表组织弥散,又能随粪便、尿排出体外,因此体内的盐类有降低的危险。那么它们是如何保持水盐代谢平衡的呢?一是使排出体外的盐分降低到最低限度;二是通过食物和鳃从水中主动吸收盐类;三是不断将过剩的水排出体外,而丢失溶质的补充通过从食物中获得,或动物的鳃或上皮组织主动地从环境中吸收溶质,如钠等。

海洋生活的大多数生物体内的盐量和海水是等渗的(如无脊椎动物和盲鳗),有些具有低渗性,如七鳃鳗和真骨鱼类容易脱水。在摄水的同时又将盐吸入,它们对吸入的多余盐类排出的办法是将其尿液量减少到最低限度,有时甚至达到以固体的形式排泄,同时鱼鳃上的泌盐细胞可以逆浓度梯度向外分泌盐类。海产真骨鱼对氯化物的转化非常快,每小时大约转化其所含氯化物总量的10%~20%,淡水真骨鱼每小时只转化0.5%~10%。洄游鱼类,如溯河的蛙鱼和降海的鳗鱼以及广盐性鱼类的罗非鱼、赤鳍、刺鱼等,在生活史的不同时期分别在淡水和海水中生活,它们的渗透压又是如何调节以保持生物水平衡的呢?一般地说,其体表对水分和盐类渗透性较低,有利于在浓度不同的海水和淡水中生活。当它们从淡水中转移到海水中时,虽然有一段时间体重因失水而减轻,体液浓度增加,但48h内,一般都能进行渗透压调节,使体重和体液浓度恢复正常。反之,当它们由海水进入淡水时,也会出现短时间的体内水分增多而盐分减少,然后通过提高排尿量来维持体内的水平衡。例如,一些鱼类进入海水时,肾脏的排泄功能就自动减弱,有的鱼类,如美洲鳗鲡的鳃细胞能改变功能,在咸水中能排泄盐类,而在淡水中能吸收水分。

(2)陆生动物对环境湿度的适应。影响陆生动物水平衡更多的是环境中的湿度,动物也有其各种各样的适应。

①形态结构适应。不论是低等的无脊椎动物还是高等的脊椎动物,它们各自以不同的形态结构来适应环境湿度,保持生物体的水平衡。昆虫具有几丁质的体壁,防止体内水分的过量蒸发;生活在高山干旱环境中的烟管螺可以产生膜来封闭壳口以对低湿条件适应;两栖类在体表分泌黏液以保持湿润;爬行动物具有很厚的角质层、鸟类具有羽毛和尾脂腺、哺乳动物有皮脂腺和毛,都能防止体内水分过多蒸发,以保持体内水的平衡。

②行为适应。沙漠地区夏季昼夜地表温度相差很大,因此地面和地下的相对湿度和蒸发

力度相差也很大。一般沙漠动物,如昆虫、爬行类、啮齿类等白天躲在洞内,夜里出来活动。另外,一些动物白天躲藏在潮湿的地方或水中,以避开干燥的空气,而在夜间出来活动。

干旱地区的许多鸟类和兽类在水分缺乏、食物不足的时候,迁移到别处去,以避开不良的环境条件。在非洲大草原旱季到来时,往往是大型草食动物开始迁徙。干旱还会引起暴发性迁徙,例如蝗虫有趋水喜洼特性,常由干旱地带成群迁飞至低洼易涝地方。

③生理适应。许多动物在干旱的情况下具有生理上适应的特点。如荒漠鸟兽具有良好重吸收水分的肾脏。爬行动物和鸟类以尿酸的形式向外排泄含氮废物,甚至有的以结晶状态排出。其实,变温也是对减少失水的适应。"沙漠之舟"骆驼,可以17天不喝水,身体脱水达体重的27%,仍能照常行走。它不仅有贮水的胃,而且驼峰中藏有丰富的脂肪,脂肪消耗的过程中产生大量水分,血液中亦具有特殊的脂肪和蛋白质,不易脱水。另外,还发现骆驼的血细胞具有变型功能,能提高抗旱能力。

(四)土壤因子的生态作用及植物的适应

1. 土壤因子的生态作用

土壤是岩石圈表面能够生长动物、植物的疏松表层,是陆生生物生活的基质,它提供生物生活所必需的矿物质元素和水分。因而,它是生态系统中物质与能量交换的重要场所;同时,它本身又是生态系统中生物部分和无机环境部分相互作用的产物。由于植物根系和土壤之间具有极大的接触面,在植物与土壤之间发生着频繁的物质交换,彼此强烈影响,因而土壤是一个重要的生态因子。

土壤中的各种组分以及它们之间的关系,影响着土壤的性质和肥力,从而影响生物的生长。土壤中的有机质类物质能够为植物生长提供足够的营养物质,矿物质为植物生长提供必需的生命元素,如果这些元素缺失的话,植物将发生生理性病变。此外,土壤能为植物生长提供水、热、肥和气,从而满足植物的生长需求。生物的生长发育需要土壤经常不断地供给一定的水分、养料、温度和空气。

土壤及时地满足生物对水、肥、气、热要求的能力,称为土壤肥力。肥沃的土壤能同时满足生物对水、肥、气、热的要求,是生物正常生长发育的基础。土壤中的生物区系,例如细菌、真菌、放线菌等土壤微生物以及藻类、原生动物、轮虫、线虫、环虫、软体动物和节肢动物等动植物对土壤中有机物质进行分解和转化,促进元素的循环,并能影响、改变土壤的化学性质和物理结构,构成了各类土壤特有的土壤生物作用。根际微生物群是依赖植物而获得它的主要能源和营养源的。在营养不足的情况下,根际微生物可能要和植物竞争营养,从而降低了土壤对植物的有效供应,也可影响植物养分的有效性,把植物养分转化为不溶态。

但有的情况下,带有根际微生物的植物比无菌的根能摄取更多的磷酸盐来增加植物的养分供应。有些微生物还产生一些可溶性的有机物质。根际微生物与植物关系密切的表现是生物固氮和共生。它们从植物那里得到自己需要的糖类物质,供给植物所需的氮素,如杨梅属、木麻黄属等可因为放线菌的侵入而形成根瘤,进行生物固氮;苏铁和蓝藻中的项圈藻、念珠藻形成根瘤共生固氮。真菌可以和植物形成菌根型共生,有些能改善植物的氮素营养;有的能分泌酶等物质,增加植物营养物质的有效性;有的形成维生素、生长素等物质,有利于植物种子的发芽和根系生长。外生菌根能增加根系的吸收面积,如松树生长在没有与它共生的真菌土壤中,则吸收养分很少,以致生长缓慢或死亡。

2. 植物对土壤因子的适应

植物对于长期生活的土壤会产生一定的适应特性。因此,形成了各种以土壤为主导因素的植物生态类型。例如,根据植物对土壤酸度的反应,可以把植物划分为酸性土植物、中性土植物、碱性土植物;根据植物对土壤中矿质盐类(如钙盐)的反应,可以把植物划分为钙质土植物和嫌钙植物;根据植物对土壤含盐量的反应,可划分出盐土植物和碱土植物。

下面着重以盐碱土植物为例,来分析它们对不同土壤的生态适应特性。盐碱土是盐土和碱土以及各种盐化、碱化土的统称。在我国内陆干旱和半干旱地区,由于气候干旱,地面蒸发强烈,在地势低平、排水不畅或地表径流滞缓、汇集的地区,或地下水位过高的地区,广泛分布着盐碱化土壤。在滨海地区,由于受海水浸渍,盐分上升到地表形成次生盐碱化。

盐碱土所含的盐类,通常最多的是 $NaCl$、$NaHCO_3$ 以及可溶性的钙盐和镁盐。其中,盐土所含的盐类主要为 $NaCl$ 和 Na_2SO_4,这两种盐类都是中性盐,所以一般盐土的 pH 值是中性的,土壤结构尚未被破坏。土壤的碱化过程是指土壤胶体中吸附有相当数量的交换性钠。一般交换性钠占交换性阳离子总量 20% 以上的土壤称为碱土。碱土含 Na_2CO_3 较多(也有含 $NaHCO_3$ 或 K_2CO_3 较多的),碱土是强碱性的,其 pH 值一般在 8.5 以上,碱土上层的结构被破坏,下层常为坚实的柱状结构,通透性和耕作性能极差。盐分种类不同,对植物的危害也不相同。盐类对多数植物危害程度的大小,可按下列次序排列:

$$MgCl_2 > Na_2CO_3 > NaHCO_3 > NaCl > MgSO_4 > Na_2SO_4$$

阳离子:$Na^+ > Ca^{2+}$

阴离子:$CO_3^{2-} > HCO_3^- > Cl^- > SO_4^{2-}$

1)盐土对植物的影响

当土壤表层盐质量分数超过 0.6% 时,大多数植物已不能生长,只有一些耐盐性强的植物尚可生长。当土壤中可溶性盐质量分数达到 1% 以上时,则只有一些特殊适应于盐土的植物才能生长。盐土对植物生长发育的不利影响,主要表现在以下几个方面。

(1)引起植物的生理干旱。盐土中含有过多的可溶性盐类,这些盐类提高了土壤溶液的渗透压,从而引起植物的生理干旱,使植物根系及种子萌发不能从土壤中吸收到足够的水分,甚至还导致水分从根细胞外渗,使植物在整个生长发育过程中受到生理干旱危害,导致植物枯萎,严重时甚至死亡。

(2)伤害植物组织。土壤含盐分太高时,会伤害植物组织,尤其在干旱季节,盐类积聚在表土中时常伤害根、茎交界处的组织。在高 pH 值下,还会导致 OH^- 离子对植物的直接伤害。

(3)引起细胞中毒。由于土壤盐分浓度过大,植物体内积聚的大量盐类,往往会使原生质受害,蛋白质的合成受到严重阻碍,从而导致含氮的中间代谢产物积累,使细胞中毒。例如,当叶绿蛋白的合成受到阻碍时,会使叶绿体趋于分解。过多的盐分积累,也可以影响糖类的代谢。例如,过量离子进入植物体内,会降低一些水解酸(如广淀粉酶、果胶酶、蔗糖酶等)的活性,扰乱植物糖类的代谢过程。过多的盐分积累,还会导致植物细胞发生质壁分离现象。重金属盐类更会破坏原生质的酶系统。

(4)影响植物的正常营养。如 Na 的竞争,使植物对 K、P 和其他元素的吸收减少,P 的转移也会受到抑制,从而影响植物的营养状况。此外,在高浓度盐类的作用下,气孔保卫细胞的淀粉形成过程受到妨碍,气孔不能关闭,即使在干旱期也是如此,因此植物容易干旱枯萎。

2) 碱土对植物的影响

碱土对植物生长的不利影响，主要表现在两个方面：①土壤的强碱性能毒害植物根系；②土壤物理性质恶化，土壤结构受到破坏，质地变劣，尤其是形成了一个透水性极差的碱化层次（B层），湿时膨胀黏重，平时坚硬板结，使水分不能渗滤进去，根系不能透过，种子不易出土，即使出土后也不能很好地生长。

3) 植物对盐碱土的适应

一般植物不能在盐碱土里生长，但是有一类植物却能在含盐量很高的盐土或碱土里生长，具有一系列适应盐、碱生态环境的形态和生理特性，这类植物统称为盐碱土植物。盐碱土植物包括盐土植物和碱土植物两类，因为我国盐土面积很大，碱土分布不多，所以下面着重介绍盐土植物。

盐土植物分为生长在内陆和生长在海滨的两类，长在内陆的为旱生盐土植物，如盐角草、细枝盐爪、叶盐爪等。生长在海滨的盐土植物为湿生盐土植物，如盐蓬、后藤等。在我国漫长的海岸线上引种栽培的具有良好固滩护堤性能的大米草也属于湿生盐土植物。此外，有防风浪、护堤岸作用的红树植物，如秋茄、木榄、桐花树等也属于此类。

盐土植物在形态上常表现为植物体干而硬；叶子不发达，蒸腾表面强烈缩小，气孔下陷；表皮具有厚的外壁，常具灰白色绒毛。在内部结构上，细胞间隙强烈缩小，栅栏组织发达。有一些盐土植物枝叶具有肉质性，叶肉中有特殊的贮水细胞，使同化细胞不致受高浓度盐分的伤害，贮水细胞的大小还能随叶子年龄和植物体内盐分的绝对含量的增加而增大。在生理上，植物具有一系列的抗盐特性，根据它们对过量盐类的适应特点不同又可分为3类。

①聚盐性植物。也称为真盐性植物，这类植物的细胞液浓度特别高，并有极高的渗透压，特别是根部细胞的渗透压，大大高于盐土溶液的渗透压，能吸收高浓度土壤溶液中的水分。它们能在强盐渍化土壤上生长，并从土壤里吸收大量可溶性盐类，贮存在体内而不受伤害。这类植物的原生质对盐类的抗性特别强，能容忍6%甚至更浓的NaCl溶液。聚盐性植物的种类不同，积累的盐分种类也不一样。例如，盐角草、碱蓬能吸收并积累较多的NaCl或Na_2SO_4；滨黎吸收并积累较多的硝酸盐。属于聚盐性植物的还有海蓬子、盐节木、盐穗木、梭梭柴、西伯利亚白刺及黑果枸杞等。

②泌盐性植物。这类植物的根细胞对于盐类的透过性与聚盐性植物一样是很大的，但是它们吸进体内的盐分并不积累在体内，而是通过茎、叶表面上密布的分泌腺（盐腺），把所吸收的过多盐分排出体外，这种作用称为泌盐作用。排出在叶、茎表面上的NaCl和Na_2SO_4等结晶和硬壳，逐渐被风吹掉或雨淋掉。泌盐植物虽能在含盐多的土壤里生长，但它们在非盐渍化的土壤里生长得更好，所以常把这类植物看作是耐盐植物。柽柳（*Tamaricaceae*）、瓣鳞花属（*Frankenia*）、红砂属（*Reaumuria*）和生于海边盐碱滩上的大米草（*Spartina anglica*），滨海的一些红树植物，以及常生于草原盐碱滩上的药用植物补血草（*Limonium sinense*）等，都属于泌盐性植物。

③透盐性植物。这类植物的根细胞对盐类的透过性非常小，所以它们虽然生长在盐碱土中，但在一定盐分浓度的土壤溶液里，几乎不吸收或很少吸收土壤中的盐类。这类植物细胞的渗透压也很高，但是不同于聚盐性植物，它们细胞的高渗透压不是由于体内高浓度的盐类所引起，而是由于体内含有较多的可溶性有机物质（如有机酸、糖类、氨基酸等）所引起，细胞的高渗透压同样提高了根系从盐碱土中吸收水分的能力，所以常把这类植物看作是抗盐植物。蒿属、

盐地紫菀、碱菀、盐地风毛菊、碱地风毛菊、璋茅及田菁等，都属于这一类。

四、生态因子作用的基本规律

（一）生态因子的概念

生态因子（ecological factors）是指环境中对生物生长、发育、生殖、行为和分布有直接或间接影响的环境要素，如温度、湿度、食物、氧气、二氧化碳和其他相关生物等。生态因子中生物生存所不可缺少的环境条件，有时又称为生物的生存条件。所有生态因子构成生物的生态环境（ecological environment）。具体的生物个体和群体生活地段上的生态环境称为生境（habitat），其中包括生物本身对环境的影响。生态因子和环境因子是两个既有联系又有区别的概念。环境因子指生物有机体以外的所有环境要素，是构成环境的基本成分。生态因子则指环境要素中对生物起作用的部分。

（二）生态因子作用的一般特征

1. 生态因子的综合作用

环境中各种生态因子不是孤立存在的，而是彼此联系、互相促进、互相制约，任何一个单因子的变化，必将引起其他因子不同程度的变化及其反作用。生态因子所发生的作用虽然有直接和间接作用、主要和次要作用、重要和不重要作用之分，但它们在一定条件下又可以互相转化。如光和温度的关系密不可分，光照强度的强弱不仅影响空气温度和湿度的变化，同时也会影响土壤温度、湿度的变化。这是由于生物对某一个极限因子的耐受限度，会因其他因子的改变而改变，所以生态因子对生物的作用不是单一的而是综合的。

2. 主导因子作用

在诸多环境因子中，有一个生态因子对生物起决定性作用，称为主导因子。主导因子发生变化会引起其他因子也发生变化或使生物的生长发育发生明显变化。如光周期中的日照长度和植物春化阶段的低温因子等都是主导因子。

3. 直接作用和间接作用

区分生态因子的直接作用和间接作用对生物的生长、发育、繁殖及分布很重要。环境中的地形因子，其起伏、坡向、坡度、海拔高度及经纬度等对生物的作用不是直接的，而是通过影响光照、温度、雨水等对生物生长、分布以及类型起直接作用。迎风坡和背风坡因降水的不同影响植物，山顶和山脚的海拔通过温度来影响植被的分布。对生物因子而言，寄生、共生关系是直接作用，如菟丝子、桑寄生、槲寄生等都是寄生植物，能从寄主植物上直接吸收营养，这种寄生植物对寄主植物的作用是直接作用。

4. 生态因子的阶段性作用

由于生物生长发育不同阶段对生态因子的需求不同，因此生态因子对生物的作用也具阶段性，这种阶段性是由生态环境的规律性变化所造成的。如光照长短，在植物的春化阶段并不起作用，但在光周期阶段则是很重要的。有些鱼类不是终生都定居在某一环境中，而是根据其生活史的各个不同阶段，对生存条件有不同要求，如鱼类的洄游（大马哈鱼生活在海洋中，生殖季节就成群结队洄游到淡水河流中产卵；而鳗鲡则在淡水中生活，洄游到海洋中去生殖）。

5. 生态因子的不可代替性和补偿作用

环境中各种生态因子的存在都有其必要性,尤其是起主导作用的因子,如果缺少便会影响生物的正常生长发育,甚至生病或死亡。所以说生态因子是不能代替,但却可局部补偿的。如在一定条件下,多个生态因子的综合作用过程中,由于某一因子在量上的不足,可以由其他因子来补偿,同样可以获得相似的生态效应。以植物进行光合作用来说,如果光照不足,可以增加二氧化碳的量来补偿;软体动物在锶多的地方,能利用锶来补偿壳中钙的不足。

(三) 生态因子的限制作用

1. 限制因子

生物的生存和繁殖依赖于各种生态因子的综合作用,但是其中必有一种和少数几种因子是限制生物生存和繁殖的关键性因子,这些关键性的因子就是限制因子。任何一种生态因子只要接近或超过生物的耐受范围,就会成为这种生物的限制因子。

如果一种生物对某一生态因子的耐受范围很广,而且这种因子又非常稳定,那么这种因子就不太可能成为限制因子;相反,如果一种生物对某一生态因子的耐受范围很窄,而且这种因子又易于变化,那么这种因子很可能就是一种限制因子。例如,氧气对陆生动物来说,数量多、含量稳定而且容易得到,因此一般不会成为限制因子(寄生生物、土壤生物和高山生物除外),但是氧气在水体中的含量是有限的,而且经常发生波动,因此常常成为水生生物的限制因子,这就是水生生物学家经常要携带测氧仪的原因。限制因子概念的主要价值是使生态学家掌握了一把研究生物与环境复杂关系的钥匙,因为各种生态因子对生物来说并非同等重要,生态学家一旦找到了限制因子,就意味着找到了影响生物生存和发展的关键性因子。

2. Liebig 最小因子定律 (Liebig's law of minimum)

19 世纪,德国有机化学家 Liebig 在研究谷物的产量时,发现谷类植物生长常常并不是由于需要大量营养物质所限制(如 CO_2,它们在周围生活环境中的贮量是很丰富的),而是决定于那些在土壤中极为稀少,且为植物所必需的元素(如硼、镁、铁等)。他认为,植物的生长取决于那些处于最少量状态的营养成分。该定律基本思想是:每种植物都需要一定种类和一定量的营养物质,如果环境中缺乏其中的一种,植物就会发育不良,甚至死亡。如果这种营养物质处于最少量状态,植物的生长量就最少。人们把这种思想称为"Liebig 最小因子定律"。

但是后人认为,最小因子定律的概念应该有两点作为补充:

①该定律只能用于稳定状态下,也就是说,如果在一个生态系统中,物质和能量的输入和输出不是处于平衡状态,那么植物对于各种营养物质的需要量就会不断变化,在这种情况下,该定律就不能应用。

②应用该定律时,必须要考虑各种因子之间的关系。如果有一种营养物质的数量很多或容易吸收,它就会影响到数量短缺的那种营养物质的利用率。另外,生物也可以利用生物代替元素,如果这两种元素是近亲,常常可以由一种元素取代另一种元素来执行功能。它不但适用于营养物质,也适用于其他的生态因子。

3. Shelford 耐受性定律 (Shelford's law of tolerance)

1913 年,美国生态学家 Shelford V E 在 Liebig 最小因子定律的基础上又提出了耐受性定律,并试图用这个定律来解释生物的自然分布现象。他认为生物不仅受生态因子最低量的限制,而且也受生态因子最高量的限制。这就是说,生物对每一种生态因子都有其耐受的上限和下限,上、下限之间就是生物对这种生态因子的耐受范围,称生态幅。任何一个生态因子在数量或质量上的不足或过多,即当其接近或达到某种生物的耐受性限度时,就会使该生物衰退或不能生存。Shelford 的耐受性定律可以形象地用一个钟形耐受曲线来表示(图 2-5)。

对同一生态因子,不同种类的生物耐受范围是很不相同的。例如,鲑鱼对温度这一生态因子的耐受范围是 0~12℃,最适温度为 4℃;豹蛙对温度的耐受范围是 0~30℃,最适温度为 22℃;斑鳟对温度的耐受范围是 10~40℃;而南极鳕所能耐受的温度范围最窄,只有 -2~2℃。上述的几种生物对温度的耐受范围差异很大,有的可耐受很广的温度范围(如豹蛙、斑鳟),称

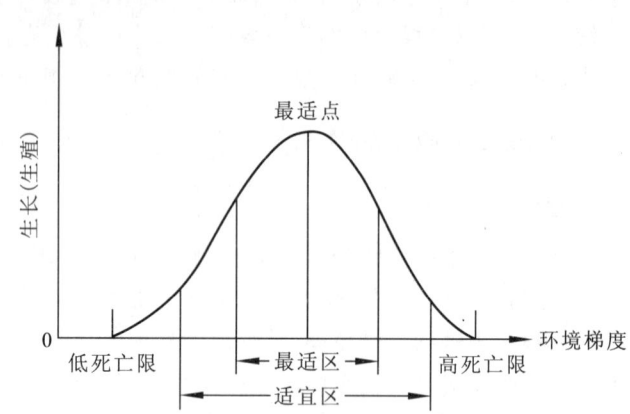

图 2-5 生物对生态因子的耐受曲线

广温性生物(eurytherm);有的只能耐受很窄的温度范围(如鲑鱼、南极鳕),称狭温性生物(stenotherm)。对其他的生态因子也是一样,有所谓的广湿性、狭湿性,广盐性、狭盐性,等等。

广适性生物属广生态幅物种,狭适性生物属狭生态幅物种。一般来说,如果一种生物对所有生态因子的耐受范围都是广的,那么这种生物在自然界的分布也一定很广,反之亦然。各种生物通常在生殖阶段对生态因子的要求比较严格,因此它们所能耐受的生态因子的范围也就比较狭窄。例如,植物的种子萌发,动物的卵和胚胎以及正在繁殖的成年个体所能耐受的生态因子范围一般比非生殖个体要窄。

生物的耐受曲线并不是不可改变的,它在环境梯度上的位置及所占有的宽度在一定程度上可以改变,这些改变有的是表现型的变化,有的是遗传上的变化。因此,生物对环境条件缓慢而微小的变化具有一定的调整适应能力,甚至能够逐渐适应于生活在极端环境中。例如,有些生物已经适应了在火山间歇泉的热水中生活,但是,这种适应性的形成必然会降低对其他环境条件的适应。一般来说,一种生物的耐受范围越广,对某一特定点的适应能力就会越低。与此相反,属于狭生态幅的生物,通常对范围狭窄的环境条件具有极强的适应能力,但却丧失了在其他条件下的生存能力(图 2-6)。

在进化过程中,生物的耐受限度和最适生存范围都可能发生变化,也可能扩大,也可能受到其他生物的竞争而被取代或移动位置。即使是在较短的时间范围内,生物对生态因子的耐受限度也能进行各种小的调整。生物借助于驯化过程,可以稍微调整它们对某个生态因子或某些生态因子的耐受范围。如果一种生物长期生活在它的最适生存范围偏一侧的环境条件下,久而久之就会导致该种生物耐受曲线的位置移动,并产生一个新的最适生存范围,而适宜范围的上、下限也会发生移动。这一驯化过程涉及到酶系统的改变,因为酶只能在环境条件的一定范围内最有效地发挥作用,正是这一点决定着生物原来的耐受限度,所以驯化也可以理解为是生物体内决定代谢速率的酶系统的适应性改变。例如,把豹蛙放置在 10℃ 的环境中,如果在此之前它长期生活在 25℃ 的环境中,则它的耗氧速率大约是 35μL/g·h;如果在此之前

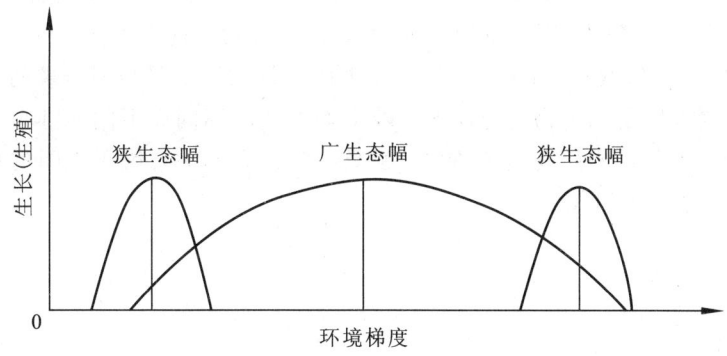

图 2-6　广生态幅与狭生态幅物种

长期生活在 5℃ 环境中的话,那么它的耗氧量要大得多(图 2-7)。可见,豹蛙在同样是 10℃ 的条件下,却表现出两种差异很大的代谢率,这是因为在此之前它们已经适应了驯化时的两种不同温度。同样,如果把金鱼放在两种不同的温度下(24℃ 和 37.5℃)进行长期驯化,那么最终它们对温度的耐受限度就会产生明显差异(图 2-8)。

自然界中的动物和植物很少能够生活在对它们来说最适宜的地方,常常由于其他生物的竞争而把它们从最适宜的生境中排挤出去,结果是只能生活在它们占有更大竞争优势的地方。如,很多沙漠植物在潮湿的气候条件下能够生长得更茂盛,但是它们却只分布在沙漠地区,因为只有在那里它们才占有最大的竞争优势。

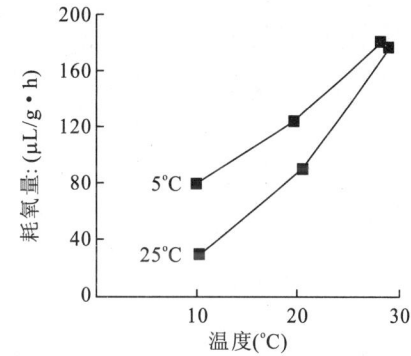

图 2-7　豹蛙在某一特定温度下的耗氧量决定于在此之前它们的驯化温度(据 Hainsworth,1974,修改)

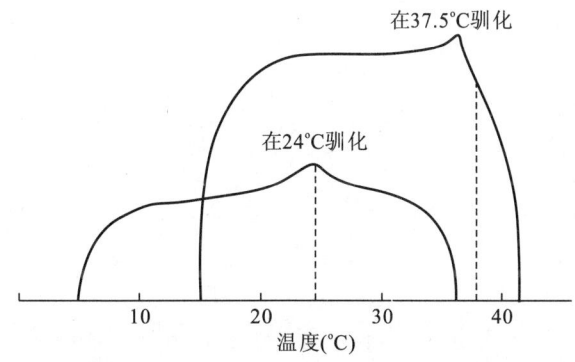

图 2-8　金鱼在两种不同温度下(24℃ 和 37.5℃)驯化后所形成的对温度的两种耐受限度(据 Putman,1984,修改)

Shelford 耐受性定律和 Liebig 最小因子定律的关系，可从以下 3 个方面进行理解：首先，Liebig 最小因子定律只考虑了因子量的过少，而 Shelford 耐受性定律既考虑了因子量的过少，也考虑了因子量的过多；其次，Shelford 耐受性定律不仅估计了限制因子量的变化，而且估计了生物本身的耐受性问题。生物耐受性不仅随生物种类的不同而不同，且同一种类耐受性也因年龄、季节、栖息地的不同而有差异；同时，耐受性定律允许生态因子之间的相互作用，如因子替换作用和因子补偿作用等。

第三章 种群生态学

第一节 种群的概念和基本特征

一、种群的概念

种群(population)是指在一定时间内,分布在同一区域的同种生物个体的集合。该定义表示种群具有时、空特征,占有一定的领域,是同种个体通过种内关系组成的一个统一体或系统(具有数量特征),同时具有遗传特征。

种群的概念可以是抽象的,也可以是具体的。生态学所应用的种群概念就是抽象意义上的。当具体应用时,种群在时间和空间上的界限是随研究工作者的方便而划分的,例如大到全世界的蓝鲸可视为一个种群,小至水体里的铜绿微囊藻可作为一个种群,实验室饲养的一群小白鼠也可称为一个实验种群。

种群虽然是由同种个体组成的,但种群内的个体不是孤立的,也不等于个体的简单相加,它是在某种种内关系下组成的有机整体。个体相互之间的内在关系,使信息相通、行为协调、共同繁衍,并集中表现出该生物行为的特殊规律性。从个体到种群是一个质的飞跃。个体的生物学特性主要表现在出生、生长、发育、衰老及死亡的过程中,而种群则具有出生率、死亡率、年龄结构、性比、社群关系和数量变化等特征。这些群体特征都是种群个体所不具有的。

种群是物种存在的基本单位,生物学分类中的门、纲、目、科、属等分类单位是学者依据物种的特征及其在进化过程中的亲缘关系来划分的,唯有种(species)才是真实存在的,而种群则是物种在自然界存在的基本单位。因为组成种群的个体是会随着时间的推移而死亡和消失的,所以物种在自然界中能否持续存在的关键就是种群能否不断地产生新个体以代替那些消失了的个体。因此,从进化论观点看,种群是一个演化单位。从生态学观点来看,种群不仅是物种存在的基本单位,还是生物群落的基本组成单位,也是生态系统研究的基础。

种群生态学(population ecology)研究种群的数量、分布以及种群与其栖息环境中的非生物因素和其他生物种群的相互作用。种群生态学的核心问题是种群动态,即研究种群个体数量变动的规律和引起种群兴衰的原因。因此,种群生态学的理论与实践对合理地利用和保护生物资源、有效地控制病害虫以及人口问题都有重要的指导意义。

二、种群的基本特征

种群由一定数量的同种个体组成,从而形成了生命组织层次的一个新水平,在整体上呈现出一种有组织、有结构的特性。种群的这种基本特征表现在种群的空间分布、数量和遗传3个方面。

(一)种群的空间特征

组成种群的个体在其生活空间中的位置状态或布局,称为种群的内分布型(internal distribution pattern)或分布(dispersion)。种群的内分布型一般可分为 3 种:①均匀型(uniform);②随机型(random);③成群型(clumped)(图 3-1)。

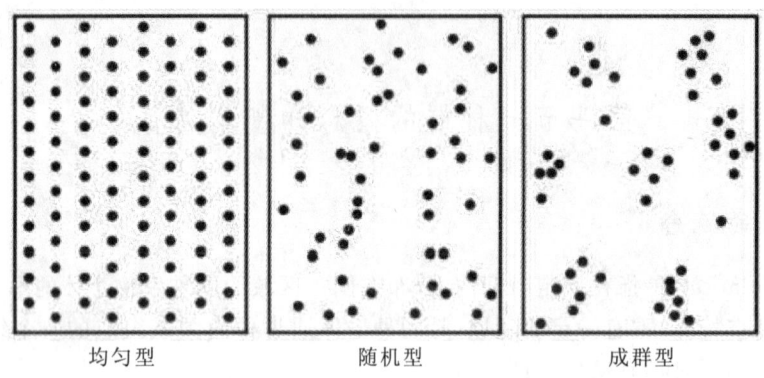

图 3-1 种群的 3 种内分布型或格局(据 Smith,1980,修改)

均匀分布的种群在自然界少见,形成的原因主要是种群内个体间的竞争,如森林植物的树冠竞争阳光和根系竞争营养盐都可能导致均匀分布。人工栽培经济作物或林木往往采用均匀分布的格局。

随机分布是指每一个体在种群领域中各个点上出现的机会相等,并且某一个体的存在不影响其他个体的分布,如面粉中黄粉虫的分布。随机分布的种群在自然界较常出现,如先锋植物在裸地或处女地上开始定居时往往就是随机分布的。

成群分布是最常见的分布类型,人们常常可以观察到鸟群、鱼群、兽群以及大规模的害虫暴发等,其实就是成群分布。其形成的主要原因是:①环境资源分布不均匀,富饶与贫乏镶嵌;②繁殖体的传播方式,植物传播种子的方式使其以母体为扩散中心;③集群行为,动物的社会行为使其结合成群。成群分布又可进一步按群本身的分布状况划分为均匀群、随机群和成群群,成群群具有两级的成群分布。

空间格局最常用的检验指标是方差/平均数比率,即 s^2/m。其中:

$$m = \sum fx/n$$
$$s^2 = [\sum (fx)^2 - (\sum fx)^2/n]/(n-1)$$

式中:x 为样方中某种个体数;f 为个体样方的出现频率;n 为样本总数。

若 s^2/m 显著小于 1,属均匀分布;若 $s^2/m \approx 1$,属随机分布;若 s^2/m 显著大于 1,属成群分布。

(二)种群的数量特征

种群具有个体所不具备的各种群体特征,这些特征多为统计指标,大体分为 3 类:种群密度、4 个初级种群参数(出生率、死亡率、迁入率、迁出率)和次级种群参数(年龄结构、性比、种群增长率等)。

1. 种群密度

一个种群的大小,是一定区域种群个体的数量,也可以是生物量或能量。种群密度(population density)是指单位空间内种群个体数量的总和。种群密度可分为绝对密度和相对密度。前者指单位面积或空间上的实际个体数目,后者是表示个体数量多少的相对指标。

1)种群密度调查方法

种群密度最直接的统计方法是总数量调查法,即计数种群中的每一个个体。例如一片树林中所有的树、青藏高原上某一区域的所有藏羚羊等。但该方法需花费大量的人力、物力和财力,故很少采用。取样调查法是通过在几个地方或一个地方取几个点计数种群的一小部分,由此估计种群的密度,常用的有样方法、标志重捕法和去除取样法3种。

(1)样方法。样方法适合调查植物,以及活动能力不强的动物,如跳蝻、蜗牛等。其操作过程是:在被调查范围内,随机选取若干个完全相等的样方,统计每个样方的个体数,并求出每个样方的种群密度,再求出所有样方种群密度的均值,以此值作为被调查种群之种群密度的估算值。

常见的取样方法有"等距取样法""五点取样法""Z字取样法"等(图3-2)。

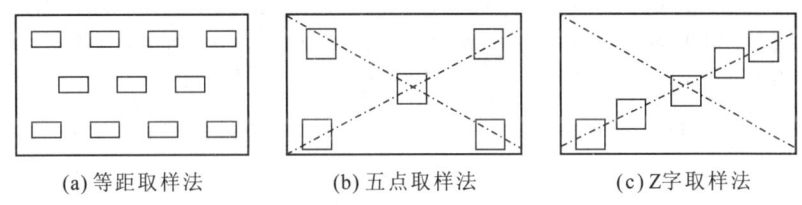

(a)等距取样法　　　(b)五点取样法　　　(c)Z字取样法

图3-2　样方法常见取样方法

(2)标志重捕法。标志重捕法适用于活动能力较强的动物,如田鼠、鸟类、鱼类等。其操作过程是:在被调查种群的活动范围内,捕获部分个体,作上标记,再放回原来的环境中,经过一段时间后在同一地点进行重捕,估算公式如下:

$$种群个体总数/标记个体数 = 重捕个体数/重捕中标记个体数$$

此估算方法得出的估算值倾向于偏大,因为很多动物在被捕获一次后会更加难以捕获,导致"重捕中标记个体数"偏小。标记时也需要注意,所用标志要小而轻,不能影响生物行动;也不能用过于醒目的颜色(比如红色),否则会使生物更加容易被天敌捕食,影响估算精确度。

(3)去除取样法。此方法原理为:在一个封闭的种群里,随着连续地捕捉,种群数量逐渐减少,同等的捕捉力量所获取的个体数逐渐降低,逐次捕捉的累积数就逐渐增大,当单位努力捕捉数等于零时,捕捉累积数就是种群数量的估计值。在实际工作中,没有必要连续捕捉至单位努力捕捉数等于零,而是根据少数几次捕捉结果,以每次捕捉个体数作为纵坐标,捕获累积数作为横坐标,作一直线回归图,回归线与横坐标的交点就是种群数量的估计值。

对于许多动物,由于获得绝对密度困难,所以相对密度指标成为有用资料,比如捕获率、遇见率,洞口、粪堆等活动痕迹,鸣声、毛皮收购量、单位渔捞努力的捕获量等。

2)单体生物和构件生物

在调查和分析种群密度时,首先应区别单体生物和构件生物。单体生物(unitary organism)是指生物胚胎发育成熟后,其有机体各个器官数量不再增加,各个体保持基本一致的形态结构,个体从形态结构上看很清楚。大多数动物都属于单体生物。构件生物(modular organism)是指生物由一个合子发育而成,在其生长发育的各个阶段,其初生及次生组织的活动并未停止,基本构件单位反复形成。高等植物属于构件生物,营固着生活的珊瑚、苔藓等也是构件生物。

如果说对于单体生物以其个体数就能反映种群大小,那么对于构件生物就必须要进行两个数量层次的数量统计,即从合子产生的个体数和构成每个个体的构件数。只有同时有这两个层次的数量及其变化,才能掌握构件生物的种群动态。对于许多构件生物,研究构件的数量与分布状况往往比个体数(由合子发展起来的遗传单位)更为重要。例如,一丛稻可以只有一根主茎到几百个分蘖,个体的大小相差悬殊,所以在生长上计算稻丛数量意义不大,而计算杆数比区分主茎更有实际意义。

2. 种群的繁殖力

种群的繁殖力(reproductive capacity)指种群个体数量增加的能力。它取决于该种群的遗传特性和环境容量。具体参数有:出生率、死亡率、迁入率、迁出率。

1)出生率和死亡率

出生率(natality)指种群在某一时间内产生新个体的能力。出生率常分为最大出生率和实际出生率。最大出生率是指处于理想条件下(即无任何生态因子的限制作用,生殖只受生理因素的限制)的种群出生率,也称生理出生率。实际出生率是特定环境下种群实际的出生率,也称生态出生率,它会随着种群的结构、密度大小和自然环境条件的变化而改变。

死亡率(mortality)指种群在某一时间内个体的死亡数量(即死亡速率),可分为最低死亡率和实际死亡率。最低死亡率是指种群在最适环境下,其个体由于老年而死亡,即都活到了其生理寿命,也称为生理死亡率。生理寿命是指处于最适环境下种群中个体的平均寿命,而不是某个特殊个体具有的最长寿命。实际死亡率是指种群在特定环境下的实际死亡率,也称为生态死亡率,即多数或部分个体死于被捕食、疾病、不良气候等因素。生物的死亡率随着年龄而发生改变,因此,在实际工作中,人们常把实际死亡率和种群内部各特定年龄组相联系,以了解生命期望值和主要死亡原因。所谓生命期望值,是指某一年龄期的个体平均还能活多长时间的估计值,或称平均余生。

2)迁入率和迁出率

迁入是指别的种群个体进入种群的领地,迁出则是种群内个体由于种种原因而离开种群的领地。迁入率和迁出率对种群繁殖力的影响,主要不在数量上,而在于"质量"上,外来基因的带入,有利于后代具有更强的抗逆性。迁入和迁出是生物生命活动中的一个基本现象,但直接测定种群的迁入率和迁出率是非常困难的。在种群动态研究中,往往假定迁入与迁出相等,从而忽略这两个参数,或者把研究样地置于岛屿或其他有不同程度隔离条件的地段,以便假定迁移所造成的影响很小。

3. 年龄结构和性比

1)年龄结构

任何种群都是由不同年龄的个体组成的。所谓年龄结构(age structure)是指把每一年龄群个体的数量描述为一个年龄群对整个种群的比率。年龄群可以是特定分类群,如年龄或月龄;也可以是生活史期,如卵、幼虫、蛹和龄期。年龄结构常用年龄锥体来表示,年龄锥体(age pyramid)是用从下到上的一系列不同宽度的横柱作成的图,从下到上的横柱分别表示由幼年到老年的各个年龄组,横柱的宽度表示各年龄组的个体数或其所占的百分比。年龄锥体可分为3种基本类型(图3-3)。

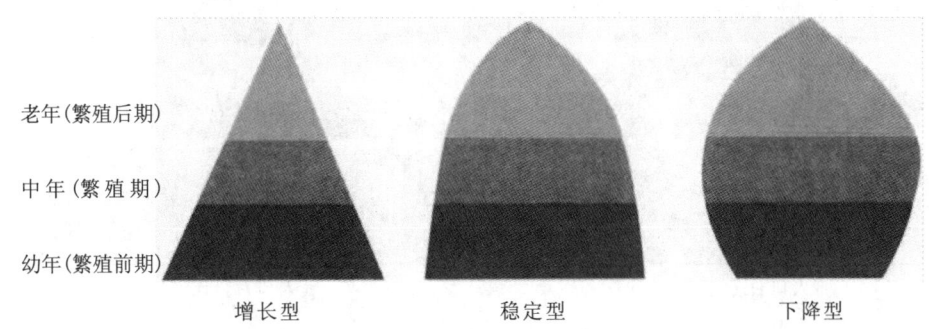

图3-3 年龄锥体的3种基本类型(据Kormondy,1976,修改)

(1)增长型种群(expanding population)。锥体呈典型金字塔形,基部宽、顶部窄,表示种群中有大量幼体数量,而老年个体数量较小。种群的出生率大于死亡率,是迅速增长的种群。

(2)稳定型种群(stable population)。锥体呈钟形,种群中的幼年、中年和老年个体数量大致相等,种群的出生率和死亡率大体平衡,种群稳定。

(3)下降型种群(diminishing population)。锥体基部较窄,而顶部较宽,表示种群中的幼体数量所占比例减少而老年个体数量比例增大,种群的死亡率大于出生率。

2)性比

性比(sex ratio)是指种群中雌雄个体的比例。人口统计中常将年龄锥体分成左、右两半,左半部分表示雄体的各年龄组,右半部分表示雌体的各年龄组,这种年龄锥体称为年龄性别锥体。大多数动物种群的性比接近1:1。有些种群以具有生殖能力的雌性个体为主,如轮虫、枝角类等是可进行孤雌生殖的动物种群。还有一种情况是雄性多于雌性,常见于营社会生活的昆虫种群。同一种群中性比有可能随环境条件的改变而变化。如盐生钩虾在5℃的生存环境中,其后代中雄性为雌性的5倍;而在23℃的生存环境中,其后代中雌性为雄性的13倍。另外,有些动物有性变的特点,如黄鳝,幼年都是雌性,繁殖后多数转为雄性。

图3-4(http://populationpyramid.net/china/)说明中国人口已进入下降阶段,而印度人口仍处于增长阶段,中国应开放生育政策来弥补人口的减少,而印度应该实行计划生育限制人口的快速增长。人口动态中各种社会和自然因素的影响,可在年龄锥体中反映出来,并保持相当持久,影响以后的发展趋势。因此,种群的年龄结构对了解种群历史,分析、预测种群动态具有重要价值。

4. 生命表和存活曲线

生命表(life table)是描述种群数量减少过程的有用工具,是根据各年龄组的存活或死亡个体数据编制而成的表格。通常是第一列表示年龄或发育阶段,从低龄到高龄自上而下排列,其他各列为记录种群死亡或存活情况的数据,并用一定的符号代表。表3-1是Conell(1970)对美国圣璜岛(San Juan Island)上1959年出生并固着在岩石上的所有藤壶进行逐年存活观察编制而成的生命表。

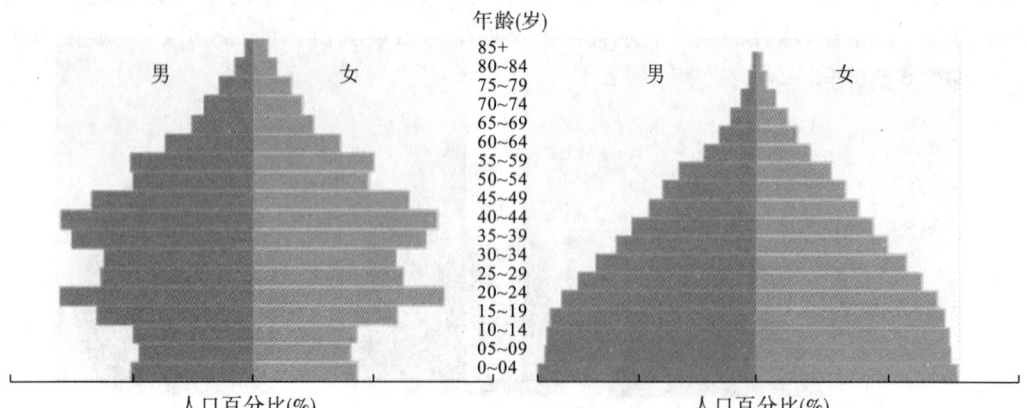

图 3-4 中国(左)和印度(右)2010 年人口结构

表 3-1 藤壶的生命表(引自 Krebs,1978)

年龄(年)X	各年龄开始的存活数目 n_X	各年龄开始的存活分数 L_X	各年龄死亡个体数 d_X	各年龄死亡率 q_X	各年龄期平均存活数目 L_X	各年龄期及其以上存活的年龄总数 T_X	平均寿命 e_X
0	142	1.000	80	0.563	102	224	1.58
1	62	0.437	28	0.452	48	122	1.97
2	34	0.239	14	0.412	27	74	2.18
3	20	0.141	4.5	0.225	17.75	47	2.35
4	15.5	0.109	4.5	0.290	13.25	29.25	1.89
5	11	0.077	4.5	0.409	8.75	16	1.45
6	6.5	1.046	4.5	0.602	4.25	7.25	1.12
7	2	1.014	0	0.000	2	3	1.50
8	2	1.014	2	1.000	1	1	0.50
9	0	0	—	—	0	0	—

注：本生命表是根据 Conell 于 1970 的调查资料，于 1959 年起对当年出生的藤壶幼虫存活进行逐年观察。这些藤壶到 1968 年全部死亡。生命表有若干栏，各栏表示的意思如下。

X 表示不同的年龄段，或叫年龄级(age class)。级差可以根据研究目的和具体种群年龄状况而定，可以是年也可以是月或天或更小的单位如时、分、秒，世代长的种群可以以年为单位如人口普查，世代短的如细菌一般用分来计算。

n_X 表示在 X 时期开始时的存活数。

L_X 表示在 X 时期开始时的存活分数。

d_X 表示从 X 到 $X+1$ 期死亡的个体数。

q_X 表示从 X 到 $X+1$ 期的死亡率。

e_X 表示在 X 期开始时的平均期望寿命(life expectancy)。

从表 3-1 可获得 3 个方面的信息。

(1)存活曲线(survivorship curve)。所谓存活曲线就是以生物的相对年龄(绝对年龄除以平均寿命)为横坐标,再以各年龄的存活数的对数为纵坐标所画出的曲线。存活曲线直观地表达了同生群的存活过程。Krebs(1985)曾将存活曲线分为 3 个类型(图 3-5)。

Ⅰ型:曲线凸型,表示在接近生理寿命前只有少数个体死亡,如人类、大型兽类以及上面提到的藤壶均属于Ⅰ型。

Ⅱ型:曲线呈对角线型,各年龄段的死亡率基本相等,如水螅、鸟类等都属于Ⅱ型。

Ⅲ型:曲线凹型,幼年期死亡率很高,只有少数个体能活到生理寿命,如大多数鱼类、两栖类属于Ⅲ型。

(2)死亡率曲线。藤壶在第一年死亡率很高,以后逐渐降低,接近老死时死亡率迅速上升。

(3)生命期望。e_X 表示该年龄期开始时平均能活的年限。藤壶除前一二年死亡率高、平均余年较短外,以后从 2.18 年起其死亡率逐渐降为零。

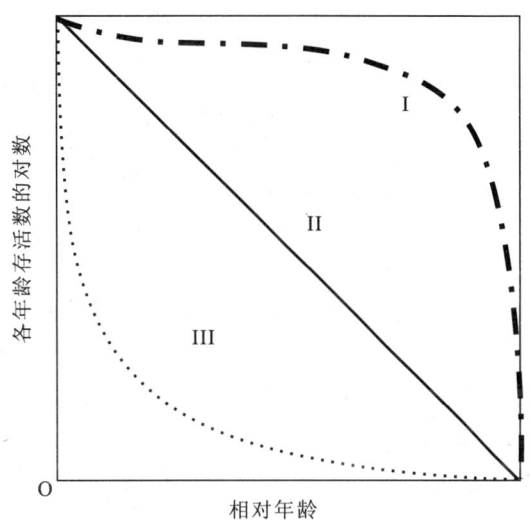

图 3-5　存活曲线的类型(据 Krebs, 1985,修改)

依据收集数据的方法不同,生命表可分为动态生命表和静态生命表两大类。动态生命表是根据对同一时间出生的所有个体的存活或死亡数目进行动态观察的资料编制而成的生命表,也称同生群(cohort)生命表。静态生命表是根据某一特定时间对种群作年龄结构调查的资料编制而成的生命表,也称特定时间生命表。

动态生命表个体经历了同样的环境条件,而静态生命表中个体出生于不同的年份,经历了不同的环境条件,因此,编制静态生命表等于假定种群所经历的环境没有变化。事实上情况并非如此,所以有的学者对静态生命表持怀疑态度。但动态生命表有时历时长、工作量大,往往难以获得生命表数据;而静态生命表虽有缺陷,在运用得当的情况下,还是有价值的。因此,一般对世代重叠且寿命较长的生物,如人类,宜编制静态生命表;而对于时代不重叠、生活史比较短的生物,如昆虫,则宜编制动态生命表。动态生命表和静态生命表的关系可用图 3-6 来表示。图中纵坐标表示年龄,横坐标表示时间。连续追踪 $t_0,t_1,\cdots$ 时段中出生动物的存活就是动态生命表。因此,动态生命表也称为特定年龄生命表或水平生命表(age-specific or horizontal life table)。图 3-6 中表示的根据时间 t_1 所作年龄结构的生命表,就属于静态的,也称特定时间生命表或垂直生命表(time-specific or vertical life table)。

5.种群增长率和内禀增长率

在自然界中,种群的实际增长率称为自然增长率(rate of natural increase),用 r 来表示,它是指在单位时间内某一种群的增长百分比。在分析种群动态时,如果设迁入等于迁出,那么,增长率就等于出生率与死亡率之差。

种群增长率 r 对观察某种群的动态是非常有用的指标,它随着自然界环境条件的改变而

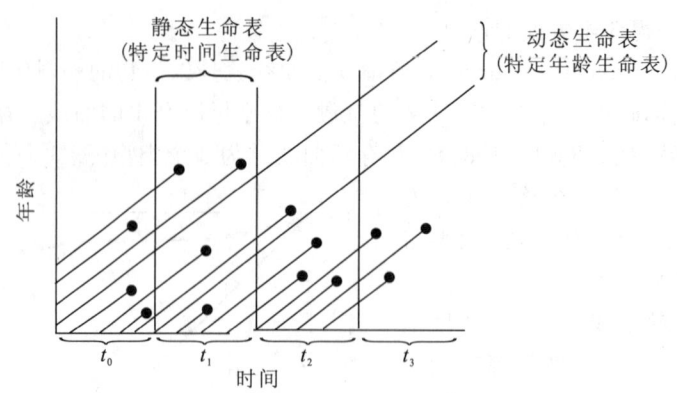

图 3-6 动态生命表和静态生命表的关系（据 Begon 和 Mortimer,1981,修改）

发生变化。当条件有利时,r 值可能是正值,种群数量增加;条件不利时,r 值可能变为负值,种群数量下降。如在实验室条件下,排除不利的环境条件及捕食者和疾病等不利因素,提供理想的食物条件,我们就可以观察到种群的最大增长能力,称之为内禀增长率,用 r_m 表示。Andrewartha 和 Brich(1954)对种群的内禀增长率给出了明确的定义:具有稳定年龄结构的种群,在食物与空间上不受限制,密度维持在最适水平,环境中没有天敌,并在某一特定的温度、湿度、光照和事物性质的生境条件组配下,种群达到的最大增长率。由此定义可以看出,人们只能在实验条件下才能测定种群的内禀增长率。虽然如此,r_m 也不是毫无用处的,它可以作为一个参数,与在自然界中观察到的实际增长率进行比较。

6. 种群的增长模型

现代生态学家在提出生态学一般规律时,常常求助于数学模型研究,用它来揭开系统的内在机制和对系统行为进行预测。建立动植物种群动态数学模型的目的,是阐明自然种群动态的规律及其调节机制,帮助理解各种生物的和非生物的因素是怎样影响种群动态的。模型研究必须从客观实际出发来建模,最后又必须通过实践来检验。在数学模型研究中,人们最感兴趣的不是特定公式的数学细节,而是模型的结构:哪些因素决定种群的大小,哪些参数决定种群对自然和人为干扰的反应速度,等等。

种群增长模型很多。按模型涉及的种群数,分为单种种群模型和两个相互作用的种群模型。按增长率是常数还是随密度而变化,分为与密度无关的和与密度有关的增长模型。按种群的世代彼此间是否重叠,分为连续的和不连续的(或称离散)的增长模型。按模型预测的是确定性值还是一概率分布,分为决定型模型和随机型模型。此外,还有具时滞的和不具时滞的,具年龄结构的和不具年龄结构的,等等。以下将介绍的均指单种种群模型。

1) 与密度无关的种群增长模型

种群在"无限"的环境中,即假定环境中空间、食物等条件不受限制的情况下,种群个体数量往往呈指数增长,可称为与密度无关的增长(density-independent growth)。

与密度无关的增长又可分为两类:如果种群的各个世代彼此不相重叠,如一年生植物和许多一年生殖一次的昆虫,其种群增长是不连续的、分步的,称为离散增长,一般用差分方程描述;如果种群的各个世代彼此重叠,如人和多数兽类,其种群增长是连续的,用微分方程描述。

(1) 种群离散增长模型。在假定:①增长是无界的;②世代不相重叠;③没有迁入和迁出;

④不具年龄结构等条件下,最简单的单种种群增长数学模型,通常是把世代 $t+1$ 的种群 N_{t+1} 与世代 t 的种群 N_t 联系起来的差分方程:

$$N_{t+1} = \lambda N_t$$

其中,t 为时间;λ 为种群的周限增长率;N 为种群大小。

当 $\lambda>1$ 时,种群内个体数增加;$\lambda=1$ 时,种群内个体数保持不变;$1>\lambda>0$ 时,种群内个体数减少;$\lambda=0$ 时,雌性个体没有繁殖,一代就灭亡了。

(2)种群连续增长模型。

在世代重叠的情况下,种群以连续的方式变化。把种群变化率 dN/dt 与任何时间的种群大小联系起来。最简单的情况是有一恒定的每员增长率(per capita growth rate),它与密度无关,即:

$$dN/dt = rN$$

其积分式为:

$$N_t = N_0 e^{rt}$$

其中,e 为自然对数的底;r 为内禀增长率。

根据 r 值可判断种群动态。即 $r>0$ 时,种群增长;$r=0$ 时,种群稳定;$r<0$ 时,种群下降;$r=-\infty$ 时,种群无繁殖现象,趋于灭亡。

2)与密度有关的种群增长模型

受自身密度影响的种群增长称为与密度有关的种群增长(density-dependent growth)或种群的有限增长。种群的有限增长同样分为离散的和连续的两类。下面介绍常见的连续增长模型。

与密度有关的种群连续增长模型,比与密度无关的种群连续增长模型增加了两点假设:①有一个环境容纳量(通常以 K 表示),当 $N_t=K$ 时,种群为零增长,即 $dN/dt=0$;②增长率随密度上升而降低的变化是按比例的。最简单的是每增加一个个体,就产生 $1/K$ 的抑制影响。换句话说,假设某一空间仅能容纳 K 个个体,每一个个体利用了 $1/K$ 的空间,N 个个体利用了 N/K 的空间,而可供种群继续增长的"剩余空间"就只有 $(1-N/K)$ 了。按此两点假设,密度制约导致 r 随着密度增加而降低,这与 r 保持不变的非密度制约性的情况相反,种群增长不再是"J"型,而是"S"型(图3-7)。"S"形曲线有两个特点:①曲线渐近于 K 值,即平衡密度;②曲线上升是平滑的。

产生"S"型曲线的最简单的数学模型可以解释并描述为上述指数增长方程($dN/dt=rN$)乘上一个密度制约因子$(1-N/K)$,就得到生态学发展史上著名的逻辑斯蒂方程(logistic equation):

$$dN/dt = rN(1-N/K)$$

其积分式为:

$$N_t = K/(1+e^{a-rt})$$

式中:参数 a 的值取决于 N_0,表示曲线对原点的相对位置。

在种群增长早期阶段,种群大小 N 很小,N/K 也很小,因此 $(1-N/K)$ 接近于1,所以抑制效应可以忽略不计。种群增长实质上为 rN,呈几何增长。然而,当 N 变大时,抑制效应增加,直到当 $N=K$ 时,$(1-N/K)$ 变成了 $(1-K/N)$,等于0,这时种群的增长为零,种群达到了一个稳定的、大小不变的平衡状态。

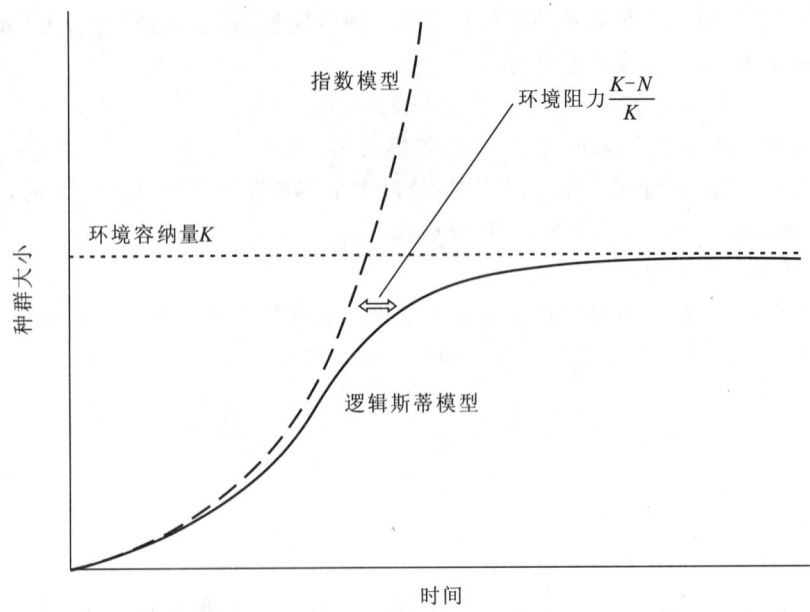

图 3-7 种群的逻辑斯蒂增长(据 Kendeigh,1974,修改)

逻辑斯蒂曲线常划分为 5 个时期:①开始期,也可称为潜伏期,种群个体数很少,密度增长缓慢;②加速期,随个体数增加,密度增长逐渐加快;③转折期,当个体数达到饱和密度的一半(即 $K/2$)时,密度增长最快;④减速期,当个体数超过 $K/2$ 以后,密度增长逐渐变慢;⑤饱和期,种群个体数达到 K 值而饱和。

该模型适合一些生活史比较简单的种群,在刚进入陌生环境中时,增长规律满足此方程。但是,自然界情况是十分复杂的,不同种群,即使同一种群,在不同生活阶段(或生活空间)也有很大差异。在许多情况下,种群个体数量可能超过环境容量 K。

逻辑斯蒂模型的两个参数——r 和 K,均具有重要的生物学意义。如前所述,r 表示物种的潜在增殖能力,而 K 则表示环境容纳量,即物种在特定环境中的平衡密度。虽然模型中的 K 值是最大值,但作为生物学含义,它应该并可以随环境(资源量)改变而变化。

逻辑斯蒂增长模型的重要意义有:①它是许多两个相互作用种群增长模型的基础;②它也是渔捞、林业、农业等实践领域中,确定最大持续产量(maximun sustained yield)的主要模型;③模型中的两个参数 r、K,已成为生物进化对策理论中的重要概念。

第二节 种群的动态

所谓动态,是指种群内个体数量的变化及空间格局的变化。掌握种群动态规律,必须有长期的种群数量变动记录。研究种群动态的目的,是为了人类更好地利用和保护生物资源。

一、自然种群的数量变动

野外种群不可能长期地、连续地增长。只有在一种生物被引入或占据某些新栖息地后,才出现由少数个体开始而装满"空"环境的种群增长。种群经过增长和建立后,既可出现不规则的或规则的(周期性的)波动,也可能较长期地保持相对稳定。许多种类有时会出现骤然的数量猛增,即大发生,随后又是大崩溃。有时种群数量会出现长时期的下降,称为衰落,甚至灭亡(图3-8)。

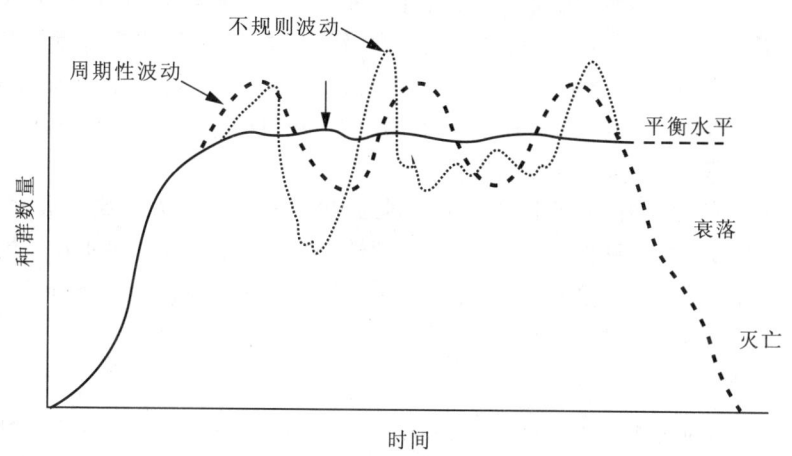

图3-8 自然种群的数量变动方式

(一)种群的波动

大多数真实的种群不会或完全不在平衡密度保持很长时间,而是动态的和不断变化的。因为以下几个原因,种群可能在环境容纳量附近波动。①环境的随机变化。因为随着环境条件(如天气)的变化,环境容纳量就会相应地变化。②时滞或称为延缓的密度制约。在密度变化和密度对出生率和死亡率影响之间导入一个时滞,在理论种群中很容易产生波动。种群可以超过环境容纳量,然后表现出缓慢的减幅振荡直到稳定在平衡密度。③过度补偿性密度制约。当种群数量和密度上升到一定数量时,成活个体数目将下降。

一般情况下,寿命短、出生率高的种群和寿命长、出生率高的种群是不稳定种群,寿命短、出生率低的种群是没有希望的种群,寿命长、出生率低的种群是比较稳定的种群。

1. 不规则波动

环境的随机变化很容易造成种群不可预测的波动。许多实际种群,其数量与好年(环境适宜种群生存的年份)和坏年(环境不适宜种群生存的年份)相对应,会发生不可预测的数量波动。小型的短寿命生物,比起对环境变化忍耐性更强的大型、长寿命生物,数量更易发生巨大变化。

1)种群的暴发

具不规则波动和周期性波动的生物都可能出现种群的暴发,如蝗灾、鼠害、赤潮、水华等。种群大暴发的例子有:1957年,索马里的蝗灾;1978年,澳大利亚的槐叶萍灾难;1944年,美国加州牧场的贯叶金丝桃灾难等。

水华(water bloom)是发生在淡水中,由水体中氮、磷含量过高导致藻类(蓝藻、硅藻、裸藻、甲藻等)突然性过度增殖的一种自然现象。赤潮(red tide)是发生在海洋中,一些浮游生物(如腰鞭毛虫、裸甲藻、梭角藻、夜光藻等)暴发性增殖引起水色异常的现象。水华和赤潮的危害有:①藻类死体被微生物分解,消耗尽水中的溶氧,使鱼、贝等窒息而死;②有些藻类生物产生毒素(如微囊藻毒素),杀害鱼、贝,甚至牲畜和人。

2)种群的衰亡

种群的衰亡是指种群内个体数量出现持久性下降的现象(可以降至最低基数以下)。个体大、出生率低、生长慢、成熟晚的生物,最易出现这种情形。例如,由于二次世界大战期间捕鲸业停顿,战后捕鲸船吨位上升,鲸捕获量节节上升,到20世纪50年代末接近最高产量。但好景不长,先是蓝鲲鲸(*Balaenoptera musculus*)种群衰落,并濒临灭绝,继而长须鲸(*B. physalus*)日渐减少。目前就连小型的、具有相当"智慧"的白鲸(*Delphinapterus leucas*)、海豚(*Delphinidae*)和鼠海豚(*Phocoena*)等也难逃厄运。

引起种群衰亡的原因有:种群长期处于不利的自然条件下;被人类或天敌过度捕杀、栖息地的破坏(如鲸类的衰亡);种群内性比失调,或两性个体难以接触,或即使容易接触也不易交配成功(如大熊猫);过度近亲繁殖(基数太少),后代抵抗不良环境的能力下降,死亡率增加;与其他种群竞争时常常处于下风,又缺乏应变能力;等等。

2. 周期性波动

在一些情况下,捕食或食草作用导致的延缓的密度制约会造成种群的周期性波动。灰线小卷蛾生活在瑞士森林中。在春天,随着落叶松的生长,灰线小卷蛾的幼虫同时出现。幼虫的吞食对松树的生理有一定的影响,减小松针大小,致使来年幼虫食物的质量下降。高密度幼虫使松树来年质量变差,因此导致灰线小卷蛾种群个体数量下降。低的幼虫数量使松树得到恢复,反过来随着食物质量的提高,幼虫数量又有所增加。

1)季节性变化

季节性变化指种群数量在一年内的季节性变化规律。一般具有季节性生殖特点的种类,如一些浮游生物、小型鸟类(如大山雀)、小型兽类(如野兔)、与人伴生种(如蚊子、苍蝇)等均具有季节性繁殖的特点,个体数量的最高值出现在这一年最后一次繁殖之后;然后,因各种因素的作用(自然死亡、被捕食、得病而亡、饿死等)使个体数量逐渐下降,数量最低值出现在来年第一次繁殖之前。

温带湖泊的浮游植物(主要是硅藻),往往每年有春、秋两次密度高峰,称为"开花(bloom)"。其原因是:冬季的低温和光照减少,降低了水体的光合强度,营养物质随之逐渐积累;到春季,水温升高、光照适宜,加之有充分营养物,使具巨大增殖能力的硅藻迅速增长,形成春季数量高峰。但是不久后,营养物质耗尽,水温也可能过高,硅藻数量便下降;之后营养物质又有积累,形成秋季小高峰。这种典型的季节消长,也会因受到气候异常和人为的污染而有所改变。掌握其消长规律,是水体富养化预测和防治所必需的。

2)跨年度变化

在一些结构比较简单的生态系统(荒漠、苔原、针叶林)中,有些种群的个体数量变化呈现几年为一个周期的现象。如旅鼠、北极狐以3~4年为一个周期,美洲雪兔、加拿大猞狲以9~10年为一个周期。

(二)生态入侵

由于人类有意或无意地把生物带入适宜其生长的地区,使该种群数量不断增加,分布区不断扩展,这个过程称为生态入侵(ecological invasion)。生态入侵种最终排挤掉当地物种,破坏生物多样性和生态平衡,造成巨大的经济损失。如我国的喜旱莲子草,加拿大的一枝黄花、凤眼莲,澳大利亚的穴兔、仙人掌,越南及我国西南的紫茎泽兰,美国的野葛、亚洲鲤等。

二、种群的空间动态

种群内的个体,在生存空间内,经常改变其位置,动物常常通过行走、飞翔、爬行、游泳、跳跃等方式进行,植物则只能借助于风、水、动物及人类的活动而改变其空间位置。

(一)空间的利用方式

1. 分散利用

分散利用指种群占有某一空间,不允许其他个体(外种群或不同物种的)进入该空间的利用方式。空间分散利用方式可以保证种群内每个个体的食物需求,保证其繁殖、休养生息的需要,有利于调节某个区域种群的密度。

2. 共同利用

共同利用是指喜欢集群生活的种群,共同占有一块空间,共同分享自然资源的利用方式。空间共同利用方式可充分利用资源和空间,共同防御天敌,有利于增加繁殖机会及幼体的抚育,有利于改变局部的小气候环境。

(二)种群内的隔离

种群内的隔离是指种群内的个体以某种方式结合成的小群体之间保持一定距离的现象。产生的原因:①环境资源不足;②个体之间的行为对抗;③化学对抗。低等动物、植物及微生物种群内隔离的原因多数是原因③,高等动物多数是原因②,而原因①对不同种群都有影响。种群内隔离的意义在于:①减少个体之间的不利影响;②减少竞争;③使空间的利用更加合理化。

三、种群的调节

种群的调节是指种群为适应环境条件变化而表现出来的内部自动调节过程。种群调节的原因根据内因和外因,分为以下3个学派。

(一)气候学派

气候学派多以昆虫为研究对象,他们的观点是:种群参数受天气条件强烈影响。如以色列学者 Bodenheimer(1928)认为,昆虫的早期死亡率有 $85\%\sim90\%$ 是由天气条件不良而引起的。他们强调种群数量的变动,否认稳定性。

(二)生物学派

生物学派主张捕食、寄生、竞争等生物过程对种群调节起决定作用。例如,澳大利亚生物学家 Nicholson(1993)批评气候学派混淆了两个过程:消灭和调节。他举例说明:假设一个昆虫种群每个世代增加 100 倍,而气候变化消灭了 98%,那么这个种群仍然要每个世代增加一倍。但如果存在一种昆虫的寄生虫,其作用是随昆虫密度的变化而消灭了另外 1% 的昆虫,这样种群数量便有了调节并能保持稳定。在这种情况下,寄生虫消灭的虽少,但却是种群的调节因子。由此,他认为只有密度制约因子(见第二章生态因子)才能调节种群的密度。

20世纪50年代,气候学派和生物学派发生激烈论战,但也有学者提出折衷的观点。如Milne(1957)既承认密度制约因子对种群密度的决定作用,也承认非密度制约因子具有决定作用。他把种群数量动态分为3个区:极高数量、普通数量和极低数量。在对物种最有利的典型环境中,种群数量最高,密度制约因子决定种群的数量;在环境条件对物种很不利、变动很激烈的条件下,非密度制约因子左右种群数量变动。这派学者认为,气候学派和生物学派的争论,反映了他们工作地区环境条件的不同。

英国鸟类学家Lack(1954)认为,就大多数脊椎动物而言,食物短缺是最重要的限制因子。自然种群中支持这个观点的例子,还有松鼠和交嘴鸟的数量与球果产量的关系、猛禽与一些啮齿类数量的关系等。

一般说,种群调节机制同生态策略有关;栖居于不稳定环境中的 r 策略者更多地受非密度制约因子的作用,而栖息于有利的稳定环境中的 K 策略者则更多地受密度制约因子的调节。

(三)自动调节学说

上述各种学说都集中在外源性因子上,主张自动调节的学者则将研究焦点放在动物种群内部,其特点包括:强调种内成员的异质性,异质性可能表现在行为上、生理特征上或遗传性质上;认为种群密度的变化影响了种内成员,使出生率、死亡率等种群参数变化;主张把种群调节看成是物种的一种适应性反应,它经受自然选择,带来进化上的利益。按所强调的特点,又分为行为调节、内分泌调节和遗传调节等学说。

1. 行为调节

英国的Wynne-Edwards(1962)认为动物社群行为是调节种群的一种机制。以社群等级和领域性为例。社群等级使社群中一些个体支配另一些个体,这种等级往往通过格斗、吓唬、威胁而固定下来;领域性则是动物个体(或家庭)通过划分地盘而把种群占有的空间及其中的资源分配给各个成员。两者都使种内个体间消耗能量的格斗减到最小,使空间、资源、繁殖场所在种群内得到最有利于物种整体的分配,并限制了环境中的动物数量,使食物资源不致于消耗殆尽。当种群密度超过这个限度时,种群中就有一部分"游荡的后备军"或"剩余部分",它们一般不能进行繁殖,或者被具有领域者阻碍,或者缺乏营巢繁殖场所。这部分个体由于缺乏保护条件和优良食物资源也最易受捕食者、疾病和不良天气条件所侵害,死亡率较高。这样,种内划分社群等级和领域,限制了种群不利因素的过度增长,并且这种"反馈作用"随着种群密度本身的升降而改变其调节作用的强弱。

2. 内分泌调节

Christian(1950)最初用此解释哺乳动物的周期性数量变动,后来这一理论扩展为一般性学说。他认为,当种群数量上升时,种内个体经受的社群压力增加,加强了对中枢神经系统的刺激,影响了脑下垂体和肾上腺的功能,使促生殖激素分泌减少和促肾上腺皮质激素分泌增加。生长激素的减少使生长和代谢发生障碍,有的个体可能因低血糖休克而直接死亡,多数个体对疾病和外界不利环境的抵抗能力可能降低。另外,肾上腺皮质的增生和皮质素分泌的增加,同样会使机体抵抗力减弱,而且由于相应的性激素分泌减少,生殖将受到抑制,致使出生率降低,子宫内胚胎死亡率增加,育幼情况不佳,幼体抵抗力降低。这样,种群增长因上述生理反馈机制而得到抑制或停止,从而又降低了社群压力。

3. 遗传调节

Chitty(1960)提出一种解释种群数量变动的遗传调节模式。他认为,种群中的遗传双态现象或遗传多态现象有调节种群的意义。例如,在啮齿类动物中第一组基因型是高进攻性的且繁殖力较强,而第二组基因型是繁殖力较低且较适应于密集条件的。当种群数量初上升时,自然选择有利于第一组,第一组逐步替代第二组,种群数量加速上升;当种群数量达到高峰时,由于社群压力增加,相互干涉增加,自然选择不利于高繁殖力的基因型,而有利于适应密集条件的基因型,于是种群数量又趋于下降。这样,种群就可进行自我调节。可见,遗传调节学说是建立在种群内行为以及生理和遗传变化之上的。

四、种群的适应对策

种群的适应对策是指种群在生活史的各个阶段,为适应生存条件而表现出来的种种生物学特性,这种对策称为生态对策(bionomic strategy)或生活史对策(life history strategy)。生物生存在地球上,都处于自然选择和人为选择的压力之下,这迫使每个物种去占据最有效的生态位。不同生物占据有效生态位的对策是不同的(尽管目的很相似),因此所表现出来的生态效果也不相同。在这个过程中,对策比较优秀的得到生存,反之,则易被淘汰。

(一)形态适应

形态适应是指种群内的个体大小、外部特征上的适应对策,如拟态、警戒色、保护色等。如东北虎的个体大于华南虎,皮毛较厚,易适应寒冷环境;鱼的体形呈流线形,以适应水生环境;沙漠中植物肉质化,以适应干旱环境;等等。

(二)生理适应

生理适应是指种群内个体的代谢方式和强弱程度与环境条件相适应。如 C_3 植物生活在相对干冷的环境条件下,只有一条 CO_2 供给固定途径,且光合作用效率较低;C_4 植物生活在湿暖的条件下,有两条 CO_2 供给固定途径,光合作用效率高;CAM(景天酸代谢)植物生长在干、暖条件下,在水分代谢上有特殊机制。

(三)生态适应

生态适应指种群内个体表现在生态行为和繁殖对策上的适应生存的条件。

1. 生态行为

生态行为指生物在一定栖息地的行为方式和行为机制。如候鸟的迁徙、鱼类的洄游、哺乳动物的迁移等。

2. 繁殖对策

1)能量分配与权衡

一个理想的具有高度适应性的假定生物体(被称为"达尔文魔鬼")应该具备可使繁殖力达到最大的一切特征,即在出生后短期内达到大型的成体大小,生产许多大个体后代并长寿。但是,这种"达尔文魔鬼"是不存在的,因为分配给生活史一个方面的能量不能再用于另一个方面。生物不可能使其生活史的每一组分都达到最大,而是必须在不同生活史组分间进行"权衡"。在繁殖中,生物可以选择能量分配方式。资源或许分配给一次大批繁殖——单次生殖,或更均匀地随时间分开分配——多次生殖。同样的能量分配,可生产许多小型后代,或者少量较大型的后代。这就是 Cody(1966)所称谓的"能量分配原则"。

2)体型效应

体型大小是生物体最明显的表面性状,是生物的遗传特征,它强烈影响到生物的生活史对策。一般来说,物种个体体型大小与其寿命有很强的正相关关系,并与内禀增长率有同样强的负相关关系。Southwood(1976)提出一种可能解释,认为随着生物个体体型变小,使其单位重量的代谢率升高,能耗增大,所以寿命缩短。反过来,生命周期的缩短,必将导致生殖期的不足,从而只有提高内禀增长率来加以补偿。当然,这种解释不能包括所有情况。另外,从生存角度看,体型大、寿命长的个体在异质环境中更有可能保持它的调节功能不变,种内和种间竞争力会更强。而小个体物种由于寿命短,世代更新快,可产生更多的遗传异质性后代,增大生态适应幅度,使进化速度更快。

3)生殖对策

(1)r-选择和K-选择。英国鸟类学家 Lack(1954)在研究鸟类生殖率进化问题时提出:每一种鸟的产卵数,有以保证其幼鸟存活率最大为目标的倾向。成体大小相似的物种,如果产小型卵,其生育力就高,但由此导致的高能量消费必然会降低其对保护和关怀幼鸟的投资。也就是说,在进化过程中,动物面临着两种相反的、可供选择的进化对策:一种是低生育力的,亲体有良好的育幼行为;另一种是高生育力的,没有亲体关怀的行为。

MacArthur 和 Wilson(1967)推进了 Lack 的思想,将生物按栖息环境和进化对策分为 r-对策者和 K-对策者两大类,前者属于 r-选择,后者属于 K-选择。r-对策者和 K-对策者生物的主要特征比较见表 3-2。

表 3-2　r-对策者和 K-对策者生物的主要特征比较

主要特征	r-选择	K-选择
气候	多变,不确定,难以预测	稳定,较确定,可预测
死亡	具灾变性,无规律; 非密度制约	比较有规律; 密度制约
存活	幼体存活率低	幼体存活率高
数量	时间上变动大,不稳定; 远远低于环境承载力	时间上稳定; 通常临近 K 值
种内、种间竞争	多变,通常不紧张	经常保持紧张
选择倾向	发育快; 增长力高; 提高生育; 体型小; 一次繁殖	发育缓慢; 竞争力高; 延迟生育; 体型大; 多次繁殖
寿命	短,通常少于一年	长,通常大于一年
最终结果	高繁殖力	高存活力

Pianka(1970)又把 r/K 对策思想进行了更详细、深入的表达,统称为 r-选择理论和 K-选择理论。该理论认为 r-选择种类是在不稳定环境中进化的,因而使种群增长率最大。K-选择种类是在接近环境容纳量 K 的稳定环境中进化的,因而适应竞争。这样,r-选择种类具有所有使种群增长率最大化的特征:快速发育,小型成体,数量多而个体小的后代,高的繁殖能量分配和短的世代周期。与此相反,K-选择种类具有使种群竞争能力最大化的特征:慢速发育,大型成体,数量少而体型大的后代,低繁殖能量分配和长的世代周期。

(2)生殖价和生殖效率。所有生物都不得不在分配给当前繁殖的能量和分配给存活的能量之间进行权衡,而后者与未来的繁殖相关联。X 龄个体的生殖价 (V_X) 是该个体马上要生产的后代数量(当前繁殖输出),加上那些预期的以后的生命过程中要生产的后代数量(未来繁殖输出)。进化预期使个体传递给下一世代的总代数最大,换句话说,使个体出生时的生殖价最大。如果未来生命期望[①]低,分配给当前繁殖的能量应该高;而如果剩下的预期寿命很长,分配给当前繁殖的能量应该较低。个体的生殖价必然会在出生后升高,并随年龄老化降低。

第三节 种群关系

种内个体间或物种间的相互作用可根据相互作用的机制和影响来分类。主要的种内相互作用有竞争、密度效应、性别关系、领域性和社会等级等,而种间关系主要有竞争、捕食、寄生、互利共生等。

一、种内关系

种内关系(intraspecific relationship)是指种群内部个体与个体之间的关系。

(一)种内竞争

竞争(competition)是指生物为了利用有限的共同资源,相互之间所产生的不利或有害的影响。某一种生物的资源是指对该生物有益的任何客观实体,包括栖息地、食物、配偶,以及光照、温度、水等各种生态因子。

竞争有两种作用方式:资源利用性竞争和相互干涉性竞争。在资源利用性竞争中,生物之间没有直接的行为干涉,而是双方各自消耗、利用共同的资源。通过共同资源可获得量不足而影响对方的存活、生长和生殖。在相互干涉性竞争中,竞争者相互之间直接发生作用,最明显的是通过打斗或分泌有毒物质使得竞争中一方死亡或因缺乏资源而成为失败者。

尽管同种个体为了分享共同资源会导致种内竞争非常激烈,不过种内资源需求可能存在年龄差异(如欧鳊,一种淡水鱼,其幼鱼摄食小的浮游动物,而成鱼以大型底栖无脊椎动物为食),对资源利用的普遍重叠程度意味着种内竞争是生态学的一种主要影响力。通过降低拥挤种群个体的适合度,即可影响种群基础过程,如繁殖力和死亡率,进而调节种群大小;还可使个体产生行为适应来克服或应付竞争。

---

① 生命期望:指种群中某一特定年龄的个体在未来所能存活的平均年数。

(二)动物的婚配制度

1. 动物婚配制度的定义和进化

婚配制度是指种群内婚配的各种类型。婚配包括异性间相互识别、配偶的数目、配偶持续时间以及对后代的抚育等。

因为雌配子大、雄配子小,所以每次婚配中雌性的投资大于雄性,加上后代抚育的亲代投入(通常由雌性负担),雌雄繁殖投资的不平衡性就更明显。再者,雄性通常可多次与雌性交配,每次投资较小,所以雌性较雄性更加关心交配的成功率,对于交配的选择也较雄性精细。

2. 决定动物婚配制度类型的环境因素

决定动物婚配制度的主要生态因素可能是资源的分布,主要是食物和营巢地在空间和时间上的分布情况。举例说,如果有一种食虫鸟占据一片具有高质食物(如昆虫)资源并分布均匀的栖息地,雄鸟在栖息地中各有其良好领域,那么雌鸟寻找没有配偶的雄鸟结成伴侣显然将比寻找已有配偶的雄鸟结成伴侣的概率大。这就是说,选择有利于形成一雄一雌制。不仅如此,如果雄鸟也参加抚育雏鸟,单配偶制也将比一雄多雌制有利。因为在一雄多雌制中,雄性要抚育多个雌鸟所产的雏鸟,这几乎是不可能的。再者,在一个领域中,巢窝数越少、个体密度越低,可给雏鸟提供的食物就越多,降低了受捕食者攻击的概率。由此可见,高质而分布均匀的资源有利于产生一雄一雌的单配偶制。

相反,如果高质资源是呈斑点状分布的,社群等级中处于高地位的雄鸟将选择并保卫资源最丰富的地方作为其领域。在这种情况下,一旦占有资源丰富领域的雄鸟有了配偶以后,未有配偶的雌鸟选择配偶的困难将增加。一种选择是与处于社群等级较低而占有资源较差领域的雄鸟结伴,此时,保持单配偶制为其利,而享受较差资源为其弊;另一种选择是乐意与占有资源丰富领域的"已婚"雄鸟结伴,此时,获得较丰富资源为其利,而与另一雌鸟共享同一领域和"领主"为其弊。一雄二雌甚至一雄多雌的多配偶制就在这种条件下产生了。

从高质领域到低质领域可视为一个连续的变化,在变化的过程中,单配偶制和多配偶制的相对利弊关系也随之相应变化。当达到从单配偶制转变到多配偶制的利弊相平衡的一点,这一点可称为多配偶阈值(polygyny threshold,原意为多雌阈值)。越过此值,多配偶制将比单配偶制更加有利。

如果上述的观点正确的话,生态因素就有可能影响婚配制度。而现知自然界中也确有此类证据。长嘴沼泽鹪鹩(*Cistothorus palustris*)在资源好的栖息环境里是实行一雄一雌单配偶制,但在资源较差的栖息环境里,雌鸟也与已有配偶的雄鸟配对,即使当时还有"单身汉"存在。并且,与每个雄鸟交配的平均雌鸟数,随着雄鸟领域中的资源质量增高而增多。相反,鹪鹩(*Troglodytes troglodytes*)通常是一雄多雌制的,而在英国北部一些岛上的鹪鹩却是单配偶制的。

3. 动物婚配制度的类型

动物婚配制度按配偶数有单配偶制(monogamy)和多配偶制(polygamy),多配偶制又分一雄多雌制(polygyny)和一雌多雄制(polyandry)。

单配偶制出现在一雄与一雌结成配偶时,或者只在生殖季节,或者保持到有一个死亡。单配偶制在鸟类中很常见,如天鹅、丹顶鹤等,有90%的种是单配偶制的。但哺乳类中单配偶制的不多,狐、鼬与河狸属此类。

一雄多雌制是最普遍的动物婚配制度,表现为一个雄体与数个或许多雌体交配。如海狗营集群生活,繁殖期雄海狗先到达繁殖地,并争夺和保护领域,雌海狗到达较晚。一只雄海狗独占雌海狗少则3只,多则可达40只以上。

一雌多雄制,即由一个雌体为中心的与多个雄体形成的交配群体,在任何动物类群中都不多见。典型的例子有距翅水雉,其雌鸟可与若干只雄鸟交配,在不同的地方产卵。雌鸟比雄鸟大,更具进攻性,可协助雄鸟保护领域。雄鸟负责孵窝和育雏工作。

(三)领域性和社会等级

领域(territory)是指由个体、家庭或其他社群单位所占据的,并积极保卫不让同种其他成员侵入的空间。保卫领域的方式很多,如以鸣叫、气味标志或特异的姿势向入侵者宣告其领域范围,或以威胁、直接进攻等方式驱赶入侵者,这些行为称为领域行为。具领域性的种类在脊椎动物中最多,尤其是鸟兽,但有些节肢动物也具领域性。保护领域的目的主要是保证食物资源、营巢地,从而获得配偶和养育后代。

在动物领域性的研究中,总结有以下几条规律。①领域面积随其占有者的体重而扩大,领域大小必须以保证供应足够的食物资源为前提,动物越大,需要资源越多,领域面积也就越大。②领域面积受食物品质的影响,食肉动物的领域面积较同样体重的食草动物大,且体重越大,这种差别也越大。原因是食肉动物获取食物更困难,需要消耗更多的能量,包括追击和捕杀。③领域面积和行为往往随生活史,尤其是繁殖节律而变化。例如,鸟类一般在营巢期领域行为表现最强烈,面积也大。

社会等级(social hierarchy)是指动物种群中各个动物的地位具有一定顺序的等级现象。等级形成的基础是支配行为,或称支配-从属关系(dominant-submissive)。例如,家鸡饲养者很熟悉鸡群中的彼此啄击现象,经过啄击形成等级,稳定下来后,低级的一般表示妥协和顺从,但有时也通过再次格斗而改变顺序等级。稳定的鸡群往往生长快,产蛋也多,其原因是不稳定鸡群中个体间经常的相互格斗要消耗许多能量,这是社会等级制在进化选择中保留下来的合理性的解释。社会等级优越性还包括优势个体在食物、栖所、配偶选择中均有优先权,这样保证了种内强者首先获得交配和产后代的机会,所以从物种种群整体而言,有利于种族的保存和延续。

社会等级制在动物界中相当普遍,包括许多鱼类、爬行类、鸟类和兽类。通过研究,已得到一些普遍的规律。高地位的优势个体通常较低地位的从属个体身体强壮、体重大、性成熟程度高,具有打斗经验。其生理基础是血液中有较高浓度的雄性激素(睾丸酮)。实验证明,给低地位鸡注射睾丸酮就会出现反啄进而改变顺序等级的表现,许多野生动物也有类似结果。一般来说,社群中雌雄各有等级顺序,主雄多与主雌或若干强雌交配,而不允许其他雄体与后者交配。

领域性和社群等级这两类重要的社会性行为,与种群调节有密切联系。美国生态学家Wyhne-Edwards(1962)提出的种群行为调节学说的基础就是这种社会性行为与种群数量的关系。当动物数量上升很高时,全部最适的栖息地被优势个体占满。次适地段虽然能成为其余个体的适宜栖息地,或者说栖息密度具有一定弹性,但这种弹性有一定限度。随着栖息密度的增高,没有领域或没有配偶的从属个体比例也将增加,它们最易受不良天气和天敌的危害,这部分(称为剩余部分)比例的增加意味着种群死亡率上升,出生率下降,限制了种群的增长。相反,当种群密度下降时,这部分比例上升,种群死亡率降低,出生率上升,促进了种群的增长。

(四)植物的密度效应

在一定时间内,当种群的个体数量增加时,就必定会出现邻接个体之间在产量及死亡率等方面的相互影响,称为密度效应。关于植物密度效应有两个基本规律。

1. 最后产量衡值法则

最后产量衡值法则(law of constant final yield)是指在一定范围内,当条件相同时,不管一个种群的密度如何,最后产量是相等的。Donald(1951年)按不同播种密度种植车轴草(*Galium odoratum*),并不断观察其产量,结果发现,虽然第62天后的产量与密度呈正相关,但到最后的181天,产量与密度变成无关,即在很大播种密度范围内,其最终产量是相等的。

最后产量恒定法则的原因是很好理解的:在高密度情况下,植株彼此之间对光、水、营养的竞争较为激烈,在有限的资源中,植株的生长率降低,个体变小。

2. －3/2自疏法则

英国生态学家Harper(1981)等对黑麦草(*Lolium perenne*)的研究表明:随着高密度播种下植株的生长,种内资源的竞争不仅影响到植株生长发育的速度,而且也影响到植株的存活率。在高密度的样方中,会首先出现一些植株死亡,种群密度下降,即"自疏现象(self-thinning)"。

"最后产量衡值法则"和"－3/2自疏法则"都是经验的法则。在对许多种植物进行的密度试验中,证实了－3/2自疏现象。White等(1980)曾罗列了80余种植物,包括藓类、草本和木本植物,小至单细胞藻类小球藻(*Chlorella*),大至北美红杉(*Sequoia sempervirens*)都具有－3/2自疏现象,但对"－3/2自疏法则"产生的原因尚未有圆满的解释。

(五)利他行为

利他行为(altruism)是指种群内某些个体以牺牲自己的利益而使种群整体利益得到保证的行为。利他行为的例子很多,尤其是社会昆虫。白蚁的巢穴若被打开,工蚁和幼虫都会向内移动,兵蚁则向外移动以围堵缺口,表现了"勇敢"的保卫群体的利他行为。工蜂在保卫蜂巢时放出毒刺,这实际上是一种"自杀行动"。亲代关怀(parental care)也是一种利他行为,亲代为此要消耗时间和能量,但能提高后代存活率。一些鸟类当捕食者接近其鸟巢和幼鸟时伪装受伤,以吸引捕食者追击自己而引开鸟巢,然后自己再逃脱。不少啮齿类在天敌逼近时发出特有鸣叫声或以双足敲地,向周围的同类发出报警信号,而发信号者反而更易引起捕食者的注意。

利他行为是怎样在进化中产生的?利他行为与群体选择有密切联系。经典的自然选择理论的基础是个体选择,适者生存,不适者被淘汰。按照此理论,对个体不利的利他行为应被自然选择所淘汰,而事实却不是。那么,应如何对利他行为的产生进行解释呢?多数学者认为利他行为的产生是群体选择的结果。群体选择学说认为种群和社群都是进化单位,作用于社群之间的群体选择可以使那些对个体不利(降低适应度)但对社群或物种整体(增加适应度)有利的特性在进化中保存下来。换言之,群体选择是在种群内各种亚群体间进行,通过群体选择保存了那些使群体适应度增加的特征。

利他行为可以在下列3个群体水平间产生。

(1)如果个体利他行为对其直系亲属有利,则属于家庭选择(family selection)。

(2) 如果个体利他行为对其近亲家族有利,则属于亲属选择(kin selection)。

(3) 如果个体利他行为对于全群有利,则属于群体选择(group selection)。

(六) 通信

通信(communication)指个体之间互传信息,使接受者在行为上有所反应的过程。根据信号的性质和接受的感官,可以把通信分为视觉、嗅觉和听觉等。信息传递的目的很广,如个体的识别(包括识别同种个体、同社群个体、同家族个体等),亲代和幼仔之间的通信,两性之间求偶,个体间表示威吓、顺从和妥协,相互警报,标记领域等。从进化观点而言,所选择的应该是以传递方便、节省能量消耗、误差小、信号发送者风险小、对生存必需的信号。世代之间的信号传递包括通过学习和通过遗传两类。通信是行为生态学研究的一个丰富而引人入胜的领域。

二、种间关系

种间关系包括竞争、捕食、互利共生等,是构成生物群落的基础。种间相互作用可以是直接的,也可以是间接的,这种影响可能是有害的,也可能是有利的。

(一) 种间有害关系

1. 种间竞争

种间竞争(interspecific competition)是指两物种或更多物种共同利用同样的有限资源时产生的相互抑制作用。种间竞争的结果常是不对称的,即一方取得优势,而另一方被抑制甚至被消灭或被迫迁移。竞争的能力取决于种的生态习性、生活型和生态幅度等。

Gause(1934)以3种草履虫作为互相的竞争对手,以细菌或酵母作为食物,进行竞争实验研究。3种草履虫在单独培养时都表现出典型的"S"型增长曲线。当把大草履虫(*Paramecium caudatum*)和双小核草履虫(*P. aurelia*)放一起混合培养时,虽然在初期两种草履虫都有增长,但由于双小核草履虫增长快,最后排挤了大草履虫的生存,双小核草履虫在竞争中获胜。相反,当把双小核草履虫和袋状草履虫(*P. bursaria*)放在一起结合培养时,形成了两种共存的结局。共存中两种草履虫的密度都低于单独培养,所以这是一种竞争中的共存。仔细观察发现,双小核草履虫多生活于培养试管中、上部,主要以细菌为食,而袋状草履虫生活于底部,以酵母为食。这说明两个竞争种间出现了食性和栖息环境的分化,这就是著名的竞争排斥原理(principle of competitive exclusion),或称为高斯假说(Gause's hypothesis)。

2. 捕食

捕食(predation)可定义为一种生物以摄取其他种生物个体的全部或部分为食,前者称为捕食者(predator),后者称为被食者(prey)。对捕食的理解,有广义和狭义两种。广义的捕食包括4类:①典型捕食,指食肉动物吃食草动物或其他动物,如狮吃斑马;②食草(herbivory),指食草动物吃绿色植物,如羊吃草;③寄生(parasitism),指寄生物从宿主获得营养,一般不杀死宿主;④拟寄生者(parasitoid),将卵产在昆虫卵内,一般要缓慢地杀死宿主,如寄生蜂。狭义的捕食就指典型捕食一类。

捕食者可分为以植物组织为食的食草动物,以动物组织为食的食肉动物,以及以动、植物两者为食的杂食动物。两种类型的被捕食者都有保护自己身体结构的设置(如椰子或乌龟的厚壳)和对策,植物主要利用化学防御,而动物则形成了一系列行为对策。不同的捕食对策需要在不动但具化学防御性的被捕食者与好动且行为复杂但美味的被捕食者之间进行权衡,从而在肉食者与草食者之间形成了进化趋异。捕食者的食物变化很大,一些捕食者是食物选择性非常强的特化种,仅摄食一种类型的猎物;而另一些捕食者是泛化种,可摄食几种类型的猎物。草食性动物一般比肉食性动物更加特化(或是吃一种类型食物的单食者,或是以少数几种食物为食的寡食者),它们集中摄食具有相似化学防御性的很少几种植物。而草食性动物中的泛化种(或广食者),可通过避免取食毒性更大的部分或个体,而以一定范围的植物种类为食。

食草是广义捕食的一种类型。其特点是植物不能逃避被食,而动物对植物的危害只是使部分机体受损害,留下的部分能够再生。

(1)食草对植物的危害及植物的补偿作用。植物被"捕食"而受损害的程度随损害部位、植物发育阶段的不同而异。如吃叶、采花和果实、破坏根系等,其后果各不相同。在生长季早期栎叶被损害会大大减少木材量,而在生长季较晚时叶子受损害对木材产量可能影响不大。另外,植物并不是完全被动地受损害,而是发展了各种补偿机制。如植物的一些枝叶受损害后其自然落叶会减少,整株的光合作用率可能加强。如果在繁殖期受害,比如大豆,能以增加种子粒重来补偿豆荚的损失。另外,动物啃食也可能刺激单位叶面积光合作用率的提高。

(2)植物的防卫反应。植物主要以两种方式来保护自己免遭捕食:①毒性与差的味道;②防御结构。在植物中已发现成千上万种毒次生性化合物,如马利筋中的强心苷、白车轴草中的氰化物、烟草中的尼古丁、卷心菜中的芥末油。一些次生性化合物无毒,但会降低植物的食用价值。如多种木本植物的成熟叶子中所含的单宁,若与蛋白质结合,会使其难以被捕食者的肠道吸收。同样,番茄植物产生蛋白酶抑制因子,可抑制草食者肠道中的蛋白酶。被食草动物脱过叶子的植物,其次生化合物毒性会提高。这种防御诱导表明了资源分配的最优化——当利益超过花费时,资源仅用在防御上。

寄生是指一个种(寄生物)寄居于另一个种(寄主)的体内或体表,靠寄主体液、组织或已消化物质获取营养而生存。寄生物可以分为两大类:①微寄生物,在寄生体内或表面繁殖;②大寄生物,在寄主体内或表面生长,但不繁殖。主要的微寄生物有病毒、细菌、真菌和原生动物。动植物的大寄生物主要是无脊椎动物。在动物中,寄生蠕虫特别重要,而昆虫是植物的主要大寄生物(特别是蝴蝶和蛾的幼虫以及甲虫),尽管其他植物(如槲寄生)也可能是重要的大寄生物。

(二)种间有利关系

1. 偏利共生

两个不同物种的个体间发生一种对一方有利的关系,称为偏利共生(commensalism)。如附生植物与被附生植物之间的关系就是一种典型的偏利共生。附生植物如地衣、苔藓等借助于被附生植物支撑自己,可获取更多的光照和空间资源。几种高度特化的鲫鱼,头顶的前背鳍转化为由横叶叠成的卵形吸盘,借以牢固地吸附在鲨鱼和其他大型鱼类身上来移动并获取食物,也是偏利共生的典型例子。

2. 互利共生

互利共生(mutualisme)是不同物种的两个个体之间的一种互惠关系,可增加双方的适合度。互利共生发生在以一种紧密的物理关系生活在一起的生物体之间,如菌根是真菌菌丝与许多种高等植物根的共生体。真菌帮助植物吸收营养(特别是磷),并从植物获得营养。菌根联合植物在贫瘠的土壤中特别重要,在实践中,现已普遍在灌木和其他树木上嫁接菌根以帮助其确立互利共生关系。非共生性互利共生包含不生活在一起的种类,如清洁鱼和清洁虾与"顾客鱼"①之间的关系。清洁鱼不与"顾客鱼"生活在一起,但可从"顾客鱼"身上移走寄生物和死亡的皮肤并以此为食。有人曾在巴哈马群岛一暗礁处移走清洁鱼,结果迅速引起一些其他鱼类的皮肤病发作和死亡率增加。

3. 原始协作

原始协作(protocooperation),又可称为共栖,指两个物种生活在一起时,双方获益,各自分开时,又都能独立生活。如沙漠地区的鸟类和鼠类形成的"鸟鼠同穴"现象。

(三)生态位

生态位(niche)是生态学中的一个重要概念,指物种在生物群落或生态系统中的功能关系以及所占据的时、空上的特殊位置。生态位涉及到的一些重要概念如下。

(1)生态位宽度(niche breadth):指某个物种(或个体)所能利用的各种不同资源的总和。

(2)生态位重叠(niche overlap):两个物种共同利用的那部分资源。

(3)生态位分离(niche seperation):生活在同一环境中的物种(或个体)所占生态位有明显分开的现象。

(4)生态位压缩(niche compression):如果每个物种(或个体)都占有比较宽的生态位,一旦有外来物种(或个体)侵入,则本地的物种(或个体)就会被迫限制和压缩对时、空的利用,但是不改变其食性(功能关系不变)的现象。

(5)生态位移动(niche shift):多个物种(或个体)为了减弱竞争而改变其生态行为和取食格局的现象。

(6)生态位动态(niche dynamic):一些物种(或个体)在生活史的不同阶段,所占生态位会出现几乎不重叠的现象。

(7)生态释放(ecological release):由于竞争减弱导致生态位扩展的现象。

对于某一生物种群来说,其只能生活在一定环境条件范围内,并利用特定的资源,甚至只能在特殊时间里在该环境中出现(例如,食虫的蝙蝠是夜间活动的,而鸟类很少在夜间觅食)。这些因子的交叉情况描述了生态位。随着有机体发育,它们能改变生态位。例如,蟾蜍在变体前占据水体环境,是藻类和碎屑的取食者;当变为成体时,它们便成为陆生的和食虫的。

生物在某一生态位维度上的分布,若以图表示,常呈正态曲线(图3-9)。这种曲线可以称为资源利用曲线,它表示物种具有的喜好位置(如喜食昆虫的大小)及其散布在喜好位置周围的变异度。例如,图3-9(a)中各物种的生态位狭,相互重叠少,$d>w$,表示物种之间的种间竞争小;图3-9(b)中各物种的生态位宽,相互重叠多,$d<w$,表示种间竞争大。

比较两个或多个物种的资源利用曲线,就能分析生态位的重叠和分离情形,探讨竞争与进化的关系。如果两个物种的资源利用曲线完全分开,那么就有某些未利用资源。扩充利用范围的物种将在进化过程中获得好处;同时,生态位狭的物种[图3-9(a)],其激烈的种内竞争

---

① 顾客鱼,指被清洁鱼或清洁虾服务的鱼。

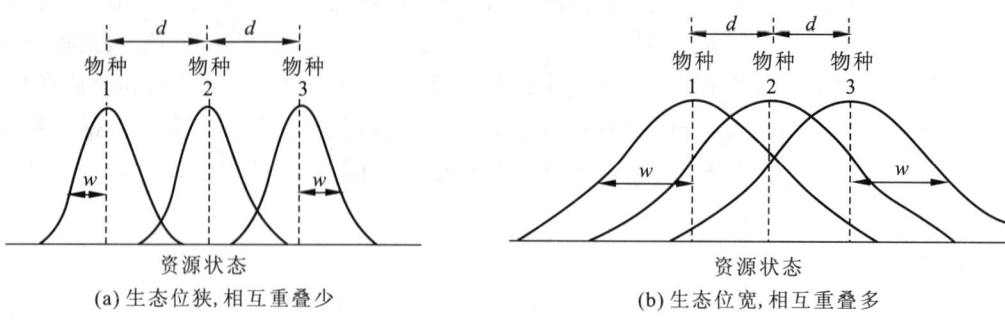

图 3-9　3 个共生物种的资源利用曲线（据 Begon 等,1986,修改）
（d 为曲线峰值间的距离；w 为曲线的变异度）

更加促使其扩展资源利用范围。由于这两个原因，一方面，进化将导致两个物种的生态位靠近，重叠增加，种间竞争加剧；另一方面，生态位越接近，重叠越多，种间竞争也就越激烈。按竞争排斥原理，将导致某一物种灭亡，或者通过生态位分化而得以共存。后一种情形将导致两个共生物种的生态位分离。总之，种内竞争促使两个物种的生态位接近，种间竞争又促使两个竞争物种生态位分开，这是两个相反的进化方向。那么，两个竞争物种，其共存的相似性极限多大？

May 等(1974)对于相似性极限进行了探讨。他们把两个物种在资源谱中的喜好位置之间的距离称为平均分离度，以 d 表示；而每一个物种在喜好位置周围的变异度用 w 表示（图 3-9）。其分析结果表明，$d/w=1$ 可大致地作为相似性极限。其理由是：d/w 值大，表示两个物种间的平均差数超过了种内的标准差异，允许两个物种共存的局面，但是由于在这种情况下种内竞争激烈和资源未充分利用，这种共存不稳定，不大可能在进化过程中持久；相反，如果 d/w 值小，则两个物种的生态位重叠太大，其共存的稳定性很弱，在自然界中同样难以持久。不过这种研究途径也遇到一些困难，竞争中除了涉及食物大小这一个维度以外，还涉及食物的种类、取食的时间等，这些对竞争物种的生态位分离都是很重要的。例如，取食时间上的不同，必将降低两个物种间因食物大小相似而出现激烈的种间竞争，故只以一个维度进行的分析可能导致误差。

第四章 群落生态学

第一节 群落的概念和基本特征

一、群落的概念

多个物种共同生活在一定区域是自然界的普遍现象。这些种类既不是孤立存在的,也不是随便组合的,它们的共处必须遵循一定的生物学规律。例如在空间上有竞争和补偿,在营养上有依赖和控制,使动、植物间存在不可分割的联系。

生物群落可定义为:在相同的时间聚集在同一地段上各物种种群的集合。在这个定义中,强调了时间的概念,其次是地段。因为在相同的地段上,随着时间的推移,群落从组成到结构都会发生变化。

群落(community)这一概念最初来自于植物生态学的研究。群落学的许多原理大都来自于植物群落学的研究。目前,对植物群落的研究已经形成比较完整的理论体系。由于动物生活的移动性特征,使得动物群落的研究比植物群落的研究困难,所以动物群落学研究晚于植物群落学。

群落生态学(community ecology)是研究群落与环境相互关系的科学。群落生态学对保护自然环境、维护生态平衡和保护生物多样性具有指导意义。人类活动对自然群落的干扰可能导致生态环境不可逆转的退化。例如草原过度放牧、樵柴、娱乐等活动导致土地荒漠化,而数十年来对水生生物的过度利用使一些湖泊群落出现明显的次级演替,导致物种多样性下降、经济资源衰退、水体富营养化等严重后果。

二、群落的基本特征

生物群落作为种群和生态系统之间的一个生物集合体,具有自己独有的许多特征,这是它有别于种群和生态系统的根本所在,其基本特征如下。

(一)具有一定的物种组成

任何一个生物群落都是由一定的动物、植物和微生物种群组成的。不同的物种组成构成不同的群落类型,物种组成是区分不同群落的首要特征。而一个群落中物种的多少及每一物种的个体数量是度量群落多样性的基础。

(二)群落中各物种之间相互影响

生物群落并非简单的种群集合。哪些物种能够组合在一起构成群落,主要取决于两个条件:第一是必须共同适应它们所处的无机环境;第二是它们内部的相互关系必须取得协调和平衡,而且物种之间的相互关系还随着群落的不断发展而不断发展和完善。

(三)形成一定的群落环境

生物群落对其所居住的环境产生重大影响,并形成群落环境。如森林中的环境与周围裸地就有很大不同,包括光照、温度、湿度等都经过了生物群落的改造。生物群落对荒漠化土地的改造可以增加土壤持水量、降低容重、增加土壤肥力等。

(四)具有一定的外貌和结构

群落本身具有一定的形态结构和营养结构,如生活型组成、种的分布格局、成层性、季相、捕食和被捕食的关系等。

(五)具有一定的动态特征

任何一个生物群落都有它形成、发展、成熟的阶段,其动态变化包括季节变化、年际变化、演替与演化。

(六)具有一定的分布范围

针对大型生物、微生物群落的空间分布现如今存在争议。每一生物群落都分布在特定的地段或特定的生境上,不同群落的生境和分布范围不同。无论从全球范围还是从区域角度讲,不同生物群落都按照一定的规律分布。

(七)具有边界特征

在自然条件或人为条件下,如果环境梯度变化较陡或者环境梯度突然中断,那么分布在这样环境条件下的群落就会有明显的边界,可以清楚地加以区分;而处于环境梯度连续变化地段的群落,则不具有明显的边界。例如,湖岸带垂直坡面硬化使中生群落、湿生群落和水生群落简化为中生群落和水生群落,而湿生群落消失。

第二节 群落的物种组成

一、物种组成的性质分析

物种组成是决定群落性质的最重要的因素,也是区分不同群落类型的基本特征。群落学研究一般都从分析物种组成开始。

(一)优势种和建群种

在一个群落中,不同物种的地位和作用以及对群落的贡献是不相同的。如果把群落中的某些物种去除,短时间内必然导致群落性质和环境的变化;但若将另一些物种去除,短时间内只发生较小或者不明显的变化。

根据生物量的多少和出现的频率等指标,通常将群落中的种类分为优势种、常见种和稀有种。这种分类系统大都基于单一营养层级,群落中各物种大小在同一尺度范围,以研究静止或相对静止生物为主,如植物、运动能力较弱的动物等。

对群落结构和群落环境的形成有明显控制作用的物种称为优势种(dominant species),它们通常是个体数量多、投影盖度大、生物量高、体积较大的物种。群落的不同层次可以有各自的优势种,如森林群落中,乔木层、灌木层、草本层和地被层分别存在各自的优势种。其中,乔木层的优势种,即优势层的优势种常称为建群种(constructive species)。

(二)亚优势种

个体数量与作用都次于优势种,但在决定群落性质和控制群落环境方面仍有一定作用的物种称为亚优势种(subdominant species)。

(三)偶见种或罕见种

偶见种(rare species)可能偶然地由人们带入或随着某种条件的改变而侵入群落中,也可能是衰退中的残遗种。它们在群落中出现的频率很低,个体数量也非常稀少,但是有些偶见种的出现具有生态指示意义,有的还可以当作地方性特征种来看待。

在以多营养层级的生物群落为研究目标时,关键种(keystone species)和冗余种(redundancy species)的概念在食物网研究和保护生物学等研究和应用领域经常被使用。

二、物种组成的数量特征

为了更深入地研究植物群落,在查清了它的物种组成之后,还需要对物种组成进行定量分析,物种组成的数量特征是近代群落分析技术的基础。

(一)物种的个体数量特征

1. 多度和密度

多度(abundance)是对物种个体数目多少的一种估值指标,多用于群落内草本植物的调查。目前国内外尚无统一的标准,我国多采用 Drude 的七级制多度,即:

Soc.（Sociales）		极多,植物地上部分郁闭
Cop.（Copiosae）	Cop. 1	很多
	Cop. 2	多
	Cop. 3	尚多
Sp.（Sparsal）		少,数量不多而分散
Sol.（Solitariae）		稀少,数量很少而稀疏
Un.（Unicum）		个别(样方内某种植物只有 1 株或 2 株)

密度(density)是单位面积或单位空间上的一个实测数据。相对密度(relative density)是指样地内某一种植物的个体数占全部植物种个体数的百分比。某一物种的密度占群落中密度最高的物种密度的百分比被称为密度比(density ratio)。

2. 盖度

盖度(coverage)是指植物体地上部分的垂直投影面积占样地面积的百分比,又称投影盖度。盖度是群落结构的一个重要指标,因为它不仅反映了植物所占有的水平空间的大小,而且反映了植物之间的相互关系。通常以百分比来表示盖度,而林业上常用郁闭度来表示林木层的盖度。基盖度是指植物基部的覆盖面积,也称作真盖度。对于草原群落通常以离地2.54cm高度的断面面积计算;而对于森林群落,则以树木胸高1.3m的断面面积计算。

3. 频度

频度(frequency),即某个物种在调查范围内出现的频率,用包含该物种个体的样方数占全部样方数的百分比来表示,即:

$$频度 = \frac{某一物种出现的样方数目}{全部样方数目} \times 100\%$$

4. 高度和长度

高度(height)和长度(length),常作为测量植物体长的一个指标。可取自然高度或绝对高度,藤本植物则测其长度。

5. 重量

重量(weight),常作为用来衡量种群生物量(biomass)或现存量(standing crop)多少的指标,可分干重与鲜重。在生态系统的能量流动与物质循环研究中,这一指标特别重要。

6. 体积

生物所占空间大小的度量为体积(volume)。在森林植被研究中,这一指标特别重要。在森林经营中,通过体积的计算可以获得木材生物量(称为材积)。

(二)物种的综合数量特征——重要值

重要值(importance value),用来表示某个物种在群落中的地位和作用的综合数量指标。在森林群落研究中,根据密度、频度和基盖度来确定森林群落中每一树种的相对重要性,计算其重要值。计算公式如下:

$$重要值 = 相对密度 + 相对频度 + 相对优势度(相对基盖度)$$

上述公式用于草原群落时,相对优势度可用相对盖度代替,公式如下:

$$重要值 = 相对密度 + 相对频度 + 相对盖度$$

三、物种多样性

生物多样性(biodiversity)是指生物中的多样化和变异性及物种生境的生态复杂性,它包括植物、动物和微生物的所有物种及其组成的群落和生态系统。生物多样性可以分为遗传多样性、物种多样性和生态系统多样性3个层次。遗传多样性指地球上生物个体中所包含的遗传信息之总和,物种多样性指地球上生物有机体的多样化,生态系统多样性涉及的是生物圈中生物群落、生境与生态过程的多样化。

物种多样性(species diversity)通常从两个方面进行衡量:其一是物种的数目或丰富度(species richness),它是指一个群落或生境中物种数目的多寡;其二是物种的均匀度(species evenness),即一个群落或生境中全部物种个体数目的分配状况,它反映的是各物种个体数目分配的均匀程度。

多样性指数正是反映丰富度和均匀度的综合指标。测定多样性的公式很多,这里仅介绍其中有代表性的两种。

(一)辛普森多样性指数

辛普森多样性指数(Simpson's diversity index)是基于在一个无限大小的群落中,随机抽取两个个体,它们属于同一物种的概率是多少这样的假设推导出来的。用公式表示为:

辛普森多样性指数＝随机取样的两个个体属于不同物种的概率
＝1－随机取样的两个个体属于同物种的概率

设物种 i 的个体数占群落中总个体数的比例为 P_i,那么随机取物种 i 两个个体的联合概率就为 $P_i \times P_i$。如果我们将群落中全部物种的概率合起来,就可得到辛普森多样性指数 D,即:

$$D = 1 - \sum_{i=1}^{S} P_i^2$$

式中,S 为物种数目。

辛普森多样性指数 D 的最低值为 0,最高值为 $(1-1/S)$。前一种情况出现在全部个体均属于一个物种的时候,后一种情况出现在每个个体分别属于不同物种的时候。例如,甲群落中 A、B 两个物种的个体数分别为 99 和 1,而乙群落中 A、B 两个物种的个体数均为 50,按辛普森多样性指数计算如下:

甲群落的辛普森多样性指数: $D_甲 = 1-(0.99^2+0.01^2) = 0.0198$;

乙群落的辛普森多样性指数: $D_乙 = 1-(0.5^2+0.5^2) = 0.5$。

乙群落的多样性高于甲群落。造成这两个群落多样性差异的主要原因是物种的不均匀性,从丰富度来看,两个群落是一样的,但均匀度不同。

(二)香农-威纳指数

香农-威纳指数(Shannon-Wiener Index)借用了信息论方法。信息论的主要测量对象是系统的序(order)或无序(disorder)的含量。在通讯工程中,人们要进行预测,那么预测信息中下一个是什么字母、其不定性的程度有多大,则可用香农-威纳指数来表示。例如,b b b b b b 这样的信息流,都属于同一个字母,要预测下一个字母是什么,没有任何不定性,其信息的不定性含量等于零。如果是 a,b,c,d,e,f,g,每个字母都不相同,那么其信息的不定性含量就大。在群落多样性的测度上,就借用了这个信息论中不定性测量方法,即预测下一个采集的个体属于什么物种。群落的多样性程度越高,其不定性也就越大。

香农-威纳指数的公式如下:

$$H = \sum_{i=1}^{S} P_i \log_2 P_i$$

其中,H 为样品的信息含量,同群落的多样性指数;S 为物种数目;P_i 为样品中属于第 i 种的个体的比例,如样品总个体数为 N,第 i 种个体数为 n_i,则 $P_i = n_i/N$。

下面用一组假设的简单数字为例,说明香农-威纳指数的含义。设有 A,B,C 三个群落,各由两个物种所组成,A 群落中两个物种的个体数分别为 100 和 0,B 群落中两个物种的个体数均为 50,C 群落中两个物种的个体数分别为 99 和 1。则群落 A,B,C 的香农-威纳指数分别为 0,1,0.081。显然,H 值的大小与我们的直觉是相符的:群落 B 的多样性较群落 C 大,而群落

A 的多样性等于零。

在香农-威纳指数中,包含着两个成分:①物种数;②各物种间个体分配的均匀性(equiability 或 evenness)。各物种之间,个体分配越均匀,H 值就越大。如果群落的每一个体都属于不同的物种,则其多样性指数就最大;如果群落的每一个体都属于同一物种,则其多样性指数就最小。那么,均匀性指数如何来测定呢?可以通过估计群落理论上的最大多样性指数(H_{max}),然后以实际的多样性指数对 H_{max} 的比率,从而获得均匀性指数,具体步骤如下:

$$H_{max} = -S\{1/S \times \log_2(1/S)\} = \log_2 S$$

式中,H_{max} 为在最大均匀性条件下的物种多样性值;S 为群落中的物种数目。

如果有 S 个物种,在最大均匀性条件下,即每个物种的个体比例为 $1/S$,则在此条件下 $P_i = 1/S$。例如:群落中只有两个物种时,$H_{max} = \log_2 2 = 1$。

这与前面的计算结果是一致的,因此我们可以将均匀性指数定义为:

$$E = H/H_{max}$$

式中,E 为均匀性指数;H 为实测多样性值;H_{max} 为最大多样性值 $\log_2 S$。

四、群落调查

(一)最小面积

群落最小面积指的是基本上能够表现出群落类型植物种类的最小面积。通常以绘制"物种-面积曲线"来确定最小面积的大小。具体做法是:逐渐扩大样方面积,随着样方面积的增大,样方内植物的种类也在增加,但是当种类增加到一定程度时,曲线则有明显变缓的趋势,即使随着样方面积的增加,新物种的增加也会很少。通常把曲线陡度开始变缓时对应的面积称为最小面积。组成生物群落的种类越丰富,其最小面积越大。例如我国西双版纳热带雨林的最小面积为 $2500m^2$,北方针叶林的最小面积为 $400m^2$,落叶阔叶林的最小面积为 $100m^2$,草原的最小面积为 $1\sim 4m^2$。

(二)群落优势种的确定

在生态学上,优势种的定义一般有两种,一种是对群落其他物种有很大影响而本身受其他物种影响最小的物种。另一种是在群落中具有最大密度、盖度和生物量的物种。这两种定义在很多时候会出现矛盾,但无疑第一点是决定第二点的,因为第一点是优势种的直接定义。第一种定义一般不好量化,第二种相对来说就好量化些,更有实际操作性。简单地说,如果从理论上选择的话,作用更大是最优选项,但如果从实际操作上选择的话,则可能涉及生物量,以及丰富度、盖度等众多因素的影响。

(三)生物群落调查方法

生物群落调查常用的取样方法有样方法、样线法、点-四分法等。对于固定样地上的长期观测而言,植物群落调查一般采用样方法。动物群落的调查方法随着动物种类和调查项目的不同而相差很大,但一般沿着一定的路线进行调查。

样方法是在被调查种群的生存环境内随机选取若干个样方,通过计数每个样方内的个体数,求得每个样方的种群密度,以所有样方种群密度的平均值作为该种群的种群密度。这种方法主要用于移动能力较低、种群密度均匀的种群的密度取样调查,如植物种群密度、昆虫卵密度的取样调查等。样方的设置主要有机械和随机两种方法,一般采用随机法。样方大小一般应略大于群落最小面积。样方除了需要达到足够大小外,还需要达到足够的数量。最少样方数量与群落异质性,以及所要求的置信区间大小密切相关。

样线法是在需要进行调查的生物群落(植物、动物或微生物)分布地段内,用测绳拉一条直线作为采样基线,然后沿基线用随机或系统取样选出待测点(起点)进行调查的一种方法,也是生物群落调查常用的一种方法。动物的调查一般采用样线法。根据动物调查的要求,样线的长度一般为1km。如果由于地形的影响,样线无法达到1km的长度,可以采用多样线法。所谓多样线法是指多条相互平行的样线,但样线之间应至少相隔30m。

第三节 群落的结构

群落的结构指生物在环境中分布及其与周围环境之间相互作用形成的结构,又可称为群落的格局(pattern)。

一、群落外貌

群落外貌是指生物群落的外部形态或表相。它是群落中生物与生物、生物与环境相互作用的综合反映。群落外貌是认识植物群落的基础,也是区分不同植被类型的主要标志,如森林、草原和荒漠等就是根据外貌区分出来的。就森林而言,针叶林、夏绿阔叶林、常绿阔叶林和热带雨林等,也是根据外貌区别出来的。群落外貌的决定性因素有:①群落的优势种所具有的生活型;②个体具有的密度;③群落的高度;④季节引起的变化;⑤优势种的叶形;⑥群落组成物种的复杂程度等。在上述各项中,最重要的是群落的优势种所具有的生活型。因此,群落外貌与环境有着密切的关系。群落外貌在植物社会的划分上具有重要地位。

二、群落的垂直结构

由于环境的逐渐变化,导致对环境有不同需求的动、植物生活在一起,这些动、植物各有其生活型,其生态幅度和适应特点也各有差异,它们各自占据一定的空间,并排列在空间的不同高度和一定土壤深度中。植物群落的这种垂直分化就形成了群落的层次,称为群落垂直成层现象(vertical stratification)。群落的每一层片都是由同一生活型的植物所组成。这种现象主要取决于植物的生活型。动物也有分层现象,但不明显。水生环境中,不同的动、植物也在不同深度水层中占有各自的位置。

群落的成层现象保证了生物群落在单位空间中更充分地利用自然条件。成层现象发育最好的是森林群落,林中有林冠(conopy)、下木(understory tree)、灌木(shrub)、草本(herb)和地被(ground)等层次。林冠直接接受阳光,是进行初级生产过程的主要地方,其发育状况直接影响到下面各层次。如果林冠是封闭的,林下灌木和草本植物就发育不好;如果林冠是相当开阔的,林下灌木和草本植物就发育良好。

以陆生植物为例,成层现象包括地上和地下部分。决定地上部分分层的环境因素主要是光照、温度等,而决定地下分层的主要因素是土壤的物理化学性质,特别是水分和养分。由此可以看出,成层现象是植物群落与环境条件相互关系的一种特殊形式。环境条件愈优越,群落的层次就愈多,层次结构就愈复杂;环境条件愈差,群落的层次就愈少,层次结构也就愈简单。

多层次结构的群落中,各层次在群落中的地位和作用不同,各层中植物种类的生态习性也不同。以一个郁闭森林群落来说,最高的那一层既是接触外界大气候变化的"作用面",又因其遮蔽阳光强烈照射而能保持林内温度和湿度不致有较大幅度的变化。也就是说,这一层在创造群落内特殊的小气候环境中起着主要作用,是群落的主要层。这一层的树种多数是阳性喜光的种类,上层以下各层次中的植物由上而下,耐阴性递增。在群落底层光照最弱的地方,则生长着阴性植物,它们不能适应强光照射和温度、湿度的大幅度变化。它们在不同程度上依赖主要层所创造的环境而生存。由主要层以外的植物所构成的层次在创造群落环境中起着次要作用,是群落的次要层。这些层中植物的种类常因主要层的结构变化而有较大的变化。区别主要层和次要层,完全是按群落中的地位和作用而定的。在一般情况下,最高的一层通常是主要层。但在特殊情况下,群落中较低的层次也可能是主要层。如热带稀树干草原植被,其分布地气候特别干热,树木星散分布,树冠互不接触,干旱季节全部落叶,在形成植物环境方面作用较小,而密集深厚的草本层却强烈影响着土壤的发育,同时也影响着树木的更新。显然,草本层在群落内占着主要的地位,是群落中的主要层。

植物群落中,有一些植物,如藤本植物和附、寄生植物,它们并不独立形成层次,而是分别依附于各层次中直立的植物体上,称为层间植物。随着水、热条件愈加丰富,层间植物发育愈加繁茂。粗大木质的藤木植物是热带雨林的特征之一,附生植物更是多种多样。层间植物主要在热带、亚热带森林中生长发育,而不是普遍生长于所有群落之中,但它们也是群落结构的一部分。

地下(根系)的成层现象和层次之间的关系和地上部分是相应的。一般在森林群落中,草本植物的根系分布在土壤的最浅层,灌木及小树根系分布较深,乔木的根系则深入到地下更深处。地下各层次之间的关系,主要围绕着水分和养分的吸收而实现。

在群落的每一层次中,往往栖息着一些不同程度上可作为各层特征的动物。在群落中动物也有分层现象。如怀悌克(Whittaker,1952)在美国大烟雾山不同高度的山坡上做的关于昆虫群落结构的分析显示,有7种昆虫分布在不同的垂直高度上,每一物种只局限在一定的高度范围之内。一般来说,群落的垂直分层越多,动物种类也越多。陆地群落中动物种类的多样性,往往是植被层次发育程度的函数。大多数鸟类可同时利用几个不同层次,但每一种鸟却有一个自己所喜好的层次。

在水生群落中,由于生态要求不同的各种生物也在不同深度的水体中占据各自的位置,因而呈现出分层现象。它们的分层,主要取决于透光状况、水温和溶解氧的含量。一般可分为漂浮生物(neuston)、浮游生物(plankton)、游泳生物(nekton)、底栖生物(benthos)、附底动物(epifauna)和底内动物(infauna)等。我国淡水养殖业中的一条传统经验就是,在同一水体中混合放养栖于不同水层中的鱼类,可以达到提高单产的效果。

三、群落的水平结构

群落的水平结构指群落的水平配置状况或水平格局,其主要的表现特征是镶嵌性。

镶嵌性即植物种类在水平方向不均匀配置,使群落在外形上表现为斑块相间的现象。具有这种特征的群落叫作镶嵌群落。在镶嵌群落中,每一个斑块就是一个小群落,小群落由一定的种类成分和生活型组成,它们是整个群落的一小部分。例如,在森林中,林下阴暗的地点有一些植物种类形成小型的组合,而在林下较明亮的地点是另外一些植物种类形成的组合。这些小型的植物组合就是小群落。内蒙古草原上的锦鸡儿灌丛化草原是镶嵌群落的典型例子。在这些群落中往往形成高 1～5m 的锦鸡儿丛,呈圆形或半圆形的丘阜。这些锦鸡儿小群落内部由于聚集细土、枯枝落叶和雪,具有良好的水分和养分条件,形成了一个局部优越的小环境。小群落内部的植物较周围环境中的返青早,生长发育好,有时还可以遇到一些越带分布的植物。

群落镶嵌性形成的原因,主要是群落内部环境因子的不均匀性。例如,小地形和微地形的变化、土壤温度和盐渍化程度的差异、光照的强弱,以及人与动物的影响等。在群落范围内,由于存在不大的低地和高地而发生环境的改变形成镶嵌,这是环境因子的不均匀性引起镶嵌性的例子。由于土中动物,例如田鼠,其活动的结果,就是在田鼠穴附近经常形成不同于周围植被的斑块,这是动物影响镶嵌性的例子。另外,亲代的扩散分布习性和种间相互作用也是导致水平结构复杂性的重要原因。

四、群落的时间结构

如果说植物种类组成在空间上的配置构成了群落的垂直结构和水平结构的话,那么不同植物种类的生命活动在时间上的差异,就导致了结构部分在时间上的相互配置,形成了群落的时间结构。在某一时期,某些植物种类在群落生命活动中起主要作用;而在另一时期,则是另一些植物种类在群落生命活动中起主要作用。

群落的时间结构指群落的组成和外貌随时间而发生有规律的变化。群落物种组成的昼夜变化是明显的。白天在开阔地有各种蝶类、蜂类和蝇类活动,而一到晚上,便只能看到夜蛾类和螟蛾类昆虫了。白天在森林里可以见到很多种鸟类,但只能在夜里见到猫头鹰和夜鹰。

群落的季节变化也很明显。在温带地区,草原和森林的外貌在春、夏、秋、冬有很大不同,这就是群落的季相。

群落的季节性也决定于植物与传粉动物之间的协同进化。植物的开花时间是在各种植物争夺传粉动物的自然选择压力下形成的。沼泽植物在整个生长季节陆陆续续都有不同的植物开花,但每一种植物开花时间都很短。生长在森林底层的草本植物开花时间就更短,一般是在春天树叶萌发之前,因为传粉昆虫不喜欢在缺少阳光的森林底层活动。在受干扰的生境内,群落成分不是在进化中自然形成的,而是来自四面八方,所以植物的开花时间就比较长,彼此重叠,为吸引传粉动物而进行激烈竞争。植物在进化过程中形成一定的开花期,这有利于增加它们异花传粉的机会,同时也会减弱植物之间为争夺传粉动物而进行的竞争。

如在早春开花的植物,在早春来临时开始萌发、开花、结实,到了夏季其生活周期就会结束,而另一些植物种类则达到生命活动的高峰。所以在一个复杂的群落中,植物生长、发育的异时性会很明显地反映在群落结构的变化上。因此,周期性就是植物群落在不同季节和不同年份内其外貌按一定顺序变化的过程,它是植物群落特征的另一种表现。植物群落的外貌在不同季节是不同的,随着气候季节性交替,群落呈现不同的外貌,称之为季相。如北方的落叶阔叶林,在春季开始抽出新叶,夏季形成茂密的绿色林冠,秋季树叶一片枯黄,到了冬季则树叶全部落地,呈现出明显的 4 个季相。植物生长期的长短,复杂的物候现象是植物在自然选择过程中适应周期性变化着的生态环境的结果,它是生态-生物学特性的具体体现。

温热地区四季分明,群落的季相变化十分显著,如在温带草原群落中,一年可有 4 个或 5

个季相。早春,气温回升,植物开始发芽、生长,草原出现春季返青季相;盛夏秋初,水、热充沛,植物繁茂生长,色彩丰富,出现华丽的夏季季相;秋末,植物开始干枯休眠,呈红黄相间的秋季季相;冬季季相则是一片枯黄。

草原群落中动物的季节性变化也十分明显。例如,大多数典型的草原鸟类,在冬季都向南方迁移;高鼻羚羊等有蹄类在这时也向南方迁移,到雪被较少、食物比较充足的地区去;旱獭、黄鼠、大跳鼠、仓鼠等典型的草原啮齿类到冬季则进入冬眠。有些种类在炎热的夏季进入夏眠。此外,动物贮藏食物的现象也很普遍,如生活在蒙古草原上的达乌尔鼠兔,到冬季时会在洞口附近积藏成堆的干草。所有这一切,都是草原动物季节性活动的显著特征,也是它们对于环境的良好适应。

五、群落交错区和边缘效应

群落交错区(ecotone)又称生态交错区或生态过渡带,是两个或多个群落之间(或生态地带之间)的过渡区域。如森林和草原之间有一个森林草原地带,软海底与硬海底的两个海洋群落之间也存在过渡带,两个不同森林类型之间或两个草本群落之间也都存在交错区。此外,像城乡交接带、干湿交替带、水陆交接带、农牧交错带、沙漠边缘带等也都属于生态过渡带。群落交错区的形状与大小各不相同。过渡带有的宽,有的窄;有的是逐渐过渡的,有的是突然变化的。群落的边缘有的是持久性的,有的则在不断变化。

群落交错区是一个交叉地带或种群竞争的紧张地带,发育完好的群落交错区,可包含相邻两个群落共有的物种以及群落交错区特有的物种。在这里,群落中物种的数目及一些种群的密度往往比相邻的群落大。群落交错区物种的数目及一些种的密度有增大的趋势,这种现象称为边缘效应(edge effect)。这是因为群落交错区的环境条件比较复杂,能为不同生态类型的植物定居提供条件,从而为更多的动物提供食物、营巢和隐蔽条件。如我国大兴安岭森林的边缘,具有呈狭带状分布的林缘草甸,每平方米的植物种数达 30 种以上,明显高于其内侧的森林群落与外侧的草原群落。美国伊利诺斯州森林内部的鸟仅登记有 14 种,但在林缘地带达 22 种。一块草甸在耕作前 100 英亩①面积上有 48 对鸟,而在草甸中进行条带状耕作后增加到 93 对。Beecher W J(1942)曾用一定面积的鸟巢数来说明边缘效应。还有人利用增加群落交错区数量或边缘长度以增加边缘效应,提高野生动物产量。但值得注意的是,群落交错区物种密度的增加并非是普遍的规律,事实上,许多物种的出现恰恰相反,例如在森林边缘交错区,树木的密度比群落里明显要小。

六、影响群落结构的因素

(一)生物因素

群落结构总体上是对环境条件的生态适应,但在其形成过程中,生物因素起着重要作用,其中作用最大的是竞争与捕食。

由于竞争导致生态位的分化,因此,竞争在生物群落结构的形成中起着重要作用。例如,MacArthur(1958)在研究北美针叶林中 5 种林莺(*Dendroica*)的分布时,发现它们在树的不同

---

① 1 英亩(arce)$=4.046\times10^2 m^2$

部位取食,这是一种资源分隔现象,可以解释为因竞争而产生的共存。群落中的种间竞争出现在生态位比较接近的物种之间,通常将群落中以同一方式利用共同资源的物种集团称为同资源种团(guild)。

捕食对形成群落结构的作用,视捕食者是泛化种还是特化种而异。具选择性的捕食者对群落结构的影响与泛化捕食者不同。如果被选择的喜食种属于优势种,则捕食能提高多样性。例如,潮间带常见的滨螺(*Littorina littorea*)是捕食者,吃很多藻类,尤其喜食小型绿藻(如浒苔),随着滨螺捕食压力的增加,藻类种数也增加了,捕食作用提高了物种多样性,其原因是藻类把竞争力强的浒苔的生物量大大压低了。这就是说,如果没有滨螺,浒苔占了优势,藻类多样性就会降低。但是,如果捕食者喜食的是竞争上占劣势的种类,则结果相反,捕食降低了多样性。

(二)干扰

干扰(disturbance)是自然界的普遍现象,就其字面含义而言,是指平静的中断,正常过程中的打扰或妨碍。

生物群落不断经受着各种随机变化的事件,正如 Clement(1916)指出的:"即使是最稳定的群丛也不完全处于平衡状态,凡是发生次生演替的地方都受到干扰的影响。"他们当时把干扰视为扰乱了顶极群落的稳定性,使演替离开了正常轨道。近代多数生态学家认为干扰是一种有意义的生态现象,它引起群落的非平衡特性,强调了干扰在形成群落结构和群落动态中的作用。同时,自然界到处都存在人类活动,诸如农业、林业、狩猎、施肥、污染等,这些活动对于自然群落的结构产生重大影响。

Connell 等(1978)提出了中度干扰假说(intermediate disturbance hypothesis),即中等程度的干扰水平能维持高多样性。其理由是:在一次干扰后少数先锋种入侵断层,①如果干扰频繁,则先锋种不能发展到演替中期,多样性较低;②如果干扰间隔期很长,使演替过程能发展到顶极期,多样性也不会很高;③只有中等干扰程度使多样性维持最高水平,它允许更多的物种入侵和定居。在底质为砾石的潮间带,Sousa W P(1979)曾进行实验研究,对中度干扰假说加以证明。潮间带经常受波浪干扰,较小的砾石受到波浪干扰而移动的频率明显大于比较大的砾石,因此砾石的大小可以作为受干扰频率的指标。Sousa 通过刮掉砾石表面的生物,为海藻的再繁殖提供了空的基底。结果发现,较小的砾石只能支持群落演替早期出现的绿藻(*Ulva*)和藤壶,平均每块砾石 1.7 种;大砾石的优势藻类是演替后期的红藻(*Gigartina canaliculata*),平均每块砾石 2.5 种;中等大小的砾石则支持最多样的藻类群落,包括几种红藻,平均每块砾石 3.7 种。结果证明,中度干扰下多样性最高。Sousa 进一步把砾石用水泥粘合,从而使波浪不能推动它们,结果表明藻类多样性不是砾石大小的函数,而纯粹决定于波浪干扰下砾石移动的频率。

干扰理论对应用领域有着重要的价值。如要保护自然界生物的多样性,就不要简单地排除干扰,因为中度干扰能增加多样性。实际上,干扰可能是产生生物多样性的最有力手段之一。冰河期的反复多次"干扰",大陆的多次断开和岛屿的形成,可能都是物种形成和多样性增加的重要动力。同样,群落中不断出现断层、新的演替、斑块状的镶嵌等,都可能是产生和维持生态多样性的有力手段。这样的思想应在自然保护、农业、林业和野生动物管理等方面起重要作用。

(三) 空间异质性

群落的环境不是均匀一致的,空间异质性(spacial heterogeneity)的程度越高,意味着有更加多样的小生境,所以能允许更多的物种共存。

Harman 研究了淡水软体动物与空间异质性的相关性,他以水体底质的类型数作为空间异质性的指标,得到了正相关关系:底质类型越多,淡水软体动物种数就越多。植物群落研究中的大量资料表明,在土壤和地形变化频繁的地段,群落含有更多的植物种,而平坦同质土壤的群落多样性低。

MacArthur 等曾研究鸟类多样性与植物的物种多样性和取食高度多样性之间的关系。取食高度多样性是对植物垂直分布中分层和均匀性的测度。层次多,各层次具更茂密的枝叶,表示取食高度多样性高。结果发现:鸟类多样性与植物种数的相关程度不如与取食高度多样性的紧密。因此,根据森林层次和各层枝叶茂盛度来预测鸟类多样性是有可能的,对于鸟类生活植被的分层结构比物种组成更为重要。

在草地和灌丛群落中,垂直结构对鸟类多样性的作用就不如对森林群落的重要了,而水平结构,即镶嵌性或斑块性(patchiness)就可能起决定作用。

第四节 群落的动态

生物群落的动态包括 3 个方面的内容,即群落的内部动态(包括季节变化与年际间变化)、群落的演替和地球上生物群落的进化。下面主要介绍群落的内部动态和群落的演替。

一、生物群落的内部动态

(一) 波动

群落的波动多数是由群落所在地区气候条件的不规则变动引起的,其特点是群落区系成分的相对稳定性,群落数量特征变化的不定性以及变化的可逆性。

(二) 波动的类型

不明显波动:特点是群落各成员的数量关系变化很小,群落外貌和结构基本保持不变。这种波动可能出现在不同年份的气象、水文状况差不多一致的情况下。

摆动性波动:特点是群落成分在个体数量和生产量方面短期波动(1~5 年),它与优势种的逐年交替有关。例如,在乌克兰草原上,干旱的年份旱生植物较多,而在降水较丰富的年份中湿生植物较多。

偏途性波动:这是气候和水分条件长期偏离而引起一个或几个优势种明显变更的结果。通过群落的自我调节作用,群落还可以恢复到原来的状态。这种波动的时期可能较长(5~10 年)。

(三) 波动的特点

不同的生物群落具有不同的波动性特点。一般来说,木本植物占优势的群落较草本植物群落稳定一些,常绿木本群落要比夏绿木本群落稳定一些。在一个群落内部,许多定性特征(如物种组成、种间关系、盖度等)较定量特征(如密度、生物量等)稳定一些。成熟的群落较发育中的群落稳定。

二、生物群落的演替

(一)群落演替的概念

植物群落的演替(succession)是指在植物群落发展变化过程中,由低级到高级,由简单到复杂,一个阶段接着一个阶段,一个群落代替另一个群落的自然演变现象。

植物群落的形成,可以从裸地开始,也可以从已有的另一个群落开始。但是任何一个群落在其形成过程中,至少要有植物的传播、植物的定居和植物间的竞争这3个方面的条件和作用。

没有植物生长的裸露地面,是群落形成、发育和演替的最初条件和场所。过去从未生长过植物的地面称为原生裸地(primary bare area);原来有植物生长,后被破坏而形成的地面称为次生裸地(secondary bare area)。在原生裸地或者原生荒原上进行的演替称为原生演替(primary succession),又称为初生演替。原来的植物群落由于火灾、洪水、崖崩、风灾、人类活动等原因大部消失后所发生的演替称为次生演替(secondary succession)。由其他地方进入或残存的根系、种子等重新生长而发生的演替,可认为它是原生演替系列发展途中出现的。

传播(dispersal),指植物的繁殖体或传播体,如孢子、种子和果实等,以各种方式脱离母体散布到各处的过程。繁殖体在适宜的环境下可发育成新个体。苔藓和蕨类植物散布孢子,孢子在一定的条件下可发育成配子体。种子植物在长期的自然选择过程中形成了多种多样的种子传播的方式,有自力的传播和借助外力的传播。

定居(ecesis),指植物繁殖体到达新地点后,开始发芽、生长和繁殖的过程。只有当一个种的个体在新的地点能够繁殖时,才能算是定居的过程完成了。

随着裸地上首批先锋植物定居的成功,以及后来定居种类和个体数量的增加,裸地上植物个体之间以及物种与物种之间,便开始了对光、水、营养和空气等空间及营养物质的竞争。

(二)演替的类型

1. 按照演替发生的时间进程划分

按照演替发生的时间进程划分,演替类型可分为:快速演替、长期演替和世纪演替。快速演替,即在时间不长的几年内发生的演替;长期演替,延续的时间较长,几十年或有时几百年,如云杉林被砍伐后的恢复演替;世纪演替,延续时间相当长久,一般以地质年代计算,常伴随着气候的历史变迁或地貌的大规模改造而发生。

2. 按照引起演替的主导因素划分

按照引起演替的主导因素划分,演替类型可分为:群落发生演替(群落发生)、内因生态演替(内因动态演替)和外因生态演替(外因动态演替)。群落发生演替见于植物新侵占或尚未被占据的地区,在原生裸地上开始的群落演替称为原生演替,在次生裸地上开始的演替称为次生演替,实际上是在裸地上植物群落发生发展的过程。内因生态演替,指因植物群落改变了生态环境,群落本身也发生了变化所造成的演替。外因生态演替,指因外界环境因素变化所造成的演替,如火成演替、气候性演替、动物性演替和人为演替等。

3. 按照基质的性质划分

按照基质的性质划分,演替类型可分为:水生基质演替系列(黏土生演替系列、砂生演替系列、石生演替系列、水生演替系列)和旱生基质演替系列(黏土生演替系列、砂生演替系列、石生演替系列)。

4. 按照群落代谢特征划分

按照群落代谢特征划分,演替类型可分为:自养性演替和异养性演替。自养性演替中,光合作用所固定的生物量积累越来越多,例如,由裸岩→地衣→苔藓→草本→灌木→乔木的演替过程。异养性演替,如出现在有机污染的水体,由于细菌和真菌的分解作用特别强,有机物质是随演替而减少的。

(三)演替系列

生物群落的演替过程,从植物的定居开始,到形成稳定的植物群落为止,这个过程叫作演替系列。演替系列中每一个明显的步骤,称其为演替阶段或演替时期。

1. 水生演替系列(hydrosere)

自由漂浮植物阶段
↓
沉水植物阶段
↓
浮叶根生植物阶段
↓
直立水生植物阶段
↓
湿生草本植物阶段
↓
木本植物阶段

2. 旱生演替系列(xerosere)

藻类植物阶段
↓
苔藓或地衣植物阶段
↓
草本植物阶段
↓
灌木植物阶段
↓
乔木植物阶段

(四) 控制演替的几种主要因素

生物群落的演替是群落内部关系（包括种内关系和种间关系）与外界环境中各种生态因子综合作用的结果，影响群落演替的主要因素如下。

1. 植物繁殖体的迁移、散布和动物的迁移活动

群落演替的先决条件都必须包含有生物的迁移、散布、定居和繁衍的过程。植物群落的性质发生变化的时候，居住在其中的动物群落也作适当调整，使得整个生物群落内部的动物和植物又以新的联系方式统一起来。

2. 群落内部环境的变化

这种变化是由群落本身的生命活动造成的，与外界环境条件的改变没有直接的关系。有些情况下，是群落内物种生命活动的结果，创造了不良的居住环境，使原来的群落解体，为其他植物的生存提供了有利条件，从而引起演替。另外，由于群落中植物种群特别是优势种的发育而导致群落内光照、温度、水分状况的改变，也可为演替创造条件。例如，在云杉林采伐后的林间空旷地段，首先出现的是喜光草本植物，但当喜光的阔叶树种定居下来并在草本层以上形成郁闭树冠时，喜光草本便被耐阴草本所取代。后当云杉伸于群落上层并郁闭时，原来发育很好的喜光阔叶树种便不能更新。这样，随着群落内光照由强到弱及温度变化由不稳定到较稳定，依次发生了喜光草本植物阶段→阔叶树种阶段→云杉阶段的更替过程，也就是演替的过程。

3. 外界环境条件的变化

虽然决定群落演替的根本原因存在于群落内部，但群落之外的环境条件诸如气候、地貌、土壤和火等常可成为引起演替的重要条件。气候决定着群落的外貌和群落的分布，也影响到群落的结构和生产力。气候的变化，无论是长期的还是短暂的，都会成为演替的诱发因素。地表形态（地貌）的改变会使水分、热量等生态因子重新分配，转过来又影响到群落本身。大规模的地壳运动（如冰川、地震、火山活动等）可使地球表面的生物部分完全毁灭，从而使演替从头开始。小范围的地表形态变化（如滑坡、洪水冲刷等）也可以改造一个生物群落。土壤的理化特性与置身于其中的植物、土壤动物和微生物的生活有密切的关系，土壤性质的改变势必导致群落内部物种关系的重新调整。火也是一个重要的诱发演替的因子，火烧可以造成大面积的次生裸地，演替可以从裸地上重新开始；火也是群落发育的一种刺激因素，它可使耐火的种类更旺盛地发育，而使不耐火的种类受到抑制。当然，影响演替的外部环境条件并不限于上述几种。凡是与群落发育有关的直接或间接生态因子都可成为演替的外部因素。

4. 种内和种间关系的改变

群落内部生物种内和种间直接或间接的相互作用、相互影响的关系随着外部环境条件和群落内环境的改变而不断地变化、调整。这种情形常见于尚未发育成熟的群落。处于成熟、稳定状态的群落，在接受外界条件刺激的情况下也可能发生种间数量关系重新调整的现象，进而使群落特性或多或少地改变。

5. 人类的活动

人对生物群落演替的影响远远超过其他所有的自然因子，因为人类社会活动通常是有意识、有目的地进行的，对自然环境中的生态关系起着促进、抑制、改造和建设的作用。如放火烧

山、砍伐森林、开垦土地等，都可使生物群落改变面貌。人还可以经营、抚育森林，管理草原，治理沙漠，使群落演替按照不同于自然发展的道路进行。人甚至还可以建立人工群落，将演替的方向和速度置于人为控制之下。

(五)演替方向

1. 进展演替(progressive succession)

进展演替是指随着演替的进行，生物群落的结构和物种成分由简单到复杂，群落对环境的利用由不充分到充分，群落生产力逐步提高，群落逐渐发展为中生化，生物群落对外界环境的改造逐渐强烈。

2. 逆行演替(regressive succession)

逆行演替的进程则与进展演替相反，它导致生物群落结构简单化，不能充分利用环境，生产力逐渐下降，不能充分利用地面，群落旱生化以及对外界环境的轻微改造。

(六)演替过程的理论模型

在群落演替研究过程中，存在两种不同的观点和几种演替模型。

1. 演替观

1)经典演替观

经典演替观有两个基本点：一是每一演替阶段的群落明显不同于下一阶段的群落，二是前一阶段群落中物种的活动促进了下一阶段物种的建立。不同意经典演替观的证据为：在对一些自然群落演替的研究中并未证实这两个基本点，而且许多演替的早期物种抑制后来物种的发展。

2)个体论演替观

初始物种组成决定着群落演替后来的优势种。当代演替观强调个体生活史特征、物种对策、以种群为中心和各种干扰对演替的作用。究竟演替的途径是单向性的还是多途径的，初始物种组成对后来物种的作用是如何演替的，机制如何，这些是当代演替观的活跃领域。

2. 演替模型

1)Connell 和 Slatyer 的演替模型

(1)促进模型。物种替代是由于先来物种改变了环境条件，使它不利于自身生存，而促进了后来其他物种的繁荣，因此物种替代有顺序性、可预测性和方向性。

(2)抑制模型。Egler(1954)认为演替具有很强的异源性，因为任何一个地点的演替都取决于哪些物种首先到达那里。植物种的取代不一定是有序的，每一个物种都试图排挤和压制任何新来的定居者，使演替带有较强的个体性。演替并不一定总是朝着顶极群落的方向发展，所以演替的详细途径是难以预测的。该学说认为演替通常是由个体较小、生长较快、寿命较短的物种发展为个体较大、生长较慢、寿命较长的物种。显然，这种替代过程是物种间的，而不是群落间的，因而演替系列是连续的而不是离散的。

(3)忍耐模型。该模型介于促进模型和抑制模型之间。该模型认为：早期演替物种先锋种的存在并不重要，任何物种都可以开始演替。植物替代伴随着环境资源的递减，较能忍受有限资源的物种将会取代其他物种。演替就是靠这些物种的侵入和原来定居物种的逐渐减少而进行的，主要决定于初始条件。

以上 3 类模型的共同点是：演替中的先锋物种最先出现，它们具有生长快、种子产量大、有较高的扩散能力等特点。这类易扩散和移植的物种一般对相互遮荫和根间竞争的环境是不易适应的，所以在这 3 种模型中，早期进入的物种都是比较易于被挤掉的。上述 3 种模型的区别表明：重要的是演替的机制，即物种替代的机制。演替的机制是促进、抑制，还是现存物种对替代的影响不大，取决于物种间的竞争能力。

2）演替模型理论

（1）适应对策演替理论（adapting strategy theory）。R-对策种，适应于临时性资源丰富的生境，称为干扰种；C-对策种，生存于资源一直处于丰富状态下的生境中，竞争力强，称为竞争种；S-对策种，适用于资源贫瘠的生境，忍耐恶劣环境的能力强，叫作耐胁迫种。Grime（1988）提出，R-C-S 对策模型反映了某一地点某一时刻存在的植被是胁迫强度、干扰和竞争之间平衡的结果。该学说认为，次生演替过程中的物种对策格局是有规律的，是可以预测的。一般情况下，先锋种为 R-对策种，演替中期的多为 C-对策种，而顶级群落中的种则多为 S-对策种。

（2）资源比率理论（resource ratio hypothesis）。该理论认为，一个物种在限制性资源比率为某一值时表现为强竞争者，而当限制性资源比率改变时，因为物种的竞争能力不同，组成群落的物种也随之改变。因此，演替是通过资源的变化引起竞争关系变化而实现的。

（3）等级演替理论（hierarchical succession theory）。该理论包含 3 个层次：第一是演替的一般性原因，即裸地的可利用性，物种对裸地利用能力的差异，物种对不同裸地的适应能力；第二是将以上的基本原因分解为不同的生态过程，比如裸地可利用性取决于干扰的频率和程度，物种对裸地的利用能力取决于物种的繁殖体生产力、传播能力、萌发和生长能力等；第三个层次是最详细的机制水平，包括立地-种的因素和行为及其相互作用，这些相互作用是演替的本质。

（七）演替顶级学说

演替顶极（climax）是指每一个演替系列都是由先锋阶段开始，经过不同的演替阶段，到达顶级状态的最终演替阶段。

1. 单元顶极论（monoclimax hypothesis）

Clements（1916）认为，在任何一个地区内，一般演替系列的终点取决于该地区的气候性质，主要表现在顶极群落的优势种能够很好地适应该地区的气候条件，这样的群落称之为气候顶极群落。在同一气候区内，无论演替初期的条件多么不同，植被总是趋向于减轻极端情况而朝向顶极方向发展，从而使得生境适合于更多的植物生长。

2. 多元顶极论（polyclimax theory）

多元顶极论由英国的 Tansley A G 于 1954 年提出。该学说认为：如果一个群落在某种生境中基本稳定，能自行繁殖并结束它的演替过程，就可看作顶极群落。在一个气候区域内，群落演替的最终结果，不一定都汇集于一个共同的气候顶极终点。

3. 顶极-格局假说（climax-pattern hypothesis）

该理论认为，在任何一个区域内，环境因子都是连续不断地变化的。随着环境因子的变化，各种类型的顶极群落，如气候顶极、土壤顶极、地形顶极、火烧顶极等，不是截然呈离散状态，而是连续变化的，因而形成连续的顶极类型，构成一个顶极群落连续变化的格局。在这个格局中，分布最广泛且通常位于格局中心的顶极群落，叫作优势顶极（prevailing climax）。它是最能反映该地区气候特征的顶极群落，相当于单元顶极论的气候顶极。

第五章 生态系统生态学

第一节 生态系统的概念和基本特征

一、生态系统的概念

生态系统(ecosystem)指在自然界的一定空间内,生物与环境构成的统一整体,在这个统一整体中,生物与环境之间相互影响、相互制约,并在一定时期内处于相对稳定的动态平衡状态。欧德姆(Odum E P,1971)首次提出生态系统的概念,认为应把生物与环境看作一个整体来研究,把生态学定义为"研究生态系统结构与功能的科学",研究一定区域内生物的种类、数量、生物量、生活史和空间分布,环境因素对生物的作用及生物对环境的反作用,生态系统中能量流动和物质循环的规律等。1935年,英国生态学家亚瑟·乔治·坦斯利爵士(Sir Arthur George Tansley)受丹麦植物学家尤金纽斯·瓦尔明(Eugenius Warming)的影响,对生态系统的组成进行了深入的考察,为生态系统下了精确的定义,明确提出了生态系统的概念:生态系统是一个系统的整体,这个系统不仅包括有机复合体,而且包括形成环境的整个物理因子复合体,这种系统是地球表面上自然界的基本单位,它们有各种大小和种类。

生态系统的范围可大可小,相互交错,有时难以有严格的界限及区分,最大的生态系统是生物圈,最为复杂的生态系统是热带雨林生态系统,人类主要生活在以城市和农田为主的人工生态系统中。生态系统一般是开放系统,为了维系自身的稳定,生态系统需要不断输入能量,否则就有崩溃的危险。封闭生态系统(closed ecological systems,简称CES)是一种不与外界进行物质交换的生态系统。尽管地球本身无疑符合这个定义,但该术语主要用于描述相对小的人造生态系统。这种系统充满了科学趣味,并有在空间旅行(如空间站或潜艇)中作为生命支持系统的潜力。严格地说,一个封闭生态系统不是一个通常意义上的封闭系统,因为能量(特别是光能和热能)能在也必须在这个系统中进出。生态系统是生态学领域的一个主要结构和功能单位,属于生态学研究的最高层次。

按照生态系统的上述定义,我们既可以从类型上去理解,例如森林、草原、荒漠、冻原、沼泽、河流、海洋、湖泊、农田和城市等;也可以从区域上去理解,例如分布有森林、灌丛、草地和溪流的一个山地地区或是包含着农田、人工林、草地、河流、池塘和村落及城镇的一片平原地区都是生态系统。近些年,还有人提出复合生态系统(social-economic-natural complex ecosystem)的概念,亦称社会-经济-自然复合生态系统,是由人类社会、人类经济活动和自然条件共同组合而成的生态功能统一体。在社会-经济-自然复合生态系统中,人类是主体,环境部分包括人的栖息劳作环境(包括地理环境、生物环境、构筑设施环境)、区域生态环境(包括原材料供给的源、产品和废弃物消纳的汇及缓冲调节的库)及社会文化环境(包括体制、组织、文化、技术等),它们与人类的生存和发展息息相关,具有生产、生活、供给、接纳、控制和缓冲功能,构成错综复杂的生态关系。但这些都没有超出生态系统定义的范围,只是研究的生态系统更为复杂罢了。

在自然界,任何生物群落都不是孤立存在的,它们总是通过能量和物质的交换与其生存的环境不可分割地相互联系、相互作用着,共同形成一种统一的整体,这样的整体就是生态系统。换句话说,生态系统就是在一定地区内,生物和它们的非生物环境(物理环境)之间进行着连续的能量和物质交换所形成的一个生态学功能单位。

任何一个能够维持其机能正常运转的生态系统必须依赖外界环境提供输入(太阳辐射能和营养物质)和接受输出(热、排泄物等),其行为经常受到外部环境的影响,所以它是一个开放的系统。但是生态系统并不是完全被动地接受环境的影响,在正常情况下即在一定限度内,其本身就具有反馈机能,使它能够自动调节,逐渐修复与调整因外界干扰而受到的损伤,维持正常的结构与功能,保持其相对平衡状态。因此,它又是一个控制系统或反馈系统。

二、生态系统的基本特征

生态系统具有以下基本特征:①具有自我调节能力;②能量流动、物质循环和信息传递是生态系统的三大功能;③生态系统中营养级数目一般不会超过 5、6 个;④生态系统是一个半开放的动态系统,要经历一个从简单到复杂、从不成熟到成熟的演变过程,其早期阶段和晚期阶段具有不同特性。

生态系统的能量流动具有单向传递、逐级递减的特点。①单向流动。能量沿食物链由低营养级流向高营养级,不能逆转,也不能循环流动。主要原因有两个:一是食物链中,相邻营养级生物的吃与被吃关系不可逆转,因此能量不能倒流,这是长期自然选择的结果;二是各营养级的能量总有一部分以细胞呼吸产生热能的形式散失掉,这些能量是无法再利用的。②逐级递减。输入到一个营养级的能量不可能百分之百地流入下一营养级,能量在沿食物链流动的过程中是逐级减少的。主要原因有 3 个:一是各营养级的生物都会因呼吸作用消耗相当一部分能量(ATP、热能);二是各营养级总有一部分生物或生物的一部分能量未被下一营养级生物所利用;三是还有少部分能量随着残枝败叶或遗体等直接传递给分解者。

生态系统具有自我调节能力,生态系统的自我调节能力主要是通过反馈(feedback)来完成的。反馈又分为正反馈(positive feedback)和负反馈(negative feedback)两种。负反馈对生态系统达到和保持平衡是必不可少的。正、负反馈的相互作用和转化,保证了生态系统可以达到一定的稳态。例如,如果草原上的食草动物因为迁入而增加,植物就会因为受到过度啃食而减少;而植物数量减少以后,反过来又会抑制动物的数量,从而保证了草原生态系统中的生产者和消费者之间的平衡。在生态系统中关于正反馈的例子不多。例如,有一个湖泊受到了污染,鱼类的数量就会因为死亡而减少,鱼类死亡的尸体腐烂,又会进一步加重污染,引起更多的鱼类死亡。不同生态系统的自我调节能力是不同的,一个生态系统的物种组成越复杂,结构越稳定,功能越健全,生产能力越高,它的自我调节能力也就越高。因为物种的减少往往使生态系统的生产效率下降,使得其抵抗自然灾害、外来物种入侵和其他干扰的能力下降。而在物种多样性高的生态系统中,拥有着生态功能相似而对环境反应不同的物种,并以此来保障整个生态系统可以因环境变化而调整自身以维持各项功能的发挥。因此,物种丰富的热带雨林生态系统要比物种单一的农田生态系统的自我调节能力强,从而保持系统机构和功能的稳定。

关于生态系统的特征,蔡晓明和蔡博峰(2012)作了相应阐述,表明生态系统具有如下10项重要特征:①以生物为主体,具有整体性特征;②复杂、有序的层级系统;③开放的、远离平衡态的热力学系统;④具有明确功能和公益服务性能;⑤受环境影响深刻;⑥环境的演变与生物进化相联系;⑦具有自维持、自调控功能;⑧具有一定的负荷力;⑨具有动态的、生命的特征;⑩具有健康、可持续发展特性。

生态系统概念的提出,特别是关于生态系统结构和功能的认识,使我们对生命及自然界的认识提到了更高一级的水平,为我们观察分析复杂的自然界提供了有力的手段和新的综合视角,成为解决现代人类所面临的环境污染、生态退化、人口增长和自然资源利用与保护等重大问题的理论基础之一。

第二节 生态系统的组成与结构

一、生态系统的组成与结构

生态系统是一个多成分的极其复杂的大系统。一个完全的生态系统由4类成分构成(图5-1),即非生物部分和生物部分中根据获取能量的方式与所起作用的不同而划分出的生产者、消费者和分解者三个功能类群。其中,非生物成分即无机环境,是一个生态系统的基础,其条件的好坏直接决定生态系统的复杂程度和其生物群落的丰富度及多样性。生物群落又反作用于无机环境,生物群落在生态系统中既在适应环境,也在改变着周边环境的面貌。各种基础物质将生物群落与无机环境紧密地联系在一起,而生物群落的初生演替甚至可以把一片荒凉的裸地变为水草丰美的绿洲。生态系统各个成分的紧密联系,使得生态系统成为具有一定功能的有机整体。依据无机环境的类型,不同的生态系统可分为森林生态系统、草原生态系统、海洋生态系统、淡水生态系统(分为湖泊生态系统、池塘生态系统、河流生态系统等)、农田生态系统、冻原生态系统、湿地生态系统、城市生态系统、人工受控系统等。

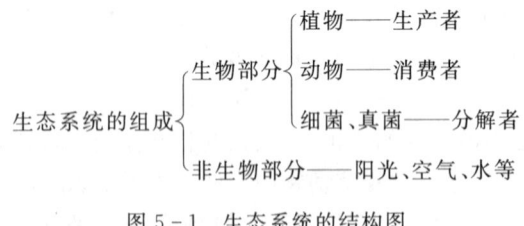

图5-1 生态系统的结构图

(一)无机环境

无机环境是一个非常复杂的概念,除生物之外的因子都可成为无机环境因子。无机环境是生态系统的非生物组成部分,是生物因子赖以生存、繁殖及演替的基础,主要由以下几个方面组成:①光因子,包括热量因子和温度因子,它们对植物是最为重要的;②水因子,包括与供水有关的诸多因子和湿度因子,它们对植物有决定意义;③空气因子,其组成及含量的高低对动植物的分布及生理活动有重要影响;④地学因子,包括与山脉、陆地、江河、海洋有关联的地质地貌、高度、深度、纬度等；⑤地理因子，对生物的分布有决定意义；⑥气候因子，对生物生活与繁殖的周期波动有决定意义；⑦土壤因子，包括地质、结构以及土壤中水、肥、气、热的供应以及与物质循环有关的因子，它们对植物的生活有直接的影响；⑧化学因子，包括水土中的营养盐、有机质含量、盐度与酸度、微量元素等。

(二) 生产者

生产者是能利用简单的无机物合成有机物的自养型生物或绿色植物。其能够通过光合作用把太阳能转化为化学能，或通过化能合成作用，把无机物转化为有机物，不仅供给自身的生长发育，也为其他生物提供物质和能量，在生态系统中居于最重要地位。值得注意的是，除了绿色植物外，自养型生物包括能进行化能合成作用的细菌(硝化细菌等)，在生态系统中都是生产者，是生态系统的主要成分。在淡水生态系统及海洋生态系统中的生产者主要是浮游植物——藻类，以及一些生长在浅自然循环、自然循环水中的有根植物或漂浮植物(淡水生态系统中的植物分为浮水植物、挺水植物、潜水植物)。森林和草地生态系统中的生产者是绿色植物，如草本植物、灌木和乔木。在深海和其他类似生态系统中，还原态无机物(如硫化氢)的化能合成细菌(硫细菌)也属于生产者。

(三) 消费者

消费者通常指动物。由于动物不能制造食物，只能直接或间接利用植物所制造的现成有机物，取得营养物质和能量来维持其生存，因而是异养的消费者。根据其食性划分如下。①植食动物，直接采食植物以获得能量的动物，如牛、马、羊、象、食草昆虫和啮齿类动物等，是第一性消费者。②肉食动物，以捕捉动物为主要食物的动物。其中，捕食植食动物者是第一级肉食动物、第二性消费者，如蛙、蝙蝠、某些鸟类等；以第一级肉食动物为食物的动物，是第二级肉食动物、第三性消费者，如狐、狼等，这些动物一般体躯较大而强壮，数量较少；狮、虎、鹰等凶猛动物主要以第二级肉食动物和植食动物为生，是第三级肉食动物、第四性消费者，有时它们被称为顶部肉食动物，其数量更少；有些动物的食性并无严格限定，它们是既食动物又食植物的杂食性动物，如某些鸟类、鲤鱼等。

(四) 分解者

分解者主要指细菌、真菌和一些原生动物。它们依靠分解动植物的排泄物和死亡的有机残体取得能量和营养物质，同时把复杂的有机物降解为简单的无机化合物或元素，归还到环境中，被生产者有机体再次利用，所以它们又被称为还原者有机体。分解者广泛分布于生态系统中，时刻不停地促使自然界的物质发生循环。

在自然界，每一个生态系统一般都具有上述4种组分。从理论上讲，任何一个自我维持的生态系统，只要有非生物物质、吸收外界能量的自养型生产者和能使自养型生物死亡之后进行腐烂的分解者这些基本成分就够了。消费者有机体并不是必要成分，它们的存在只不过使生态系统更为丰富多彩而已。

二、生态系统组成与结构的稳定性及其作用

生态系统各个结构组分之间是相互联系、密不可分的。这种联系是通过营养关系来实现

的,食物链和食物网构成了物种间的营养关系。植物所固定的能量通过一系列的取食和被取食关系在生态系统中传递,我们把生物之间存在的这种单方向营养和能量传递关系称为食物链。食物链是生态系统营养结构的具体表现形式之一,分为牧食食物链和腐食食物链。后者是动、植物死亡后被细菌和真菌所分解,能量直接自生产者或死亡的动物残体流向分解者,在热带雨林和浅水生态系统中,该类食物链占有重要地位。牧食食物链是通过活的有机体,包括各种消费者有机体,以捕食与被捕食的关系建立的,该食物链中能量沿着生产者到各级消费者的途径流动。一般来说,生态系统中能量在沿着牧食食物链传递时,从一个环节到另一个环节,能量大约要损失90%。在生态系统的生物之间存在着一种远比食物链更为错综复杂的普遍联系,像一个无形的网把所有生物都包括在内,使它们有着直接或间接的联系,这就是食物网。生态系统正是通过食物链和食物网关系来维持其结构相对稳定的。

生态系统组成与结构的稳定是其功能发挥的前提。以湖泊生态系统为例。生态系统组成与结构的变化反映在生物多样性指数的变化上,而这种多样性指数是随着湖泊富营养化程度的增加而降低的,如太湖在蓝藻水华期间生物多样性明显要低于非水华季节(Wang et al,2012)。人为活动的影响,严重干扰了水生生态系统的组成与结构,如各种工、农业废水的随意排放使湖泊生态环境日益恶化,环境的剧变使水生生物多样性和水质下降,这种湖泊富营养化过程在滇池表现得尤为显著(李世杰,2007)。富营养湖泊中水华的发生使水体中处于整个能量金字塔底部的生产者过于单一,演替格局过于简单,呈现周年蓝藻水华交替出现的现象,如巢湖冬、春季节的鱼腥藻和夏、秋季节的微囊藻演替(汪志聪等,2010;Wang et al,2012)。蓝藻水华的暴发是湖泊富营养化导致生态系统组成和结构变化而使生态系统功能衰退的一个缩影。生态系统的组成和结构是其重要的属性,也是其健康发展的核心评价指标。

第三节 生态系统的功能

"系统"一词来源于英文 system 的音译,其最初来源是古代希腊文"systεmα",意为部分组成的整体。系统论创始人贝塔朗菲认为,任何系统都是一个有机的整体,它不是各个部分的机械组合或简单相加,系统的整体功能是各要素在孤立状态下所没有的性质,即"整体大于部分之和"。系统中各要素不是孤立地存在着,而是每个要素在系统中都处于一定的位置上,起着特定的作用,它们之间相互关联,构成了一个不可分割的整体。要素是系统整体中的要素,如果将要素从系统整体中割离出来,它将失去要素的作用。由此可见,系统是指将不同的部分进行有序的整理、组合后形成的具有一定功能的整体。因此,系统往往具有各个部分不具有的功能,是量变到质变的结果。如汽车是不同零部件的集合体,具有各个零部件所不具有的功能。

生态系统作为生物与环境组成的集合体,具有能量流动、物质循环和信息传递三大功能。这三大功能相互依存,不可分割。在生态系统中,能量流动是生态系统的动力,物质循环是生态系统的基础,而信息传递则通过能量流动和物质循环来调节系统的稳定性。在生态系统中,种群和种群之间、种群内部个体与个体之间,甚至生物和环境之间都有信息传递。物质循环中往往伴随着能量流动,能量流动多借助于物质的转移和流通完成,物质循环与能量流动中伴随着信息传递。在生态系统中,各组分之间及其与环境之间不断地进行着物质的、能量的和信息的交换,这种交换维系了系统与环境以及系统内各组分之间的关系,形成了一个动态的、可以实行反馈调控和相对独立的体系。只要系统中任一组分的状态发生了变化,就可以通过系统三大功能的相应改变(路径、方向、强度和速率等)去影响系统内其他组分,最终将波及整个系统。

在生态系统的功能中,物质流是可以循环利用的,能量流是单向的、不可逆转的,信息流是双向的。信息传递有利于沟通生物群落与非生物环境之间、生物与生物之间的关系,正是由于信息流,生态系统产生了自动调节机制。

一、生态系统的能量流动

(一)能量流动的特点

太阳能是所有生命活动的能量来源,它通过绿色植物的光合作用进入生态系统,然后从绿色植物转移到各种消费者。能量流动的特点是单向流动、逐级递减且不可逆转的。一般情况下,愈向食物链的后端,生物体的数目愈少,这样便形成一种金字塔形的营养级关系。

单向流动是指生态系统的能量流动只能从第一营养级流向第二营养级,再依次流向后面的各个营养级,一般不能逆向流动。这是由生物长期进化所形成的营养结构确定的,如狼捕食羊,但羊不能捕食狼。

逐级递减是指输入到一个营养级的能量不可能百分之百地流入后一个营养级,能量在沿食物链流动的过程中是逐级减少的。能量沿食物网传递的平均效率约为10%,即一个营养级中的能量只有10%能被下一个营养级所利用,约有90%的能量以热能或其他形式损耗掉。

将单位时间内各个营养级所得到的能量数值,按营养级由低到高绘制成的图形呈金字塔形。从能量金字塔可以看出,在生态系统中,营养级越多,在能量流动过程中损耗的能量也就越多;营养级越高,得到的能量越少。在食物链中,营养级一般不超过5、6级,这是由能量流动规律决定的。

(二)能量的传递和转化规律

能量是生态系统的动力,是一切生命活动的基础。一切生命活动都伴随着能量的转化,没有能量的转化,也就没有生命和生态系统。能量在生态系统内的传递和转化规律服从热力学的两个定律,即热力学第一定律和第二定律。

热力学第一定律为能量守恒定律。依据能量守恒定律可知,一个体系的能量发生变化,环境的能量也必定发生相应的变化,如果体系的能量增加,环境的能量就要减少,反之亦然。对生态系统来说也是如此。例如,生态系统通过光合作用所增加的能量等于环境中太阳所减少的能量,总能量不变,所不同的是太阳能转化为有机能输入了生态系统,表现为生态系统对太阳能的固定。

热力学第二定律是有关能量传递方向和转换效率的规律。可简单概括为,在能量的传递和转化过程中,除了一部分可以继续传递和做功的能量(自由能)外,总有一部分能量不能继续传递和做功而以热的形式消散了,这部分能量使系统的熵和无序性增加。对生态系统来说也是如此,当能量以食物的形式在生物之间传递时,食物中相当一部分能量被降解为热而消散掉(使熵增加),其余则用于合成新的组织作为潜能储存下来。例如,动物在利用食物中的潜能时常把大部分能量转化成热,只把一小部分能量转化为新的潜能。因此,能量在生物之间每传递一次,一大部分的能量就被降解为热而损失掉,这也就是为什么食物链的环节和营养级的级数一般不会多于5、6级以及能量金字塔必定呈尖塔形的热力学解释。

(三)和能量传递相关的几个概念

和能量传递相关的概念主要有以下几个。

(1)传递效率：能量流运过程中各个不同点上能量之比值，称之为传递效率(transfer efficiency)。

(2)摄食量(I)：表示一个生物所摄取的能量。对植物来说，它代表光合作用所吸收的日光能；对于动物来说，它代表动物摄入的食物的能量。

(3)同化量(A)：对于动物来说，同化量表示经消化道后吸收的能量(摄入的食物不一定都能吸收)；对分解者来说，是指细胞外的吸收能量；对植物来说，指在光合作用中所固定的日光能，即总初级生产量(GP)。

(4)呼吸量(R)：指生物在呼吸等新陈代谢和各种活动中所消耗的全部能量。

(5)生产量(P)：指生物在呼吸消耗后净剩的同化能量值，它以有机物质的形式累积在生物体内或生态系统中。对植物来说，它是净初级生产量(NP)；对动物来说，它是同化量中扣除维持呼吸量以后的能量值，即 $P=A-R$。

(6)同化效率：指植物吸收的日光能中被光合作用所固定的能量比例，或被动物摄食的能量中被同化了的能量比例。

$$同化效率＝被植物固定的能量/植物吸收的日光能$$

或 $$同化效率＝被动物消化吸收的能量/动物摄食的能量$$

(7)生产效率：指形成新生物量的生产能量占同化能量的百分比。

$$生产效率＝n营养级的净生产量/n营养级的同化能量$$

(8)消费效率：指 $n+1$ 营养级消费(即摄食)的能量占 n 营养级净生产能量的比例。

$$消费效率＝n+1营养级的消费能量/n营养级的净生产量$$

(9)林德曼效率(Lindeman's efficiency)：指 $n+1$ 营养级所获得的能量占 n 营养级获得能量之比，相当于同化效率、生产效率与消费效率的乘积。但也有学者把营养级间的同化能量之比值视为林德曼效率。

一般来说，大型动物的生长效率要低于小型动物，老年动物的生长效率要低于幼年动物。肉食动物的同化效率要高于植食动物。但随着营养级的增加，呼吸消耗所占的比例也相应增加，因而导致肉食动物营养级净生产量的相应下降。从利用效率的大小可以看出一个营养级对下一个营养级的相对压力，而林德曼效率似乎是一个常数，即10%。生态学家通常把10%的林德曼效率看成是一条重要的生态学规律。对海洋食物链的研究表明，在某些情况下，林德曼效率可以大于30%；对自然水域生态系统的研究表明，在从初级生产量到次级生产量的能量转化过程中，林德曼效率为15%～20%；就利用效率来看，从第一营养级往后，林德曼效率可能会略有提高，但一般来说都处于20%～25%之间。这就是说，每个营养级的净生产量将会有75%～80%通向碎屑食物链。

下面结合实际研究案例来讲述生态系统的能流传递过程。

杨纪明等(1998)选择我国北方海岸带水域中属于第一、第二、第三、第四营养级的4个经济种，构成一个简单的人工食物链，即金藻-卤虫-玉筋鱼-黑鲪，来研究食物链各营养级的能量传递效率。通过测定各营养级间物质(湿重、干重)、能量的转换效率，求出了食物链各环节的生产量比值。结果表明,在这个食物链运转过程中,生产 1kg 湿重的黑鲄(第四营养级)需要消耗相当于初级生产力 235.2kg 湿重的金藻(第一营养级),生产 1kg 干重的黑鲄需要消耗相当于 148.3kg 干重的金藻,黑鲄富集 1kJ 能量需要消耗含有 110.7kJ 能量的金藻(表 5-1)。

表 5-1 食物链各营养级生产量的比值(引自杨纪明等,1998)

营养级	湿重(kg)		干重(kg)		能量(kJ)	
4(黑鲄)	1		1		1	
3(玉筋鱼)	8	1	6.9	1	7.1	1
2(卤虫)	76.9	9.6	26.8	3.9	22.0	3.1
1(金藻)	235.2	29.4	148.3	21.5	110.7	15.6

王建林等(1994—1995)在西藏农牧学院农场的小麦-玉米间作田中进行调查,共调查 3 块(相当于 3 个重复)小麦-玉米间作田,每块面积不少于 $0.13hm^2$($1hm^2 = 1 \times 10^4 m^2$)。全年内均不施药、不除草,其他农事操作与常规田一致。自 1994 年 3 月下旬开始,每 10d 调查 1 次。随机从小麦-玉米间作田中拔取小麦、玉米各 10 株,收割 $5m^2$ 杂草,收集 $5m^2$ 凋落物,挖取 3 块体积均为 $0.2m^3$ 的土壤。同时随机取 10 个样方,每个样方 $2m^2$,系统调查田块中所有害虫、天敌种群数量。研究结果表明,小麦-玉米间作生态系统能流通过食物链的递减率很大。输入到小麦-玉米间作田的能量(太阳能与人工辅助能)为 $5071.06 \times 10^3 kJ \cdot m^{-2} \cdot yr^{-1}$,占总输入能量的 98.76%;从总初级生产力到害虫群落消耗的能量为 $58.02 \times 10^3 kJ \cdot m^{-2} \cdot yr^{-1}$,占总初级生产力的 92.32%;从害虫群落摄入量到天敌群落摄入量又递减了 94.40%。这样,小麦-玉米间作生态系统能流通过植物—害虫—天敌 3 个营养级已消耗了 99.57%。

二、生态系统的物质循环

生态系统的物质循环是指无机化合物和单质通过生态系统的循环运动。生态系统中的物质循环可以用库(pool)和流通(flow)两个概念来加以概括。库是由存在于生态系统某些生物或非生物成分中的一定数量的某种化合物所构成的。对于某一种元素而言,存在一个或多个主要的蓄库。在库里,该元素的数量远远超过正常结合在生命系统中的数量,并且通常只能缓慢地将该元素从蓄库中放出。物质在生态系统中的循环实际上是在库与库之间彼此流通的,通常用流通量、周转率及周转时间来描述生态系统物质循环的总量与效率。流通量是指单位时间单位面积(或体积)内通过的营养物质的总量。周转率一般用出入一个库的流通率除以该库中的营养物质总量表示,周转时间则用库中营养物质总量除以流通率表示。

物质循环的速率在空间和时间上是有很大变化的,影响物质循环速率最重要的因素有:①循环元素的性质,即循环速率由循环元素的化学特性和被生物有机体利用的方式不同决定;②生物的生长速率,这一因素影响着生物对物质的吸收速度和物质在食物链中的传递速度;③有机物分解的速率,有机物的分解速率受温度影响较大,适宜的环境有利于分解者的生长繁殖,能促使有机体加快分解,从而将生物体内的营养元素释放出来,重新进入循环。

在物质循环中,周转率越大,周转时间就越短。前人研究结果表明,大气圈中二氧化碳的周转时间大约是一年左右(光合作用从大气圈中移走二氧化碳);大气圈中分子氮的周转时间则需 100 万年(主要是生物的固氮作用将氮分子转化为氨氮为生物所利用);而大气圈中水的周转时间为 10.5d,也就是说,大气圈中的水分一年要更新大约 34 次。在海洋中,硅的周转时间最短,约 8000 年;钠最长,约 2.06 亿年。

生态系统的物质循环可分为三大类型,即:水循环(water cycle)、气体型循环(gaseous cycle)和沉积型循环(sedimentary cycle)。生态系统中所有的物质循环都是在水循环的推动下完成的,气体循环和沉积型循环虽然各有特点,但都受能量的驱动,并依赖于水循环。因此,没有水的循环,也就没有生态系统的功能,生命也就难以维持。

(一)水循环

水循环是水分子从水体和陆地表面通过蒸发进入到大气,然后遇冷凝结,以雨、雪等形式又回到地球表面的运动。在太阳能的推动下以及地心引力作用下,地球上的水在不断循环变化。海洋和陆地间的水分交换是自然界水循环的主要联系,洋面上的水汽随气流进入陆地凝结而成降水到达地面后,部分蒸发返回大气;部分则形成地面径流和地下径流,通过江河湖网及海岸排回海洋;部分则在地表以及地下水之间循环。这些不断往复的循环构成全球水循环(图 5-2)。

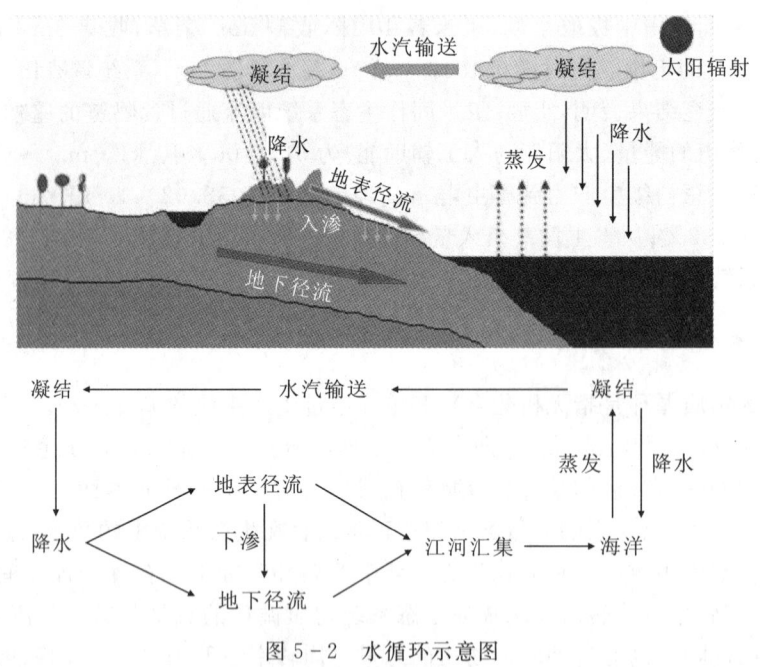

图 5-2 水循环示意图

水循环是联系大气水、地表水、地下水和生态水的纽带,其变化深刻地影响着全球水资源系统和生态环境系统的结构和演变,影响着人类社会的发展和生产活动。水循环的生态学意义在于通过它的循环为陆地生物、淡水生物和人类提供淡水来源。水在水循环这个庞大的系统中不断运动、转化,使水资源不断更新。水循环维持全球水的动态平衡,不断进行能量交换和物质转移。水循环中的陆地径流向海洋源源不断地输送泥沙、有机物和盐类;水循环对地表太阳辐射吸收、转化、传输,缓解不同纬度间热量收支不平衡的矛盾,对于气候的调节具有重要意义;水循环造成侵蚀、搬运、堆积等外力作用,不断塑造地表形态;水循环可以对土壤的优劣产生影响;等等。因此可以说,其他物质的循环都是与水循环结合在一起进行的。水循环是地球上太阳能所推动的各种循环中的一个中心循环,没有水循环,生命就不能维持,生态系统也无法运行起来。

全球水循环主要可分为海陆间大循环、海上内循环及陆地循环,全球水循环作为一个纽带,将大气、海洋、岩石圈、冰雪圈和生物圈紧密地联系在一起。在整个全球水循环中,由于海洋覆盖了地球表面的70%,占液态水量的97%,因此海陆间大循环在全球水循环中充当着极为重要的角色。大气中的水汽含量只占地球总水量的0.001%,陆地上的水含量也不到海洋水含量的1/30,只是由于陆表水循环对人类活动,特别是农业生产起着重要影响,才使得过去人们关于水循环的讨论多集中在与陆表过程相联系的这一相当小的部分。据估计,全球蒸发水的86%、全球降水的78%是集中在海洋上的,海洋作为水汽之源,其蒸发和降水形势的微小变化,就足以引起相对较小的陆表水循环的剧烈变化(Schmitt,1995;周天军等,1999)。水循环的分类及特点见表5-2。

表5-2 水循环的分类及特点

水循环类型	发生空间	循环过程及环节	特点	水循环的意义
海陆间大循环	海洋与陆地之间	蒸发→水汽输送→降水→地表径流→下渗→地下径流	最重要的水循环类型,使陆地水得到补充,水资源得以再生	维持了全球水的动态平衡,使各种水体处于不断更新状态
海上内循环	海洋与海洋上空之间	蒸发→降水	携带水量最大的水循环,是海陆间大循环的近10倍	使地表各圈层之间、海陆之间实现物质迁移和能量交换
陆地循环	陆地与陆地上空之间	蒸发(植物蒸腾)→降水	补充陆地水体,水量较少	影响全球的气候和生态,塑造地表形态

(二)气体型循环

气体型循环是指物质以气体形态在系统内部或者系统之间循环,如植物吸收二氧化碳释放氧气、动物吸收氧气释放二氧化碳,这类循环周期短。在气体型循环中,物质的主要储存库是大气和海洋,其循环与大气和海洋密切相联,具有明显的全球性,循环性能最为完善。凡属于气体型循环的物质,其分子或某些化合物常以气体形式参与循环过程,属于这类的物质有二氧化碳、氮、氧、氯、溴和氟等。

生态系统中的物质循环在自然状态下一般处于稳定的平衡状态,也就是说,对于某一种物质,在各主要库中的输入和输出量基本相等。大多数气体型循环物质(如碳、氧和氮)的循环,由于有很大的大气蓄库,它们对于短暂的变化能够迅速地自我调节。例如,由于燃烧化石燃料使当地的二氧化碳浓度增加,则可以通过空气的运动和绿色植物光合作用对二氧化碳吸收量的增加,使其浓度迅速降低到原来水平,重新达到平衡。

(三)碳循环

碳是生命物质中的主要元素之一,是有机质的重要组成部分,有机体干重的45%以上是碳。概括起来,地球上主要有四大碳库,即:大气碳库、海洋碳库、陆地生态系统碳库和岩石圈碳库(表 5-3)。碳元素在大气、陆地和海洋等各大碳库之间不断地循环变化。大气中的碳主要以 CO_2 和 CH_4 等气体形式存在，在水中主要为碳酸根离子，在岩石圈中是碳酸盐岩石和沉积物的主要成分，在陆地生态系统中则以各种有机物或无机物的形式存在于植被和土壤中(陶波等，2001)。

表 5-3　地球各主要碳库及主要含量(引自 Falkow 等，2000；陶波等，2001)

碳库	大小(GtC)	碳库	大小(GtC)
大气圈	720	陆地生物圈(总)	2000
海洋	38 400	活生物量	600～1000
总的无机碳	37 400	死生物量	1200
表层	670	水圈	1～2
深层	36 730	化石燃料	4130
总的有机碳	1000	煤	3510
岩石圈		石油	230
沉积碳酸盐	>60 000 000	天然气	140
油母原质	15 000 000	其他(泥炭)	250

植物通过光合作用，将大气中的二氧化碳固定在有机物中，包括将合成的多糖、脂肪和蛋白质贮存于植物体内。食草动物吃了以后经消化合成，通过一个个营养级，再消化再合成。在这个过程中，部分碳又通过呼吸作用回到大气中；另一部分则成为动物体的组分。动物排泄物和动、植物残体中的碳，则由微生物分解为二氧化碳，再回到大气中(图 5-3)。

除了大气，碳的另一个储存库是海洋，它的含碳量是大气的 50 倍，更重要的是海洋对于调节大气中的含碳量起着重要的作用。在水体中，同样由水生植物将大气中扩散到水上层的二氧化碳固定转化为糖类，通过食物链经消化合成，再消化再合成，各种水生动植物呼吸作用又释放二氧化碳到大气中。动植物残体埋入水底，其中的碳都暂时离开循环。但是经过地质年代，又以石灰岩或珊瑚礁的形式再露于地表；岩石圈中的碳也可以借助于岩石的风化和溶解、火山爆发等重返大气圈；有部分则转化为化石燃料，通过燃烧过程使大气中的二氧化碳含量增加(陶波等，2001)。

自然生态系统中，植物通过光合作用从大气中摄取碳的速率与通过呼吸作用和分解作用把碳释放到大气中的速率大体相同。由于植物的光合作用和生物的呼吸作用受到很多地理因素和其他因素的影响，所以大气中的二氧化碳含量有着明显的日变化和季节变化。例如，夜晚由于生物的呼吸作用，可使地面附近二氧化碳的含量上升，而白天由于植物在光合作用中大量吸收二氧化碳，可使大气中二氧化碳的含量降到平均水平以下。夏季植物的光合作用强烈，因此，从大气中所摄取的二氧化碳超过了在呼吸作用和分解作用过程中所释放的二氧化碳，冬季正好相反，其浓度差可达 0.002%。

二氧化碳在大气圈和水圈之间的界面上通过扩散作用而相互交换。二氧化碳的移动方向，主要取决于在界面两侧的相对浓度，它总是从高浓度的一侧向低浓度的一侧扩散。借助于

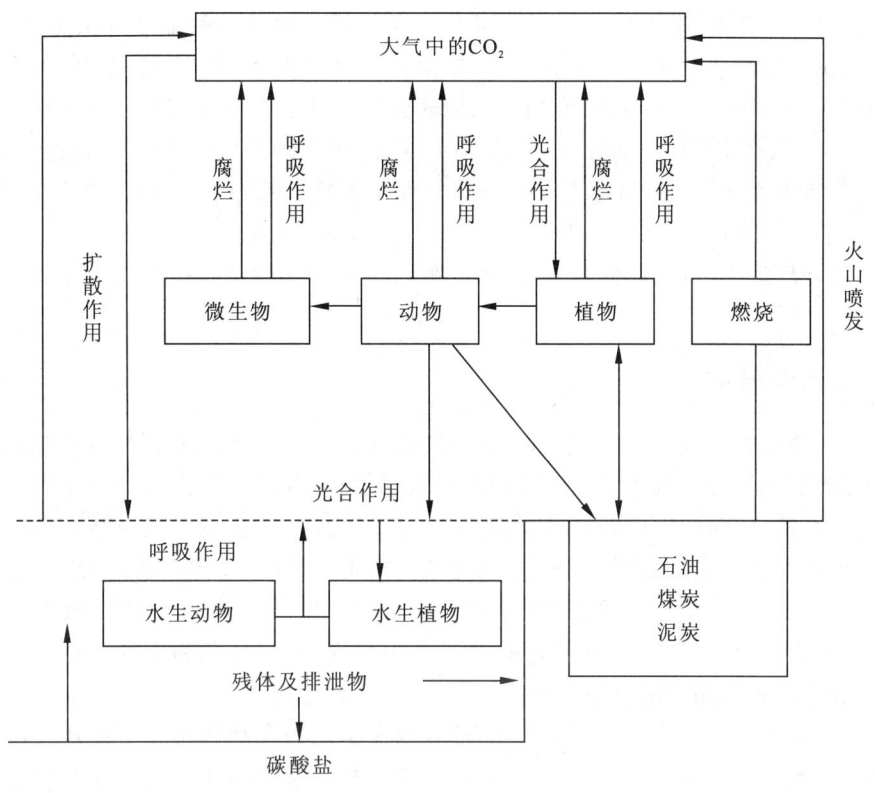

图 5-3 碳循环示意图

降水过程,二氧化碳也可进入水体,1L 雨水中大约含有 0.3mL 的二氧化碳。在土壤和水域生态系统中,溶解的二氧化碳可以和水结合形成碳酸,这个反应是可逆的,反应进行的方向取决于参加反应的各成分的浓度。碳酸可以形成氢离子和碳酸氢根离子,而后者又可以进一步离解为氢离子和碳酸根离子。由此可以预见,如果大气中的二氧化碳发生局部短缺,就会引起一系列的补偿反应,水圈中的二氧化碳就会更多地进入大气圈中;同样,如果水圈中的二氧化碳在光合作用中被植物利用耗尽,也可以通过大气或其他途径得到补偿。总之,碳在生态系统中的含量过高或过低都能通过碳循环的自我调节机制得到调整,并恢复到原有水平。大气中每年大约有 1×10^{11} t 的二氧化碳进入水体,同时水体中每年也有相同数量的二氧化碳进入大气中。在陆地和大气之间,碳的交换也是平衡的,陆地的光合作用每年大约从大气中吸收 1.5×10^{10} t 碳,植物死后被分解约可释放出 1.7×10^{10} t 碳。森林是碳的主要吸收者,每年约可吸收 3.6×10^{9} t。因此,森林也是生物碳的主要贮库,约贮存 482×10^{9} t 碳,相当于目前地球大气中含碳量的 2/3。

在生态系统中,碳循环的速度是很快的,最快的在几分钟或几小时就能够返回大气,一般会在几周或几个月返回大气。一般来说,大气中二氧化碳的浓度基本上是恒定的。但是,近百年来由于人类活动对碳循环的影响显著,特别是工业革命后,人类大量使用煤炭、石油和天然气等化石燃料,全球每年由化石燃料所释放的 CO_2 约 2.7×10^{10} t,造成大气中的 CO_2 浓度以每年 $1.8 \mu mol/L$ 的速度迅速增加。2009 年哥本哈根联合国气候变化大会的数据显示,全球 CO_2 浓度由工业化前的 $280 \mu mol/L$ 增加到了 2009 年的 $387 \mu mol/L$;2000—2005 年,全球 CO_2

的排放量增加了3.2%,是过去10年增长量的4倍。温室效应导致地球气温逐渐上升,引起未来的全球性气候改变。2007年,政府间气候变化专门委员会(IPCC)第四次气候变化评估报告指出:近100年(1906—2005年)全球平均地表温度上升了0.74℃,近50年的线性增温速率为0.13℃/年。根据IPCC的估计,北半球20世纪80年代的平均温度比20世纪60年代的高0.4℃。近百年来我国气候变化的趋势与全球气候变化的总趋势基本一致,气温上升了0.4~0.8℃(贾庆宇等,2011;王遵娅等,2004;Falkow,et al,2000;陶波等,2001;UENP,2007;胡海清等,2013)。温度上升可能促使南、北极冰雪融化,使海平面上升,将会淹没许多沿海城市和广大陆地。

(四)沉积型循环

沉积型循环速度比较慢,参与沉积型循环的物质,其分子或化合物主要是通过岩石的风化和沉积物的溶解转变为可被生物利用的营养物质,而海底沉积物转化为岩石圈成分则是一个相当长的、缓慢的、单向的物质转移过程,时间要以千年来计。这些沉积型循环物质主要贮存在土壤、沉积物和岩石中,而无气体状态,因此这类物质循环的全球性不如气体型循环,循环性能也很不完善。属于沉积型循环的物质有磷、钙、钾、钠、镁、锰、铁、铜、硅等,其中磷是较典型的沉积型循环物质,它从岩石中释放出来,最终又沉积在海底,转化为新的岩石。下面以磷的循环为例,讲述沉积型循环的过程及特征。

磷没有任何气体形式或蒸汽形式的化合物,因此是比较典型的沉积型循环物质。这种类型的循环物质实际上都有两种存在相:岩石相和溶盐相。这类物质的循环都是起自岩石的风化,终于水中的沉积。岩石风化后,溶解在水中的盐便随着水流经土壤进入溪、河、湖、海并沉积在海底,其中一些长期留在海里,另一些则形成新的地壳,风化后又再次进入循环圈。动、植物从溶盐中或其他生物中获得这些物质,死后又通过分解和腐败过程而使这些物质重新回到水和土壤中(图5-4)。

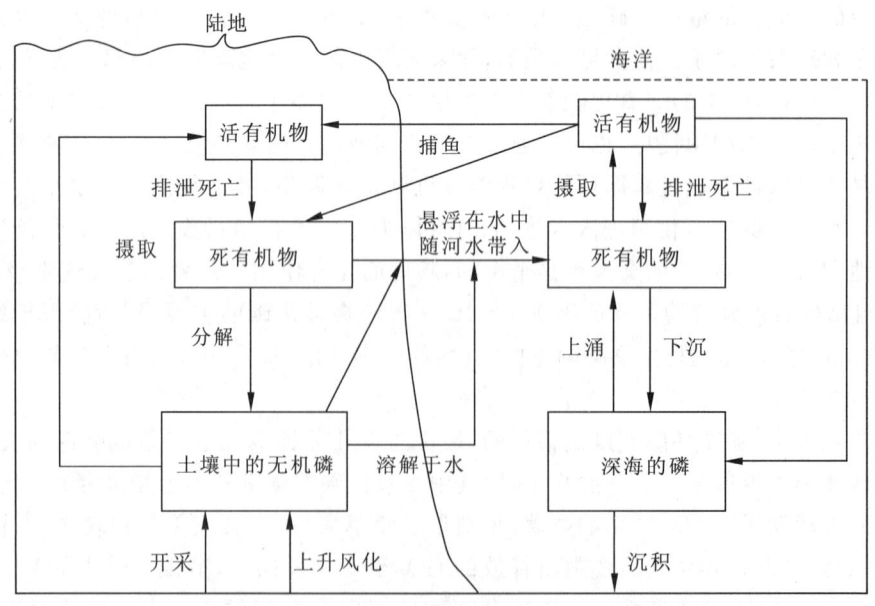

图5-4 磷循环过程示意图

在陆地生态系统中,含磷有机物被细菌分解为磷酸盐,其中一部分被植物再吸收,另一些则转化为不能被植物利用的化合物。同时,陆地的一部分磷由径流进入湖泊和海洋。在淡水和海洋生态系统中,磷酸盐能够迅速地被浮游植物所吸收,而后又转移到浮游动物和其他动物体内。浮游动物每天排出的磷与其生物量所含有的磷相等,所以使磷循环得以继续进行。浮游动物所排出的磷又有一部分是无机磷酸盐,可以为植物所利用;水体中其他的有机磷酸盐可被细菌利用,细菌又被其他的一些小动物所食用。一部分磷沉积在海洋中,沉积的磷随着海水的上涌被带到光合作用带,并被植物所吸收。因动、植物残体的下沉,常使得水表层的磷被耗尽而深水中的磷积累过多。磷具有可溶性,但由于磷没有挥发性,所以除了海鸟对海鱼的捕捞,磷没有再次回到陆地的有效途径。在深海处沉积的磷,只有在发生海陆变迁后,海底变为陆地,才有可能因风化而再次被释放出,否则就永远脱离循环。正是由于这个原因,使陆地的磷损失越来越大。因此,磷的循环为不完全循环,现存量越来越少,特别是随着工业的发展,大量开采磷矿加速了这种损失。

人类活动已经改变了磷的循环过程。农作物耗尽了土壤中的天然磷,人们便不得不施用磷肥。磷肥主要来自磷矿、鱼粪和鸟粪。由于土壤中含有许多钙、铁和铵离子,大部分用作肥料的磷酸盐都变成了不溶性的盐而被固结在了土壤中或池塘、湖泊及海洋的沉积物中。而很多施于土壤中的磷酸盐最终都被固结在深层沉积物中,并且由于浮游植物不足以维持磷的循环,所以沉积到海洋深处的磷比增加到陆地和淡水生态系统中的多。

三、生态系统的信息传递

生态系统不同组分通过信息传递形成一个整体,信息传递在生态系统中发挥着重要的作用。生命活动的正常进行,离不开信息传递;生物种群的繁衍,也离不开信息的传递。信息还可以调节生物的种间关系,以维持生态系统的稳定。生态系统的信息传递具有可传扩性、永续性、时效性、分享性与转化性。

生物的信息传递、接受和感应特征是长期进化的结果。信息传递的目的就是要使接受端获得一个与发送端相同的复现消息,包括全部内容与特征。信息传递的形式有物理信息传递、化学信息传递、营养信息传递和行为信息传递4种。

(1) 物理信息:指生态系统的光、声、温度、湿度、磁力等,通过物理过程传递的信息称为物理信息。动物的眼、耳、皮肤,植物的叶、芽以及细胞中的特殊物质(光敏色素)等,可以感受到多样化的物理信息。

光是地球上的能量之源,生态系统的维持和发展离不开光的参与,同样,光信息在生态系统中占有重要的地位。光信息对植物的生长、发育、形态具有极其重要的作用,植物的光周期现象就是光信息的作用。植物的向光性、色素的合成都受到光信息的影响,光信息能调节植物的生长速度,改变浮游植物在水体水层中的位置,等等。

声波在生物体中传播时,将对生物体本身产生某种影响。在生态系统中,声信息的作用更大一些,尤其是对动物而言。动物更多是靠声信息来确定食物位置或发现敌害的。我们最为熟悉的以声信息进行通讯的当属鸟类,鸟类的叫声婉转多变,除了能够发出报警鸣叫外,还有许多其他叫声;蝙蝠靠超声波定位导航,躲避障碍物;海豚使用超声波交流及寻找食物;等等。植物同样可以接收声信息,例如当含羞草在强烈的声音刺激下,就会有小叶合拢、叶柄下垂等反应。

(2) 化学信息:指生物在其代谢过程中会分泌出一些物质,如酶、生长素、抗生素、性引诱剂等,经外分泌或挥发作用散发出来,被其他生物所接收而传递的信息。这种具有信息作用的化学物质很多,主要是次生代谢物,如生物碱、萜类、黄酮类、有毒氨基酸以及各种苷类、芳香族化合物等。次生代谢产物在植物和食草动物之间的信息传递,表现为威慑作用、诱引作用。例如,有些植物体散发出的气味和花的颜色对昆虫或其他动物有吸引作用,鸟类和爬行动物常避开含强心甙、生物碱、单宁和某些萜类的植物等。部分植物的营养体细胞在不利的环境下,细胞质中的孢子形成后,形成厚的细胞膜(厚垣孢子),具有很强的耐干性、耐寒性,待到环境适合时,又可重新发芽生长。

(3) 营养信息:指在食物链中某一营养级的生物由于种种原因而变少了,另一营养级的生物就发出信号,同级生物感知这个信号而做出相应的反应及调整的信息。生态系统中的不同组分通过食物链构成一个相互依存、相互制约的整体。动物和植物不能直接对营养信息进行反应,通常需要借助其他的信号手段。例如,当一片区域中的食物减少时,动物就会离开原生活地,去其他食物充足的地方生活,以此来减轻同种群的食物竞争压力。

(4) 行为信息:指借光、声及化学物质等传递的信息,同类生物在日常生活中的信息传递非常普遍。如草原上的鸟,当出现敌情时,雄鸟急速起飞,扇动两翅,给雌鸟发出警报;斑马遇到敌害时,会头朝内围成一圈,共同御敌;狼群在捕食时,不断有声音交流,以相互协作。

第四节 生态系统的平衡与自我调节机制

一、生态系统平衡及其特征

(一) 生态系统平衡的概念

生态系统平衡(ecological equilibrium),或称生态平衡,指在一定时间内生态系统中的生物和环境之间、生物各个种群之间,通过能量流动、物质循环和信息传递,使它们之间达到相互适应、协调和统一的状态。也就是说当生态系统处于平衡状态时,系统内各组成成分之间保持一定的比例关系,能量、物质的输入与输出在较长时间内趋于平衡,结构和功能处于相对稳定状态,在受到外来干扰时,能通过自我调节恢复到初始的稳定状态。在生态系统内部,生产者、消费者、分解者和非生物环境之间,在一定时间内保持能量与物质输入、输出动态的相对稳定。生态系统之所以能保持相对平衡的稳定状态是由于其内部具有自动调节(或自我恢复)的能力。一般来说,生态系统的组成成分越多样,能量流动和物质循环的途径越复杂,其系统调节能力就越强。相反,成分越单纯,结构越简单,其调节能力就越小。但是,一个生态系统的调节能力再强也是有一定限度的,一旦超出了这个限度,调节就不再起作用,生态平衡就会遭到破坏,表现为生态系统结构破坏或功能的衰退。

从生态学的角度看,平衡就是生物组分与其所在环境的综合协调。所以,生命的各个层次都涉及生态平衡的问题。生态平衡是动态的平衡,生态系统始终处于动态变化之中(基本成分都在不断变化)。即使群落发育到顶极阶段,演替仍在继续进行,只是演替持续的时间更久,形式更加复杂而已。因此,生态平衡首先是动态的,其表述应该反映不同层次、不同发育期的区别。各类生态系统或同一生态系统的不同发育阶段,在无人为严重破坏的条件下,只要与其空间条件要素相适应,系统内各组分得以正常发展,各功能得以正常进行,系统发育过程和趋势正常,这样的生态系统就可称为生态平衡的系统。生态平衡包含"生物与其环境之间的协调稳定状态""系统物质和能量的输入、输出平衡""生态系统结构和功能的相对稳定性"等多重含义。

需要指出的是,自然界的生态平衡对人类来说并不总是有利的。例如,自然界的顶极群落是很稳定的生态系统,处于生态平衡状态,但它的净生产量却很低,不能满足人类需求,而与之相比较,人工农业生态系统是很不稳定的,但它却能给人类提供大量的农畜产品,它的平衡与稳定需要靠人类的外部投入与管理来维持。

(二)生态系统平衡的内在机制

生态系统之所以能够维持相对稳定或动态平衡,是由生态学的基本规律决定的,是生物与生物、生物与环境、物质循环与能量流动等多种内在机制共同作用的结果。

首先,生物之间是相互依存与相互制约的。系统中不仅生物相互依存、相互制约,不同群落或系统之间,也同样存在依存与制约的关系,亦可以说彼此影响。这种影响有些是直接的,有些是间接的,有些是立即表现出来的,有些需滞后一段时间才显现出来。一言以蔽之,生物间的相互依存与制约关系,无论在动物、植物、微生物中,还是在它们之间,都是普遍存在的。生物与生物之间通过物质循环、能量流动,相互依赖、彼此制约、协同进化,最后达成和谐共生的局面,即生态平衡。如被食者为捕食者提供食物,同时又被捕食者控制;反过来,捕食者种群的增减又受制于被食者提供食物的多寡,彼此相互制约,使整个体系(或群落)成为协调的整体。生态学里上行效应及下行效应则是资源—被食者—捕食者之间关系的典型表现。上行效应是较低营养阶层的生物密度、生物量等(由资源限制)决定较高营养阶层的种群结构,下行效应则是较高营养级的生物通过捕食作用控制并影响较低营养级的群落结构。生物体间的这种相互制约作用,使生物保持数量上的相对稳定,这是生态平衡的一个重要方面。如水生态系统中浮游植物与浮游动物之间的关系,当浮游植物增加时,往往伴随着浮游动物种群密度的增加,而当浮游动物增加到一定程度后,对浮游植物的捕食压力显著增大,使得浮游植物密度开始下降,这时浮游动物因没有足够的食物,其种群数量也开始下降。当向一个生物群落(或生态系统)引进其他群落的物种时,则容易造成生物入侵,被引进者往往会由于系统中缺乏能控制它的物种(天敌)而使该物种种群暴发起来,从而造成灾害。这种案例有很多报道,如中国云南高原湖泊滇池、洱海、异龙湖等普遍存在着长江中下游鱼类入侵的现象,对当地土著鱼类造成了巨大压力,引起土著鱼类大量灭绝。其他如澳大利亚的"兔灾"、地中海的"毒藻"、美国五大湖的"斑马贻贝"、夏威夷的"蛙声",以及"茎泽兰""大米草""松材线虫""克氏螯虾""美国白蛾"等外来物种入侵我国的事例不胜枚举。由于缺少自然天敌的制约,这些外来入侵者不仅破坏原有食物链,威胁其他生物的生存,而且还给全球带来了巨大的经济损失。

其次,生物与环境之间存在着相互作用及协同进化的作用。可以说,生物给环境以影响,反过来环境也会影响生物,二者之间相互作用,在自然状态下往往会达到一种相对的动态平衡。例如,荒漠藻类在生长的过程中不断地固沙成土,而成土后其涵养水分及营养物质的能力增强,从而为高一级的植物(如苔藓)创造了生长的条件,如此不断地进化下去,便可能逐步出现草本植物、灌木和乔木。生物与环境就是如此反复地相互适应、相互改造及协同进化着,实现了生物从无到有、从低等到高等,最后可能到动、植物并存,完成了从低级向高级发展的演化历程。

再者,作为生物赖以生存的各种环境资源,在质量、数量、空间和时间等方面,在一定条件下都是有限的,不可能无限制地供给,因而任何生态系统的生物生产力通常都有一个大致的上限。因此,当生物的生物量或密度达到一定程度时,由于资源的限制使得其增长速度降低,当增长速度和死亡速度相等时,便有可能进入平衡状态。当生物的生物量超过生态系统的承载力时,生态系统就会被损伤、破坏,甚至瓦解。所以,放牧强度不应超过草场的允许承载量;采伐森林、捕鱼狩猎和采集药材时不应超过能使各种资源永续利用的产量;保护某一物种时,必须要有足够供其生存、繁殖的空间;排污时,必须使排污量不超过环境的自净能力;等等。

最后,生态系统的三大功能(物质循环、能量流动及信息传递)为生态系统的平衡提供了保障。物质循环为生态系统的平衡提供了物质保障,在生态系统中,植物、动物、微生物和非生物成分,一方面不断地从自然界摄取物质并合成新的物质,另一方面又不断地通过分解归还到自然界中去,即所谓"再生",重新被植物所吸收,不间断地进行着物质循环。物质的不断循环使得自然界的营养物质既不会枯竭也不会过度积累,系统通过物质的不断循环而达到在环境及不同营养级生物之间的平衡状态。流经自然生态系统中的能量,在沿食物链转移时,每经过一个营养级,就有大部分能量转化为热散失掉,系统在向环境吸收能量的同时又不断地向自然界释放能量,使得系统内的能量不会无限制地积累下去。生态系统通过信息传递不断调整着系统的不同组分,为生态系统的平衡提供了信息基础。总之,生态系统通过物质循环、能量流动及信息传递,使系统各组分相互影响、改造、适应及协同进化,最终达到一种相对动态平衡。

二、生态系统失衡

(一)生态系统失衡的内涵及特征

当外界(自然或人为)施加的压力超过了生态系统的调节能力或补偿功能后,都会导致生态系统的结构失稳、功能削弱,正常的生态平衡被打乱、反馈自控能力下降,甚至不能自我修复,使整个生态系统衰退或崩溃,这就是生态平衡的失调。生态平衡失调的程度可以从结构和功能两方面度量。

生态系统的结构可划分为两级结构:一级结构是指生态系统四个基本成分中的生物成分,即生产者、消费者和分解者;而把生物的种类组成、种群和群落层次及其变化特征等看作二级结构。生态平衡失调从结构上讲就是生态系统出现了缺损或变异。当外部干扰巨大时,可造成生态系统一个或几个组分的缺损而出现一级结构的不完整。如大型水利工程的修建阻断鱼类洄游通道,淹没鱼类产卵场所引起原有珍稀鱼类的消亡;水体富营养过程中,初级生产者藻类显著增多,使得初级生产者与消费者的比例出现失调,系统对藻类的控制能力减弱;大面积的森林砍伐,不仅使原来森林生态系统的主要生产者消失,而且各级消费者也因栖息地的破坏和食物短缺被迫逃离或消失;等等。当外界干扰不甚严重时,如择伐、轻度污染的水体等,虽然不会引起一级结构的缺损,但可以引起二级结构中物种组成比例、种群数量、群落分布、优势种等的变化,从而引起营养关系的改变或破坏,导致生态系统功能的改变或受阻。最典型的例子便是湖库富营养化过程中藻类优势种、沉水植物优势种由清水种转变为耐污种,生态系统自净能力下降。

生态系统失衡在功能上的表现便是系统功能的紊乱及系统控制力、自我调整能力的减弱,比如能量流动的途径缩短,能量转化效率降低或"无效能"增加。物质循环失衡则表现为库与库之间输入与输出的比例失调,比如水体污染则是系统输入的营养物质过多,超出了系统本身的自净能力,从而造成了水体生态系统的物质循环失去平衡。生态失衡也会对系统的正常信息传递造成影响,比如富营养化湖库在发生水华初期,由于浮游植物的大量增殖为浮游动物提供了足够的食物,往往引起浮游动物种群的快速增长,而在水华末期,由于藻类食物的不足,往往引起浮游动物种群的死亡。这正是由于藻类传递食物信息的改变引起浮游动物种群短期内的大起大落。生态平衡的失调造成系统的控制力减弱,比如人工生态系统形成初期,由于系统控制力弱,藻类、底栖动物等生物组分因缺少天敌可能会出现快速增长的情况,而且由于系统自我调整能力弱,往往要借助于人工干预才能建立生态平衡。

湖库的富营养化过程是典型的生态平衡失调过程,正常情况下自然湖库生态系统有两种状态,即清水稳态和浊水稳态。前者营养盐水平相对较低,大型植物在系统中居于优势种地位,生物多样性高,浮游植物生物量低,水质清澈,透明度高,生态系统结构相对健全,自我调节能力强,抗干扰能力强。而后者则是营养盐水平高,浮游植物在系统中居于优势地位,优势种的优势度大,生物量大,沉水植物生物量低,系统生物多样性低,水质混浊,透明度低,生态系统结构遭到破坏,系统自我调节能力弱。二者在一定条件下可以相互转换,当湖泊为寡营养状态时为清水稳态,随着污染的加剧和营养盐的增多,生态系统结构组分不断演变,在系统的弹性允许范围内,可以保持稳定,比如中营养的湖泊,大多能维持清水状态。而当湖泊的营养盐积累到一定程度时,系统组分之间的控制力不足以维持系统本身的稳定(比如浮游动物对浮游植物的捕食控制作用不足),系统本身的弹性力达到极限,一些细微的变化(比如水位的异常变化、温度的升高等)就能触动系统发生急剧的变化,转化为浊水稳态。

另外,陆地生态系统失衡的例子也有很多。例如,由于气候突变、洪水、火灾或过度放牧等的作用使得草原生态系统发生变化,原来的群落结构遭到破坏,植物的消失使得土壤涵养水源和调节气候的能力下降,又进一步加速了荒漠化。又如撒哈拉沙漠在全新世中期曾有植被覆盖,湖泊和湿地分布,在距今 5000~6000 年的时候,由于条件改变而转变成了沙漠(Peninsula,1998;Jolly,1998)。

(二)生态平衡失调的因素

生态平衡的破坏因素分为自然因素、人为因素。

1. 自然因素

自然因素主要是指自然界发生的异常变化或自然界本来就存在的因素,如地壳运动、海陆变迁、冰川活动、火山爆发、山崩、海啸、水旱灾害、地震、台风、雷电火灾以及流行病等。这些因素可使生态系统在短时间内遭到破坏甚至毁灭。例如,秘鲁海域,每隔 6~7 年就会发生异常的海洋现象,即厄尔尼诺现象,结果使一种来自寒流系的鳀鱼大量死亡,鳀鱼死亡又会使以鱼为食的海鸟失去食物来源而无法生存。1965 年发生在这里的死鱼事件,就使得 1200 多万只海鸟饿死,由于海鸟死亡使鸟粪锐减,又引起了以鸟粪为肥料的农田因缺肥而减产。再如,1987 年 5 月 6 日至 6 月 2 日在我国黑龙江省大兴安岭地区发生的特大火灾,是新中国成立以来最严重的一次森林火灾。该大火不但使得中国境内的 1800 万英亩(相当于苏格兰大小)的面积受到不同程度的火灾损害,还波及了苏联境内的 1200 万英亩森林,打破了原有生态系统的平衡。经过 20 年的恢复和保护,火烧迹地上重新长起了大片树林,火烧区恢复面积已超过 96 万公顷[①],森林覆被率由 1987 年火灾后的 61.5% 提高到 87% 以上,动、植物种群才基本得

---

① 1 公顷(hm^2) = 10 000m^2

以恢复。

历史时期湖泊的演变主要受地质构造运动、泥沙淤积和全球气候变化的控制。如汉晋以前,长江中下游湖泊的演变主要受内外地质作用控制,即构造沉降和泥沙淤积,人类活动影响很小,或基本没有(史小丽等,2007)。就大的尺度而言,气候变化能引起湖泊水位的变动、干涸或湖泊的形成,从而对水生态系统的平衡造成影响,如第四纪盛冰期低海面时期(距今2万～1万年),世界海平面低于现今海平面100～130m,由此引起长江中下游干流深切,水位大幅度下降,曾导致沿江湖泊蓄水外泄而使湖盆洼地成为河网洼地。冰期以后,气候回暖,至全新世中期(距今6000年左右),长江中下游地区气温上升,年均气温较现在高出2℃,降水大量增加,导致河漫滩发育,副热带森林茂密,因海平面增高顶托长江泄水,而长江水位增高又顶托入江支流,使得地面排水不畅,洪水泛滥,长江两岸湖沼发育(杨达源等,2000;史小丽等,2007)。

气候因素中温度变化对水生态系统影响最为显著:一方面温度通过影响水生生物的代谢强度,从而控制其生长、发育和分布;另一方面温度又通过生物的各种反馈机制间接地影响其赖以生存的环境。对处于高纬度的湖泊,即使极小的温度变化都会导致藻类和其他生物生长期的延长。温度通过影响生态系统生物生长、发育、分布,从而对生态系统的平衡造成影响。

2. 人为因素

由于人类对自然界规律认识不足,为了眼前利益,对自然资源过度地开发和污染物质过量地排放,使得生物圈系统结构与功能产生了很大变化。

目前,人类的社会经济活动已成为影响生态平衡的重要因素,其对自然界的影响某种程度上甚至超过了自然力的改造。特别是20世纪以来工农业生产的快速增长,大量污染物的排放,改变了生态系统的环境因素,影响了生态系统的正常功能,甚至破坏了生态平衡。目前,全球面临的主要环境问题有全球变暖、臭氧层破坏、酸雨、淡水资源危机、能源短缺、森林资源锐减、土地荒漠化、物种加速灭绝、垃圾成灾、有毒化学品污染等众多方面。对于我国来说,近些年空气污染、水污染尤其严重,对社会经济发展及国民健康造成了严重威胁。根据环保部发布的《2014年重点区域和74个城市空气质量状况》,京津冀区域13个地级及以上城市,空气质量平均达标天数为156天,达标天数比例在21.9%～86.4%之间,平均为42.8%;重度及以上污染天数比例为17.0%,超标天数中以PM2.5为首要污染物天数最多,其次是PM10和O_3。京津冀区域PM2.5年均浓度为$93\mu g/m^3$,12个城市超标;PM10年均浓度为$158\mu g/m^3$,13个城市均超标;SO_2年均浓度为$52\mu g/m^3$,4个城市超标;NO_2年均浓度为$49\mu g/m^3$,10个城市超标;CO日均值第95百分位浓度为$3.5\mu g/m^3$,3个城市超标;O_3日最大8小时均值第90百分位浓度为$162\mu g/m^3$,8个城市超标。其中,北京市达标天数比例为47.1%,PM2.5年均浓度为$85.9\mu g/m^3$。近几年来,我国废水、污水排放量以每年18亿m^3的速度增加,其中80%未经处理直接排入水域,使得北方河流有水皆污,南方河流由于污染导致水质性缺水事件频繁发生,资源型缺水与水质型缺水并存,我国目前有3亿多人无法获取安全饮用水。根据2011年水利部水资源公报资料,2011年对634个地表水集中式饮用水水源地评价结果表明,按全年水质合格率统计,合格率在80%及以上的集中式饮用水水源地有452个,占评价水源地总数的71.3%。其中,合格率达100%的水源地有352个,占评价总数的55.5%;全年水质均不合格的水源地有31个,占评价总数的4.9%。地下水污染问题日益突出,高达90%的城市地下水不同程度地遭受污染,而且呈现由点向面的扩展趋势。严重的大气污染及水污染使得地球的大气循环及水循环受到影响,体现在温室效应加剧、洪涝灾害频繁等,对整个生物圈生态系统平衡造成了巨大影响。

在人类生活和生产过程中,有意或无意地生物引种造成的生态入侵也是引起生态系统平衡失调的一个原因。引进的物种由于缺乏天敌制约,大量繁殖,引起当地生态系统失衡。例如,澳大利亚原来没有兔子,草场肥沃,但自1859年引进野兔,由于没有天敌限制,致使兔子大量繁殖,在短短的时间内,繁殖的数量相当惊人,很快兔子与牛、羊争夺牧场,使以牛、羊为主的澳大利亚牧畜业受很大影响,田野一片光秃,土壤无植物保护,受雨水侵蚀,生态系统遭受破坏。再如,1901年凤眼莲被引入我国,由于其无性繁殖速度极快,现已广泛分布于华北、华东、华中、华南和西南的19个省市,尤以云南、江苏、浙江、福建、四川、湖南、湖北、河南等省的入侵最为严重,并已扩散到温带地区,如锦州、营口一带均有分布。凤眼莲在我国江河湖泊中发展迅速,成为我国淡水水体中主要的外来入侵物种之一。截至2011年,入侵最严重的地区有滇池、太湖流域等。2009年6月,凤眼莲对福建闽江流域水口电站和沙溪口水电站造成巨大压力,在库区已经形成数万亩的凤眼莲聚集带,人工打捞需要两个月以上,对发电、航运和生态保护构成极大压力。2011年9月,福建宁德市古田县水口镇400多养殖户的网箱养殖物遭遇大面积死亡现象,损失上亿元。2012年1月,福建宁德市古田县水口镇闽江段凤眼莲成灾,长十几千米、宽约1000m的江面上凤眼莲连成一片,江面变成草原,连船都无法行驶。

人类也可以通过生物操纵来干预生态系统的平衡,使其向着人类希望的方向转变。如通过在浅水湖泊中恢复水生植被,从而加大对浮游植物的抑制作用,控制水华的暴发。在富营养化湖泊中增加凶猛性鱼类数量以控制浮游生物食性鱼类的数量,从而减少浮游生物食性鱼类对浮游动物的捕食,以利于浮游动物种群(特别是枝角类)的增长。浮游动物种群的增长加大了对浮游植物的摄食,这样就可抑制浮游植物的过量生长及水华的发生,这就是经典的生物操纵。或者通过非经典的生物操纵,即通过放养滤食性鱼类来达到控制浮游植物种群的目的。在实际的湖泊治理中,经常通过人为调整生态系统的结构来达到湖泊治理的目的。这些都是通过人工干预来重建生态系统平衡的案例。

三、生态系统平衡的调节机制

生态系统平衡的调节机制主要是通过系统的反馈机制和稳定性机制实现的。

生态系统的反馈分为正反馈和负反馈。正反馈是经典控制论中的术语,指使输出起到与输入相似的作用,使系统偏差不断增大,可以放大控制作用,导致系统失稳。如多米诺骨牌效应、蝴蝶效应、共振效应、生物的生长、种群数量的增加等都属于典型的正反馈。负反馈指使输出起到与输入相反的作用,使系统输出与系统目标的误差减小,系统趋于稳定。生态系统的负反馈调节可以通过以下几种方式进行:一是同种生物的种群密度调控,这是在有限空间内普遍存在的种群变化规律;二是异种生物种群之间的数量调控,多出现于植物与动物或动物与动物之间,常有食物链关系;三是生物与环境之间的相互调控。负反馈的意义就在于通过自身的功能减缓系统内的压力,以维持系统的稳态。事实上,在生态系统中正、负反馈往往同时存在,交互影响。正反馈环使系统自我增强,无限增长;而负反馈环使系统自我调节,抑制增长。正、负反馈交互作用,使整个生态系统始终处于"增强"与"衰减"、"稳定"与"波动"的动态变化之中。系统各要素之间存在广泛而复杂的相互影响,单个要素的简单的线性变化都将引起整个生态系统的变化,因此生态系统是一个典型的动态复杂系统(涂国平等,2003)。

生态系统的稳定性是指生态系统保持正常稳态的能力。生态系统的稳定性不仅与生态系统的结构、功能和进化特征有关,而且还与外界干扰的强度和特征有关,是一个比较复杂的概念。生态系统的稳定性主要包括抵抗力稳定性和恢复力稳定性。抵抗力是生态系统抵抗外界干扰并维持系统结构和功能的能力。恢复力是生态系统遭到外界干扰破坏后,系统恢复到原状的能力。一般情况下,生态系统的结构越复杂,多样性越高,往往抵抗力越强,而一旦遭到破坏,需要恢复的时间也往往越长。生态系统的恢复能力是由生命成分的基本属性决定的,即由生物顽强的生命力和种群世代延续的基本特征所决定。所以,恢复力强的生态系统,生物的生活世代短,结构比较简单,如杂草生态系统遭受破坏后恢复速度要比森林生态系统快得多。

正是由于生态系统对外界干扰具有调节能力才使之保持了相对的稳定,但是这种调节能力不是无限的。生态平衡失调就是外界干扰大于生态系统自身调节能力的结果和标志。不使生态系统丧失调节能力或未超过其恢复力的外界干扰及破坏作用的强度称之为"生态平衡阈值(ecological equilibrium threshold)"。阈值的大小与生态系统的类型有关,另外还与外界干扰因素的性质、方式及作用持续时间等因素密切相关。

生态系统的稳定性可用图5-5的滚珠模型解释,图中小球代表系统状态,低谷处代表均衡区域,高峰处代表临界点。当外界条件改变时,小球的状态也随之响应,但只有当小球越过某一临界点才能进入另一种状态。也就是说,小球只有处于最低谷处才是最稳定的状态。当小球处于某一临界点时,外界条件很小的改变即能引起系统状态的变化。图中低谷处的坡度及长短代表系统本身恢复力的大小,小球在恢复力的作用下总有趋向于均衡域的态势。外界条件可以影响低谷的大小,即均衡域的大小。

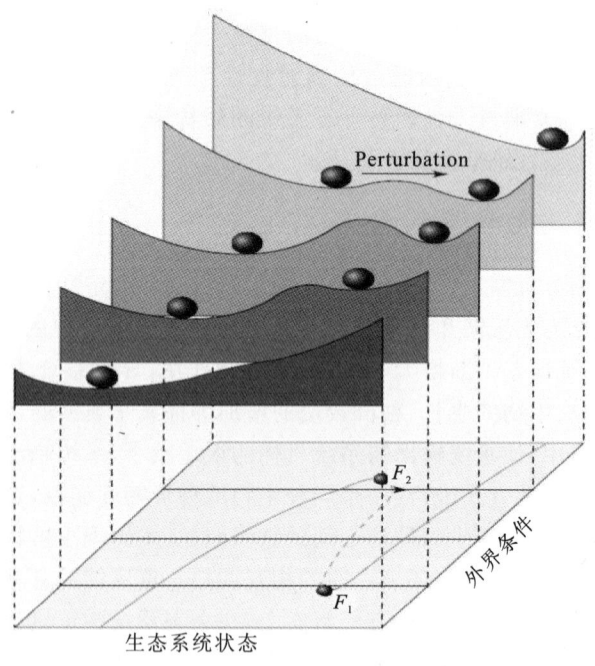

图5-5 滚珠模型解释外界驱动力如何影响系统平衡(引自Scheffer,2001,2004)

第六章 受损生态系统修复与重建

无论是人为干扰还是自然灾害,其长期作用都能从不同尺度上改变生物个体的生长发育、种群的动态、群落的演替以及生态系统的结构与功能等,甚至造成生态系统的崩溃,并对人类生产生活构成威胁。因此,如何协调人与自然的关系,保护人类生存环境,整治与恢复退化的生态系统,重建可持续的人工生态系统,成为了当今人类面临的重要课题。

第一节 受损生态系统的特征及形成原因

一、受损生态系统的概念

受损生态系统(damaged ecosystem)是指在一定的时空背景下,在自然因素、人为因素,或二者的共同干扰下,导致生态要素和生态系统整体发生的不利于生物和人类生存的量变和质变。生态系统的结构和功能发生与其原有的平衡状态或进化方向相反的变化过程,又称退化生态系统(degraded ecosystem)。具体表现为生态系统的结构和功能发生变化和障碍,生物多样性下降,系统稳定性和抗逆能力减弱,系统生产力下降。

生态系统的受损还可理解为生态系统的完整性受到损害。生态系统的完整性是从"生命系统与非生命系统的完整"角度来考虑的,包括3个层次:一是组成系统的成分是否完整,即系统是否具有土著的全部物种;二是系统的组织结构是否完整;三是系统的功能是否健康。前两个层次是对系统组成完整的要求,第三个层次则是对系统成分间的作用和过程完整的要求。

在生态系统的结构层次上,生态系统完整性强调系统的"全部",包括物种、景观要素和过程,即生态系统具有土著的成分(植物、动物和其他有机物)和完整的过程(如生长和再生)。如果生态系统受到外在影响,其土著的成分和完整的过程受到破坏,该生态系统就不完整,即受到损伤。在生态系统的功能方面,系统的完整性注重生态系统的整体特征。生态系统是不断演变和进化的,环境的演变、物种的消亡和新生是生态系统固有的属性。如果整个生态系统难以持续生存下去,对外在干扰的抵抗力弱,净生产能力和保持营养的能力降低,生物之间的相互作用被削弱,这个生态系统就受到了损伤。简言之,受损生态系统是指丧失了生态完整性的、不健康的病态生态系统。

二、受损生态系统的形成原因

从受损生态系统的定义可知,自然因素和人为干扰因素是导致生态系统受损的两大触发因子。对生态系统产生破坏作用的自然因素包括地震、火山爆发、泥石流、海啸、台风、洪水、火灾和虫灾等突发性灾害,这些灾害可在短时间内对生态系统造成毁灭性的破坏,导致生态系统演替阶段发生根本的逆转而且难以预测，其中一些剧变或突发性的自然干扰往往会导致生态系统的彻底毁坏。

地震不仅会导致建筑物的破坏，而且能引起地面开裂、山体滑坡、河流改道或堵塞等，进而对地表植被及其生态系统造成毁灭性破坏。火山爆发时喷出的高温岩浆破坏山体植被，使生物难以生存，同时火山灰和气体还会造成空气质量下降，使生态系统严重破坏，并在区域内出现原生演替。泥石流具有冲刷、冲毁和淤埋等作用，可以改变山区流域生态环境，造成水土涵养力降低，加速水土流失、环境恶化，改变局部地貌形态。海啸是由海底地震、火山爆发或海底塌陷、滑坡以及小行星溅落、海底核爆炸等产生的具有超长波长和周期的大洋行波。海啸会对沿岸的建造、人畜生命和生态环境造成毁灭性的破坏。台风是发生在热带海洋上的强大涡旋，它带来的暴雨、大风和暴潮及其引发的次生灾害（洪水、滑坡等）会对环境造成巨大的破坏，特别是风暴潮对沿海地区危害最大。洪水常引发山崩、滑坡和泥石流等地质灾害，造成严重的生态破坏，改变大量动植物的生境。火灾主要是指森林火灾，突发性强、危害极大，不仅直接危害林业发展，也是破坏生态环境最严重的灾害。火灾不仅使大量动植物丧生，而且会使一些珍稀的动植物物种绝迹。森林火灾可能还会引起水土流失、土壤贫瘠、地下水位下降和水源枯竭等一系列次生自然灾害。虫灾主要有森林虫灾和农作物虫灾两种，威胁着草原、农业和林业的发展。

人为干扰是导致生态系统受损的直接原因，人类活动的强烈干扰往往会加速生态退化进程，将潜在的生态退化转化为生态破坏。人为干扰主要包括滥垦滥伐、过度放牧、围湖造田、破坏湿地、滥用化肥农药、外来物种入侵、污染环境等。人为干扰可直接或间接地加速、减缓和改变生态系统退化的方向和过程。在某些地区，人类活动产生的干扰对生态退化起着主要作用，并常造成生态系统的逆向演替，产生土地荒漠化、生物多样性丧失等不可逆变化和不可预测的生态后果。

滥垦滥伐可造成水土流失，森林面积迅速减少，生物多样性丧失，生态服务功能下降，甚至导致地区和全球气候变化等环境问题的发生。过度放牧不仅直接引起草原植被退化、生物多样性下降，而且可引发土壤侵蚀、干旱、沙化、鼠害和虫害等。围湖造田可使湖泊水域面积缩小，降低水体调蓄能力和行洪能力，导致旱涝灾害频繁发生，水生动植物资源衰退，湖区生态环境裂变，生态功能丧失。破坏湿地导致沼泽土壤泥炭化、潜育化过程减弱或终止，土壤全氮及有机质大幅度下降，植被退化，重要水禽种群数量减少或消失，最终导致湿地生态系统结构退化，功能丧失。外来物种入侵后，侵占生态位，挤压和排斥土著生物，降低物种多样性，破坏景观的自然性和完整性。环境污染主要包括大气污染、水污染和土壤污染等，大气污染可导致森林植物被毁，造成植被退化，使农作物减产；大量污染物进入河流、湖泊及海洋，造成水体污染，可导致水体富营养化、水华和赤潮暴发频繁，水生生态系统退化；土壤污染可导致土壤功能退化，农产品产量和质量严重下降。

三、受损生态系统的基本特征

生态系统受损后，原有的平衡状态被打破，系统的结构、组分和功能都会发生变化，随之而来的是系统稳定性减弱，生产能力降低，服务功能弱化等。从生态完整性的角度分析，受损生态系统的共同变化特征主要有以下几个方面。

(一)生物多样性变化

生境指生物生活的空间和其中全部生态因子的总和。与原生的生态系统相比,受损生态系统常表现为生态系统的特征种、优势种首先消失,与其共生的物种也逐渐消失,从属种和依赖种由于不适应突然变化的环境而消失。系统中的伴生种迅速发展,如喜光种、耐旱种,或尚能忍受生境变化的先锋物种趁势侵入,滋生繁殖。有的生态系统的植被类型在轻度破坏中物种增加,有的则减少;在强干扰时,受损的初期物种数减少,而后可能快速增加,其中某些物种随时间的推移而消失。物种多样性的数量可能并未有明显变化,多样性指数也可能并不下降,但是多样性的性质却发生了变化,质量明显下降,价值降低,因而功能衰退。

(二)层次结构简单化

生态系统受到损害,反映在生物群落中的种群特征上,常表现为种类组成发生变化,优势种群结构异常;在群落层次上,表现为群落结构的矮化,整体景观的破碎。如因过度放牧而退化的草原生态系统,最明显的特征是牲畜喜食植物种类的减少,其他植被也因牧群的损害,物种的丰富度下降,植物群落趋于简单化和矮小化,部分地段还因此出现沙化和荒漠化。

(三)食物网结构变化

受损的生态系统,在食物网的表现上主要是食物链的缩短或营养链的断裂,单链营养关系增多,种间共生、附生关系减弱,甚至消失,这种现象被称为食物网破裂。如湿地生态系统受到干旱气候的干扰,其水文动态会发生改变,首先是湿地植物因缺水而减少甚至消失,接着是依赖水和水生植物而生存的生物(如浮游动物、鱼类、鸟类等)也因失去了良好的栖居条件、隐蔽场所及足够的食物来源而逐渐消失。食物网的变化,会使生态系统中各物种的自我调节能力下降,极易受外来物种的影响,进而使整个生态系统的营养关系紊乱。

(四)能量流动效率降低

由于受损生态系统食物关系的破坏,能量的转化及传递效率会随之降低。主要表现为系统光能固定作用减弱,能流规模降低,能流过程发生变化,捕食过程减弱或消失,腐化过程弱化,矿化过程加强而吸收存储过程减弱,能流损失增多,能流效率降低。

(五)物质循环发生不良变化

生态系统结构受到损害后,层次性简化以及食物网的破裂,使营养物质和元素在生态系统中的周转渠道减少、周转时间缩短、周转率降低,生物的生态学功能减弱。由于生物多样性及其组成结构的变化,使系统中物质循环的途径不畅或受阻,包括系统中的水循环、氮循环和磷循环等发生改变。如森林生态系统由于大面积砍伐而受损,系统中的氮、磷等营养物质的循环不能在生命系统中正常进行,常随土壤流失被输送到水域生态系统,不仅造成森林生态系统内部营养物质的损失,而且还会引起水体富营养化等一系列次生环境问题。

(六)系统生产力变化

根据结构与功能相统一的原理,受损生态系统物种组成和群落结构的变化,必然会导致能流与物流的改变。物种组成和群落结构变化的影响,通常要反映在生态系统生物生产力的下降上,如砍伐后的森林、退化的草地等。当然,在某些特定条件下也有例外,如贫营养的水域中,适当地人为增加水体中的营养物质,不仅能提高生态系统的生物生产力,而且还能增加群落的生物多样性,改善生态系统中的生态关系。

(七) 生物利用和改造环境能力弱化及功能衰退

这种能力弱化及功能衰退主要表现在:固定、保护、改良土壤及养分能力弱化;调节气候能力削弱;水分维持能力减弱,地表径流增加,引起土壤退化;防风固沙能力弱化;文化环境价值降低或丧失,导致系统生境的退化。其在山地系统中尤为明显。

(八) 系统稳定性下降

正常系统中,生物相互作用占主导地位,环境的随机干扰较小,系统在某一平衡点附近摆动。有限的干扰所引起的偏离将被系统固有的生物相互作用(反馈)所抗衡,使系统很快回到原来的状态,系统维持稳定。但在受损生态系统中,由于结构、组成不正常,系统在正反馈机制驱使下远离平衡,其内部相互作用太强,以至系统不能稳定下去。

(九) 土壤和微环境的变化

生态系统受损最直接和最主要的影响是对土壤和小环境的作用。当陆地生态系统受到干扰和破坏时,极易发生水土流失,使原来结构良好、肥力较强的土壤被冲走,土壤有机质含量逐步减少。生态系统大面积受损可能影响微气候,甚至区域气候。

综上所述,生态系统的受损过程首先是其组成和结构发生了变化,导致其功能和生态学过程的弱化,进而引起系统自我维持能力减弱且不稳定。但系统组成与结构的改变,是系统受损的外在表现,功能衰退才是受损的本质。因此,受损生态系统功能的变化是判断生态系统损伤程度的重要标志。另外,由于植物群落属于生态系统的第一生产者,是生态系统有机物质最初来源和能量流动的基础,所以,植物群落的外貌形态和结构状况又通过对系统中次级消费者、分解者的影响而决定着系统的动态,制约着系统的整体功能。因此,在受损生态系统中,结构与功能也是统一的,通过分析系统结构的改变,也可以推测出其功能的变化。

退化生态系统与正常生态系统的特征比较如表 6-1 所示。

表 6-1 退化生态系统与正常生态系统特征之比较(据包维楷,陈庆恒,1999,修改)

生态系统特征	退化生态系统	正常生态系统
总生产力量/总呼吸量(P/R)	<1	1
生物量/单位能流值	低	高
食物链	直线状、简化	网状、以碎食链为主
矿质营养物质	开放或封闭	封闭
生态联系	单一	复杂
敏感性、脆弱性和稳定性	高	低

续表 6-1

生态系统特征	退化生态系统	正常生态系统
抗逆能力	弱	强
信息量	低	高
熵值	高	低
多样性(包括生态系统、物种、基因和生化物质的多样性)	低	高
景观异质性	低	高
层次结构	简单	复杂

第二节 受损生态系统修复与重建的基本理论

一、生态修复的概念

生态修复(rehabilitation)是指对受损生态系统停止人为干扰,以减轻负荷压力,依靠生态系统的自我组织和自我调节能力使其朝有序的方向进行演化,或者利用生态系统的自我恢复能力,并辅以人工措施,使受损生态系统逐步恢复或朝良性循环方向发展,最终恢复生态系统的服务功能。

也有研究者曾使用生态恢复、生态改良、生态改进、生态修补、生态更新、生态再植等来表示对受损生态系统的修复,其中使用较多的是生态恢复,生态恢复和生态修复常常互相代替使用。尽管很多生态学家根据自己的研究领域对生态恢复给出了不同的定义,但是大部分都强调受损的生态系统要恢复到原有的或者更高水平的状态。实际上,受损生态系统很难真正恢复到原貌或原有功能,只能阻止其进一步退化并朝良性循环方向发展。当人们意识到这点后,越来越多的生态学家改变了对生态恢复的原有看法。如 Diamond J M(1987)认为,生态恢复就是再造一个自然群落,或再造一个自我维持并保持后代持续性的群落。国际恢复生态学会指出,生态修复是修复被人类损害的原生生态系统的多样性及动态的过程。随后,生态修复术语的使用频率越来越高。修复本身也具有恢复的含义,指把一个事物恢复到先前状态的行为,但不一定必须恢复到原始的完美程度。为了快速提高生态系统的服务功能,可以采取重建的方式,重新营造一个不完全雷同于过去的,甚至是更优的、全新的自然生态系统。

生态修复具有 4 个层面的含义。一是污染环境的修复,即传统环境问题的生态修复工程;二是大规模人为扰动和被破坏生态系统(非污染生态系统)的修复,即开发建设项目的生态恢复;三是大规模农林牧业生产活动破坏的森林和草地生态系统的修复,即人口密集农牧业区的生态修复或生态建设,相当于生态建设工程或区域生态工程;四是小规模人类活动或完全由于自然原因(森林火灾、雪线下降等)造成的退化生态系统的修复,即人口分布稀少地区的生态自我修复。

二、受损生态系统修复与重建的原理

受损生态系统的修复与重建要求在遵循自然规律的基础上,通过人类的作用,根据生态上健康、技术上适当、经济上可行、社会能够接受的原则,重构或再生受损或退化的生态系统。生态修复与重建的原理一般包括自然原理、社会经济技术原理、美学原理(图 6-1)。自然原理是生态修复与重建的基本原理,强调的是将生态工程学原理应用于系统功能的恢复,最终达到系统的自我维持;社会经济技术原理是生态恢复与重建的基础,在一定程度上制约恢复重建的可能性、水平和深度;美学原理则是指退化生态系统的恢复与重建应给人以美的享受,实现整体的和谐。

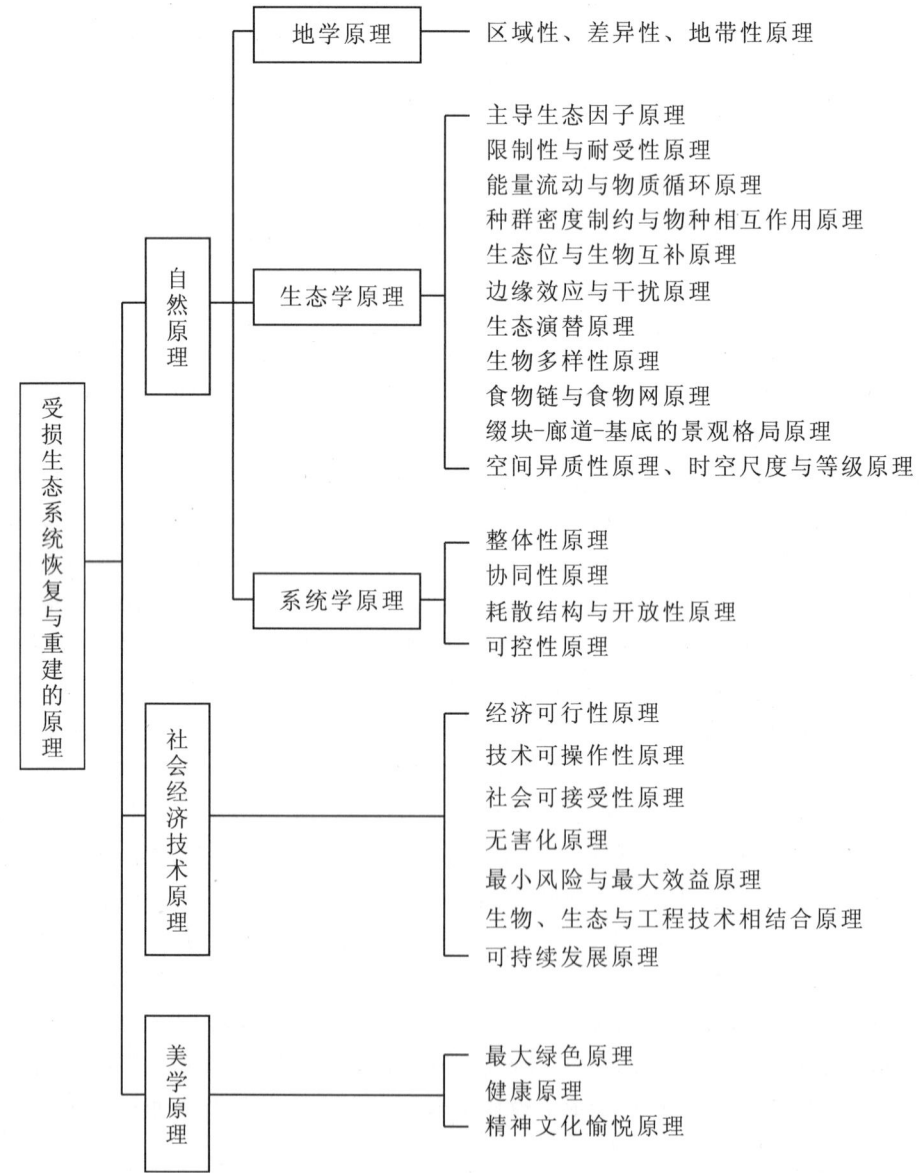

图 6-1 受损生态系统修复与重建的基本原理(引自任海和彭少麟,2001)

受损生态系统的修复与重建汲取了生态学、系统工程学、经济学、地质学、土壤学、生物学等多学科的理论,但其中最主要的还是生态学原理。主要包括:能量流动与物质循环原理、生态位与生物互补原理、种群密度制约与物种相互作用原理、食物链与食物网原理、物种多样性原理等。

三、生态修复与重建的常用技术和方法

生态修复与重建技术是恢复生态学的重要内容,但目前仍然是一个薄弱环节。由于不同退化生态系统存在地域差异性,加上外部干扰类型和强度的不同,结果导致生态系统所表现出来的退化类型、退化阶段、退化过程及其响应机理也不同。因此,在不同类型、不同程度退化生态系统的修复过程中,所应用的关键技术、恢复目标和侧重点也有所差异。但是,整体而言,退化生态系统生态修复的主要技术体系有:①非生物环境因素(包括土壤、水体、大气)的恢复技术;②生物因素(包括物种、种群和群落)的恢复技术;③生态系统(包括结构与功能)的总体规划、设计与组装技术。退化生态系统恢复一些常用的基本技术见表6-2。

表6-2 退化生态系统的修复与重建技术体系(引自章家恩,1999)

恢复类型	恢复对象	技术体系	技术类型
非生物环境因素	土壤	土壤肥力恢复技术	少耕、免耕技术;绿肥与有机肥使用技术;生物培肥技术;低产量田改良技术;聚土改土技术;土壤熟化技术
		水土流失控制与保持技术	坡面水土保持林、草技术;生物篱笆技术;土石工程技术;等高耕作技术;复合农林技术;生物覆盖技术
		土壤污染与恢复控制技术	土壤生物自净技术;施加抑制剂技术;增施有机肥技术;移土客土技术;深翻埋藏技术;废弃物的资源化利用技术;植物修复技术
	大气	大气污染控制与恢复技术	绿色植物防污技术;新兴能源替代技术;生物吸附技术;烟尘控制技术
		全球变化控制技术	可再生能源技术;温室气体控制技术;无公害产品开发与生产技术;土地优化利用与覆盖技术
	水体	水体污染控制技术	物理处理技术;化学处理技术;生物处理技术;氧化塘技术;水体富营养化控制技术;水环境生态工程技术
		节水技术	节水灌溉技术;旱地节水技术;集水技术;地膜覆盖技术
生物因素	物种	物种选育与繁殖技术	基因工程技术;种子库技术;野生物种的驯化技术
		物种引入与恢复技术	先锋物种引入技术;土壤种子库引入技术;天敌引入技术;林草植被再生技术
		物种保护技术	就地保护技术;易地保护技术;自然保护区建设技术
	种群	种群动态控制技术	种群规模、年龄结构、密度、相比等调控技术
		种群行为控制技术	种群竞争、捕食、寄生、共生、他感等行为控制技术
	群落	群落结构优化配置与组建技术	草-灌-乔搭配技术;群落组建技术;生态位优化配置技术;林分改造技术;择伐技术
		群落演替控制技术	原生与次生快速演替技术;水生与旱生演替技术;演替方向调控技术
生态系统	结构与功能	生态评价与规划技术	土地资源评价与规划技术;环境评价与规划技术;景观生态评价与规划技术;"4S(GS、GIS、GPS、ES)"辅助技术
		生态系统组装与集成技术	生态工程设计技术;景观设计技术;生态系统构建与集成技术

从修复与重建的途径和手段性质上看,主要包括物理法、化学法、生物法、物理-化学-生物复合修复法。物理方法通过直接消除胁迫压力,改善某些生态因子,为关键生物种群的恢复提供有利条件。化学方法通过添加某些化学物质,改善土壤和水体等基质的性质,使其适合生物的生长和发育,进而达到修复和重建受损生态系统的目的。生物方法主要是利用人类活动引起的环境变化会对生物产生影响甚至破坏作用,同时,生物在生长和发育过程中通过物质循环等过程对环境也有重要作用,生物群落的形成、演替过程又在更高层面上改变并形成特定的群落环境。因此,生物方法可以利用生物的生命代谢活动减少环境中的有毒有害物质的浓度或者使其无害化,从而改善环境条件或者使环境条件恢复到正常状态。物理-化学-生物复合修复法主要是根据生态破坏(包括对生物因子和非生物因子的破坏),利用物理、化学和生物多种方法有针对性地采取相应的修复重建技术。

由于生态系统受损的原因、形式和强度等方面各不相同,因此生态修复所采取的技术和方法也会多样化。近年来,生物修复是生态系统修复与重建理论和应用的热点,其中植物修复应用最为广泛。植物修复技术是根据植物能忍耐和超量积累某种或某些污染物的生理生化特性,利用植物及其共存微生物体系清除环境中污染物的一种环境污染治理技术。植物修复技术是利用植物固定修复重金属污染土壤、净化水体和空气、清除放射性元素,或利用植物及其根际微生物共存体系净化环境中有机污染物的自有修复技术。

从生态系统的组成成分角度来看,主要包括非生物和生物系统的修复。非生物系统的修复技术,即无机环境的修复技术,包括水体修复技术(如控制污染、去除富营养化、换水、换底泥、排涝、灌溉技术等)、土壤修复技术(如耕作制度和方式的改变、施肥、土壤改良、表土稳定、控制水土侵蚀、换土及分解污染物等)和空气修复技术(如烟尘吸附、生物和化学吸附等)。生物系统的修复技术包括生产者(如物种的引入、品种改良、植物快速繁殖、植物的搭配、植物的种植、林分改造等)、消费者(如捕食者的引进、病虫害的控制等)和分解者(如微生物的引种和控制等)的重建技术和生态规划技术。

四、生态修复的时间与评价标准

除了生态修复所采取的技术措施及由此产生的影响外,生态修复所需要的时间也是人们最关注的问题之一。生态修复时间指受损生态系统在停止外界破坏后,通过生态系统的自我调节或者人为辅助作用,由目前的状态逐渐恢复到或者接近其原来状态所需要的时间。退化生态系统的修复时间与生态系统的类型、退化程度、恢复方向和人为促进程度等密切相关。一般来说,退化程度较轻的生态系统修复时间要短些,湿热地带的修复要快于干冷地带,土壤环境的恢复要比生物群落的修复时间长得多,农田生态系统和草地生态系统要比森林生态系统修复得快些。

Daily(1995)通过计算退化生态系统潜在的直接使用价值后认为,火山爆发后的土壤要恢复成具有生产力的土地需要 300~12 000 年,在湿热区耕作转换后其恢复需要 40 年左右,弃耕农地的恢复也需要 40 年左右,弃牧的草地需要 4~8 年,而改良退化的土地需要 5~100 年。此外,Daily 还提出,轻度退化生态系统的修复需要 3~10 年,中度退化的需要 10~20 年,严重退化的需要 50~100 年,极度退化的则需要 200 多年。对于没有表土层或者腐殖淋溶层土壤、区域面积大、缺乏种源的极度退化的热带生态系统不能自我修复,而在一定的人工辅助下,40 年可以恢复森林生态系统的结构,100 年可以恢复生物量,140 年可以恢复土壤肥力及大部分功能。

对于生态修复成功与否的判定标准,通常采取的方法是将修复后的生态系统与未受干扰时的生态系统进行比较,主要包括关键种的多度及表现、重要生态过程的再建立、非生物特征(如水文过程等)的恢复等。在进行生态修复效果评价时,需要重点考虑以下问题。

(1)新系统是否稳定,并具有可持续性。
(2)新系统是否具有较高的生产力。
(3)土壤水分和养分条件是否得到改善。
(4)组分之间相互关系是否协调。
(5)所建造的群落是否能够抵抗新物种的侵入。

生态修复成功的标准还应该包括以下几方面。

(1)可持续性(可自然更新)。
(2)不可入侵性(像自然群落一样能抵御入侵)。
(3)生产力(与自然群落一样高)。
(4)营养保持力(与自然群落相近)。
(5)生物间具有相互作用。

这些标准为判断生态修复的效果提供了有力的支持。

第三节 典型受损生态系统的修复重建技术与实践

一、受损淡水生态系统的修复

淡水生态系统由江河、湖泊、水库、小溪、水塘、湿地等特定水域组成。淡水生态系统在连接陆地生态系统和海洋生态系统,进行物质循环和能量流动及调节全球气候中发挥着特殊作用。淡水资源是人类生存的基本要素。内陆水体不仅是人类生活和生产用水的主要来源,而且在渔业、航运、水利灌溉、发电、旅游和净化污染物质等方面给人类带来诸多利益。然而,随着人口增长和科技进步,人类活动的频繁和社会经济增长模式的转变,水资源的开发利用达到了前所未有的强度,水生态环境遭到了严重的破坏。这里主要介绍湖泊和河流的生态修复与重建。

(一)湖泊生态系统的修复与重建

我国湖泊总面积约为 7.43 万 km^2,其中 42% 分布在东部湿润地区。长江中下游地区是湖泊分布较集中的地区。湖泊生态系统的生产力高,具有丰富的水生高等植被,沿岸带生境多样性较强。

1. 湖泊生态系统受损原因

导致湖泊生态系统受损的主要原因是环境污染、营养物质的过量输入所引起的富营养化、水利工程造成的水位改变,以及外来物种的引入等。

1)环境污染

环境污染主要是大量的生产或生活污水排入湖泊水体,且超过了湖泊的自净能力,使水体和水体底泥的物理、化学性质等发生变化,既降低了水体的使用价值,又危及水生生物的存在,使系统的结构和功能发生改变。如酸雨造成的湖泊酸化,工业污染物的排放,农药中有机或无机(如重金属、DDT 等)面源污染物的进入等。

2) 水利工程建设

水利工程建设主要造成江湖的阻隔,不仅使湖泊失去了与河流干流、河流支流、浅水湖泊相互连通的网络关系,而且阻碍了一些鱼类和水生生物的生态"通道",使湖泊鱼类无法从江河中得到补充和更新。更重要的是,这种阻隔使湖泊的水文条件和物理状况发生了变化,如水位的改变会直接影响湖泊中许多鱼类的性成熟和生殖。

3) 过度放养

随着人工繁殖技术的提高,以养殖为主的高强度渔业方式(如网箱养殖)得到了迅速的发展。人工养殖可大幅度提高渔业产量,也减轻了由于过度捕捞造成的对某些鱼类自然种群的压力。但过度追求高产而造成的人工放养密度过大,引发了大型植物特别是沉水植物群落的衰退、水质恶化等问题。沉水植物的生态功能是吸收大量的营养物质,抑制浮游藻类大量繁殖和生长,保持水质清澈。沉水植物生物量的下降,常使浮游藻类的繁殖加快,从而降低了湖水的透明度,而这将进一步减少沉水植物的生存范围。

4) 富营养化

目前,几乎所有的湖泊都存在富营养化现象,水域富营养化的加速与人口的急剧增长关系密切,也与不合理的养殖方式有关。许多城郊湖泊,由于周围人口密度大,加之工业废水和生活污水以及农田化肥等营养物质的进入,常使湖泊生态系统的自净功能受损。湖泊富营养化的严重后果是导致水体资源功能和价值的丧失。开垦农田、开采矿产、采伐水源林等所导致的水土流失,也是造成湖泊富营养化的原因。

5) 外来物种的侵入

湖泊生态系统中的外来物种,会引起生物群落结构的重大变化。例如,原产于南美的凤眼莲作为畜禽饲料引入中国,并作为观赏和净化水质植物推广种植,由于条件适当和缺乏有力的竞争者,凤眼莲经常达到最理想的生长和繁殖状态,对原来自然分布的很多本地水生生物构成威胁,有的甚至到了灭绝的边缘。

湖泊生态系统具有封闭性大、自我修复能力弱的特点,因而对其的修复与重建较为复杂。我国先后在滇池、太湖、洱海、巢湖等湖泊开展了一系列修复与重建工程,并取得了一定的预期效果。

2. 湖泊生态系统修复与重建的主要技术

湖泊生态系统修复与重建技术主要包括外源污染控制技术、内源污染控制技术、物种选择和先锋种选择技术、生态系统的稳定化技术、水位调控法等。

1) 外源污染控制技术

控制外源污染是改善湖泊富营养化状态的首要途径。对于工业污染,主要是进一步强化污染治理技术,完善排放管理,走循环经济之路,实施清洁生产工艺,努力实现零排放。对于农业污染,需要进一步提高肥料的利用率,大力推广有机肥和生态农业技术,推行精准施肥,减少肥料流失,并加强秸秆的综合利用。对于城镇生活污染,应加强环境污染治理的基础设施建设,开发新技术,强化生活污水、固体废弃物等的治理和处置,加强生活污水回用技术研究,减少污染排放。

(1)湖滨带湿地。指位于水体和陆地生态系统之间的生态交错带,具有过滤、缓冲功能。它不仅可吸收和转移来自面源的污染物、营养物,改善水质,而且可截留固定颗粒物,减少水体中的颗粒物和沉积物,同时可以提供生物生长发育的栖息地。在湖泊周边建立和修复水陆交错带,是整个湖泊生态系统修复的重要组成部分。

(2)人工湿地。是利用湿地净化污水能力人为建设的生态工程措施,指人为地将石、沙、土壤等材料按一定的比例组成基质,并栽种经过选择的水生、湿生植物,组成类似于自然湿地状态的工程化湿地系统。人工湿地根据湿地中的主要植物形式分为浮生植物、挺水植物和沉水植物。人工湿地净化污水的机制十分复杂,其中包括基质、植物、微生物的净化作用。人工湿地作为一种低成本、低能耗的污水处理方法,已被广泛采用。

(3)生物塘系统。生物塘又称为稳定塘或氧化塘,是室外污水生物处理的一种设施。其基本原理是污水在塘内停留一定时间,经过塘内微生物与藻类的共同作用,将污水中复杂的有机物质分解为简单的无机物质,从而使污水水质得到改善。它具有运行管理费用低、操作管理简单、除污染效能高等优点。

2)内源污染控制技术

内源污染主要指进入湖泊中的营养物质通过各种物理、化学和生物作用,逐渐沉降至湖泊底质表层。积累在底泥表层的氮、磷营养物质,一方面可被微生物直接摄入,进入食物链,参与水生生态系统的循环;另一方面,可在一定的物理化学及环境条件下,从底泥中释放出来而重新进入水中,从而形成湖内污染负荷。常见的内源污染控制技术有以下几种。

(1)水生植被恢复。水生高等植物是湖泊主要的初级生产者之一,对改善湖泊生态系统的结构和功能具有十分重要的作用。水生高等植物在生长过程中,能够从水和沉积物中吸取大量的氮、磷等营养元素。而且,水生高等植物个体大、生命周期长,吸收和储存营养盐的能力强,能够使水体的污染物及养分离开水相进入生物相,从而有效净化水体。此外,水生高等植物利用其竞争、相生相克等作用,可以有效地抑制水体中浮游藻类的生长。

(2)底泥疏浚与封闭。沉积在水体底部的底泥,富集了水中大量的污染物质,包括营养盐、难降解的有毒有害物质。在浅水水体中,受水动力条件、水体化学特性以及温度等变化的影响,底泥中富集的营养盐及其他污染物很容易被释放进入表层水体,导致藻类异常繁殖,水体水质恶化,这种现象极容易发生在春夏交替时期。为了有效控制和消除底泥中的污染物对水环境的影响,可以采取物理和化学方法,对底泥进行封闭钝化,以阻止沉积物中污染物的释放;也可采取工程措施,对污染底泥实施清淤疏浚,将污染底泥移出水体。清淤疏浚不仅工程量大、耗资大,而且会对水-沉积物界面产生难以逆转的影响,因此,对污染底泥实施疏浚工程,一定要进行科学论证与评价。疏浚的底泥处置是另一方面的问题,可用作肥料,也可用于制造砖块,还可用作燃料。由于底泥蓄积的污染比较复杂,在利用底泥时需要进行安全性评价。

(3)营养盐固定。含铁、钙和铝等阳离子的盐,可与水中的无机磷或含磷颗粒物结合而沉淀湖底,达到净化水质的目的。因此,通过投加药剂可控制水中的营养盐。常用药剂有氯化铁、改性黏土、石灰和铝盐等。药剂投加法既要考虑实际成本,又要考虑由此造成的长期生态影响,因此,一般只用于应急措施。

3)物种选择和先锋种选择技术

退化的湖泊水体营养盐含量高、透明度差、底泥淤积、受污染严重,对于一般水生植物而言,尤其是对于沉水植物,高营养盐、低透明度等都是巨大的胁迫因子,多数沉水植物难以修复、重建。选择一些耐污能力强、对透明度要求较低的物种,是生态重建的关键步骤。研究发现菹草、狐尾藻等沉水植物可以在透明度较差的水体中生长繁殖,并快速改善水体透明度、降低营养盐浓度,为其他沉水植物生长提供条件,因此可以作为先锋种。一些漂浮植物和浮叶植物,如喜旱莲子草、凤眼莲、水龙等,也不受透明度制约,可以直接在富营养化湖泊中引种繁殖,利用漂浮植物快速生长的优点,迅速改善水体透明度,为沉水植物生长创造条件。

4)生态系统的稳定化技术

生态系统的稳定依赖于系统中各种生物之间的相互作用,因此,合理配置各种生物的组成是实现湖泊生态系统稳定的关键。生态系统的稳定化技术要注意各类生物的配置比例以及生长繁殖、摄食动态,尤其是对于食草动物的投放,一定要在可控条件下进行,否则一旦失控,植被的修复重建将十分困难。同时,注意各类水生高等植物的空间、时间配置。在空间配置方面,既要考虑湖盆形态、水深等因素,又要考虑各种植物形态特征,充分利用植物种间的相互竞争、相生相克等关系,控制单一种群暴发现象;在时间方面,要注意不同季节种类的配置。

5)水位调控法

在种植期、生长期根据需求灵活调控湖泊水位,并与生物调控措施以及稳态管理措施相结合,进行湖泊重建,对具有可调控水位条件的受损生态系统或新建的小型水体是一项成本较低、效果显著的方法。

(二)河流生态修复与重建

河流生态系统相对于湖泊生态系统而言,具有以下主要特点:①具纵向成带现象,但物种的纵向替换并不是均匀地连续变化,特殊种群可以在整个河流中再现;②大多数生物都具有适应急流生境的特殊形态结构;③与其他生态系统相互制约、关系复杂;④自净能力强,受干扰后修复速度较快。

在河流生态系统的修复过程中,不仅要考虑上述特点,还要根据河流环境条件的差异,采取不同的修复方法,但从总体上讲,有许多相同之处,河流的生态修复与重建常用的主要方法如下。

1. 自然净化修复

自然净化是河流的一个重要特征,指河流受到较轻微污染后,在一定程度上通过自然净化使其恢复到受污染以前状态的过程。污染物进入河流后,在水流过程中有机物经微生物氧化降解,逐渐被分解,最后变为无机物,并进一步被分解还原,离开水相,使水质得到恢复。水体自净包括物理、化学和生物学过程,通过改善河流水动力条件,提高水体中有益菌的数量等措施,有效提高水体的自净作用。

1)控制污染源

河流污染是河流生态系统受损的主要原因之一。控制污染源向河流的不断排放,依靠水源的更新和系统自身的自净能力,受损河流生态系统就会得到较快恢复。在不能实现"零排放"的情况下,根据河流的稀释自净能力,制定河流污染物总量控制目标,建立排放许可制度,仍是受损河流生态系统修复的重要措施。

2)人工清淤

在许多泥沙和污染物沉积严重的河流,尤其是河流的城市河段,单靠控制污染源并不能解决问题。在枯水季节,采取人工清淤是恢复河流正常功能和修复受损河流生态系统的措施之一。清出的污泥可铺垫在河流两岸,与沿岸绿化相结合,为沿岸植被培肥。

3)河岸缓冲区的修复

缓冲区是河流与陆地的交界区域,如河边湿地、河谷或洪泛平原。在河流两岸各设置一定宽度的缓冲区是重要的河流生态修复方法。缓冲区修复可起到分蓄和削减洪水的作用。其次,河流与缓冲区河漫滩之间的水文连通性是影响河流物种多样性的关键因素。此外,河岸缓冲区还具有其他修复作用,包括沉淀、过滤、净化洪水中的污染物,改善水质;截留、过滤暴雨径流,净化水体;提供野生动、植物的生息环境;保持景观的自然特征;为人类提供良好的生活、休闲空间;等等。

4)生态补水

河流生态系统中的生物都是长期适应特定水流、水位等特征而形成的特定群落结构。为了保持河流生态系统的稳定,应根据河流生态系统主要种群的需要,调节河流水位、水量等,以满足水生高等植物的生长和繁殖。

2. 植被修复

修复和重建河岸带湿地植物及河道内的多种生态类型的水生高等植物,可以有效提高河岸抗冲刷强度、河床稳定性,也可以截留陆源的泥沙及污染物,还可以为其他水生生物提供栖息、觅食、产卵及繁育的场所,改善河流的景观功能。在河工、水利安全许可的前提下,应尽可能地改造人工砌护岸,恢复自然护坡,恢复重建河流岸边带湿地植物,因地制宜地引种栽培多种类型的水生高等植物。在不影响河流通航、泄洪排涝的前提下,在河道内也可引种沉水植物等,以改善水环境质量。

3. 加强渔业管理

水生生物资源枯竭是受损河流生态系统的共同特征,造成这种状况的原因很多。除以上提及的情况外,许多河流水生生物资源的枯竭,是由于受到强烈的人为破坏,如不按规定的捕捞规格、捕捞季节和捕捞作业方式,甚至使用毒药毒害、炸药等手段毁灭性地捕捞,对水生生态系统造成严重损害。加强管理,严禁乱捕和过捕,严格执行禁渔期制度等,也是受损河流修复时不应忽视的重要措施。

二、受损森林生态修复

森林生态系统是陆地生态系统的主体。受人为干扰和自然因素的双重影响,全球森林生态系统出现了不同程度的退化,主要表现为森林面积减少、林分结构单一、林地土壤质量变差、初级生产力降低、生物多样性减少、生态服务能力下降等。一般来讲,在制定受损森林生态系统的修复措施之前,首先需要考虑受损原因和受损程度、物种和群落结构特征、所处地区的地形地貌、地质结构特征、土壤特性、气候特征等。对受损森林生态系统的修复与重建是预防其进一步退化的主要措施(图6-2)。

森林生态系统受损的原因包括自然原因和人为原因。自然原因包括病虫害、干旱、洪涝、风灾和地震等自然灾害,人为原因主要有滥垦滥伐、采矿、道路扩张和基础设施建设等。森林生态系统受损会导致生产力下降,生物多样性减少,调节气候、涵养水分、保育土壤、储存营养元素等功能明显降低。若森林生态系统受损程度轻微,则可通过自我调节得以修复;若受损程度较轻,且不能通过自我调节来自我修复,如果不采取人为措施加以干预,森林所受伤害将进

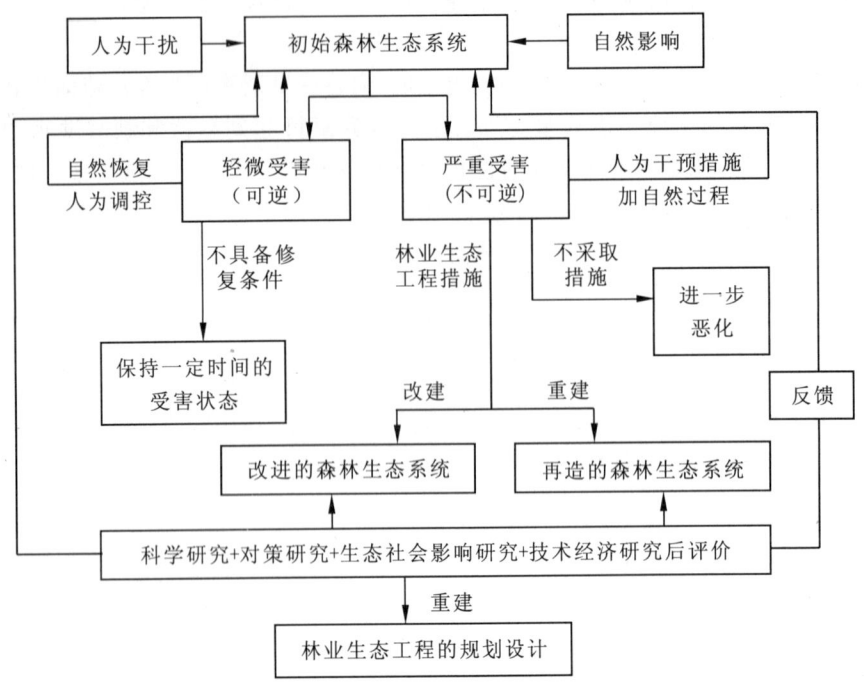

图 6-2 退化森林生态系统的修复与重建(引自王治国等,2000)

一步加大;若森林生态系统受损严重,而人类不能阻止这些伤害,很可能会发生不可逆的演替,从茂密的森林植被快速演替为灌丛或草本植被。

对受损森林生态系统的修复,要遵循生态系统的演替规律,加大人工辅助措施,促进群落的正向演替。而生态系统的演替或维持主要依赖于当地原有及现有物种,同时还与生态环境状况,以及物种间的竞争、共处、互生、共生、拮抗、寄生和捕食等有关。因此,所增加物种应以促进生物群落正向演替、不对其他某一或某些物种构成严重威胁为基本条件。所增加物种还应满足抗逆性强,再生能力强,能够吸引野生动物并为其提供食物和避难场所等条件。

对于受损森林生态系统的修复与重建经常采用的方法如下。

(1)封山育林。它是利用森林的更新能力,在自然条件适宜的山区,实行定期封山,禁止垦荒、放牧、砍柴等人为破坏活动,以恢复森林植被的一种育林方式。根据实施封育时间的长短,分为全封育、半封育和轮封育。全封育是指较长时间内禁止一切人为活动;半封育是指根据林木的生长情况,季节性地开山;轮封是指定期分片轮封轮开。全封育对于受损较轻、种子库丰富的森林生态系统,是最经济易行的有效方法。封山可以最大限度地减少人为干扰,为植物群落的恢复创造适宜的生态条件,使生物群落由逆向演替向正向演替发展,从而逐渐恢复受损的森林生态系统。

(2)林分改造。指对在组成、林相、郁闭度与起源等方面不符合经营要求的那些生产力低下、质量差和密度太小的人工林和天然次生林的林分进行改造的综合营林措施,使其转变为能生产大量优质木材和其他多种产品,并能发挥更好生态效能的优良林分。林分改造的原因是由于其密度小、树种组成不合理而不能充分发挥地力;或者由于生长不良,树干弯扭、枯梢,或遭遇病虫害与自然灾害后生长势衰退,成林不成材。对于受损较为严重、自我修复较为困难的森林生态系统,可以通过人工改良环境条件,引进当地植被中的优势种、关键种和因受损而消失的重要生物种类,以加速生态系统的正向演替速度。

(3) 抚育间伐。是一种加速植被正向演替的技术,主要包括两种方式:一种方式是根据植被所处的演替阶段,对处于后期演替阶段的种类进行抚育透光,促进演替发展;另一种方式是择伐一些先锋树种的个体,可促进后期演替阶段的种类生长,并使其正向演替为生态效益最高的地带性植被的顶级群落类型。抚育间伐是指在幼林郁闭后到林分成熟前的一段时间内,在未成熟林分中按一定指标采伐部分林木,为其他林木的生长创造良好的生存环境。抚育间伐包括透光抚育、生长抚育和遮光抚育等。

对于混交林,透光抚育一般是通过砍去非目的树种和抑制幼树或主要树种生长的次要树种、灌木、藤木和高大的草本植物,密度过大的主要树种林分中树干细弱、生长落后、干性不良的个体,以及实生起源主要树种数量达标后新萌芽更新的植株,以调整林分组成为主要目标。对于纯林,透光抚育主要采用间密留稀、留优去劣和砍小留大的原则。透光抚育的方法,从抚育范围来说,包括全面抚育法、团状抚育法和带状抚育法;从抚育方式来说,包括人工抚育法和化学抚育法。透光抚育时间一般在夏初时节,每隔 2~3 年或者 3~5 年抚育 1 或 2 次。

生长抚育主要是根据森林发育情况而定期或不定期采取的伐木措施,以保障整个森林的良好发育。生长抚育的方法包括下层抚育法、上层抚育法、综合抚育法和机械抚育法。下层抚育法多用于针叶树林;上层抚育法适用于阔叶树林;综合抚育法适用于复层林;机械抚育法又称隔行隔株法,适用于同龄纯林。抚育方法的选取可根据以下比值来确定,即采伐木的平均直径(d_1)与伐前林分平均直径(d_2)的比值(d),$d=d_1/d_2$。当 $d>1$ 时,采用上层抚育法;当 $d<1$ 时,采用下层抚育法;当 $d=1$ 时,采用综合抚育法或机械抚育法。

遮光抚育主要是对幼林或者斑块之间所种植树木,采用遮光网搭建荫棚遮荫,以降低强光照射对幼树和新种植树木的伤害,保证树木正常生长。

(4) 林业生态工程技术。林业生态工程师根据生态学、林学及生态控制论原理,设计、建造与调控以木本植物为主的人工复合生态系统的工程技术,其目的在于保护、改善与持续利用自然资源与环境。它是受损森林生态系统修复与重建的重要手段。所涉及的生态工程有生物群落建造工程、环境改良工程和食物链工程。具体内容包括 4 个方面。①区域的总体方案,即构筑以森林为主体的或森林参与的区域复合生态系统的框架。②时空结构设计,即在空间上进行物种配置,构建乔-灌-草结合、农-林-牧结合的群落结构;在时间上利用生态系统内物种生长发育的时间差别,调整物种的组成结构,实现对资源的充分利用。③食物链设计,即使森林生态系统的产品得到循环利用。④针对特殊环境条件进行特殊生态工程的设计,如工矿区林业生态工程、严重退化的盐渍地、裸岩和裸土地等生态修复工程。

对于受损程度较重的森林生态系统,应采取人工修复技术,促进森林生态系统结构和功能的快速恢复。主要采取的措施如下。

(1) 选择适宜的树种和植物种。根据生态环境条件选择适宜的关键种和建群种,即选择具有较强抗当地恶劣环境(如干旱、低温、雪压等)能力的深根性乡土树种,同时引入一些处于演替较高阶段、具有培养用途、已有一定栽培经验的树种,提高系统的自我修复潜力和速度。

(2) 清理受损树木并适当补植补种。灾害过后,清除林下杂物,清沟排水,清理受损树木,并根据林木受损情况及时补植。对于受损严重、极度退化的森林生态系统,应选择速生、耐寒、耐旱、耐贫瘠、抗逆性强的先锋树种,重建先锋群落。

(3)栽培混交林,恢复原森林生态系统的结构和功能。混交林指林冠由两个或多个优势乔木树种或不同生活型的乔木所组成的森林。混交林可以增强自我的养分循环能力和土壤肥力,提高林木质量,增强抵抗力,减少病虫害的发生,丰富物种多样性,改善林地生境条件,提高成活率和保存率。

(4)进行林分改造,加速群落演替进程。对于受损人工林或先锋植物群落,可根据本区域生态修复参照系,模拟自然森林群落的演替过程,根据不同演替阶段的种类成分和群落结构特点,在受损人工林或先锋植物群落内开展林分改造。

(5)加强林分抚育,维护生境原生性和异质性。在人工更新抚育过程中,应尽可能地减少对土壤、幼苗幼树、枯立木、孤立木、死树桩、倒木的影响,最大限度地维护生境原生性和空间异质性。

三、受损草地生态修复

草地生态系统也是陆地生态系统的重要组成部分,是人类赖以生存和发展的重要资源库,但是除了自然因素(长期干旱、寒害、风蚀、水蚀、沙尘暴、鼠害、虫害等)外,人类对草地生态系统的干扰(过度放牧、滥垦、污染、采矿等)所引起的退化问题十分严重。受损草地生态系统指在一定时空背景下,草地生态系统受自然因素、人为因素或二者的共同干扰下,某些要素或系统整体发生不利于生物和人类生存要求的量变和质变,系统结构和功能发生与其原有的平衡状态或进化方向相反的位移。草地生态系统严重受损后,会出现沙化或荒漠化。受损草地生态系统的主要特征包括植被退化和土壤退化。植被退化指草地被破坏后,植被的密度和生物多样性下降。土壤退化是由于风蚀、水蚀、土壤板结和盐碱化等造成的土壤物理和化学性质的变化,使其不能再支持生态系统的高生产力。

受损草地生态系统修复技术主要有以下3种方法。

(一)实施围栏养护或轮牧

对于受损严重的草地实行"围栏养护"是一种最为有效的修复措施。在牧草的生长期间,为使放牧与牧草之间协调,必须使牧草有间歇地休憩;在牧草的非生长期,需要有机会利用冬春草地,对草地实行分区放牧。这一方法的实质是消除外来干扰,主要依靠生态系统的自我修复能力,适当辅之以人工措施来加快其自我恢复。实际上,在环境条件不变时,只要排除使其受损的干扰因素,给予足够的时间,受损生态系统都可以通过这种方式得以自我修复。但是,对于那些受损严重、自然修复比较困难的草地生态系统,可因地制宜地实施松土、浅耕翻或适时火烧等措施改善土壤结构,并通过播种群落优势牧草草种、人工施肥等修复措施来促进恢复。

轮牧是一种有效利用草地的放牧方式。根据草场的地形地貌特征、气候条件、水源状况、生长期长短、产草量大小和放牧适宜季节等,把草场分成若干个放牧小区,然后根据牧草实际生长情况和季节变化等因素,合理地安排草场的放牧时间、轮牧周期、放牧频率和轮牧小区的数目和面积。

(二)重建人工草地

这是为减缓天然草地压力,改进畜牧业生产方式而采用的修复方法,常用于已完全荒弃的退化草地。人工草地是用农业技术措施栽培而成的草地,目的是获得高产优质的牧草,以补充天然草地的不足,满足家畜的饲料需要。人工草地可用于收割牧草作青饲、青贮、半干贮或制作干草,也可直接放牧利用。它是受损生态系统重建的典型模式,不需要过多地考虑原有生物群落的结构等,而且也多是以经过选择的优良牧草为优势种的单一物种所构成的结构。其最明显的特点是,既能使荒废的草地很快产出大量牧草,获得经济效益,也能改善生态环境。

(三)实施合理的牲畜育肥生产模式

这种修复方式是合理地利用多年生草地每年中的不同生长期,进行幼畜放牧的育肥方式,即在青草期利用牧草加快幼畜生长,而在冬季来临前将家畜售出。这种生产模式既可以改变以精料为主的高成本育肥方式,又可解决长期困扰草地畜牧业畜群结构不易调整的问题。采用这种技术的关键是牲畜品种问题,要充分利用现代生物技术,培育适合现代畜牧业这种生产模式的新品种。

草地修复中还应考虑的其他问题包括代表性的草种、外来草种、灌木的入侵、动物的出入、草地的长期动态变化等。由于草地面积大,对于其变化的监测可利用遥感技术进行管理。

四、荒漠生态修复

荒漠生态系统分布在干旱和半干旱地区,这些区域环境条件恶劣,气候干燥,日照强度极大,昼夜温差大,年降水量低于250mm,动、植物种类十分稀少。荒漠生态系统是地球上最耐旱的,以超旱生的小乔木、灌木和半灌木占优势的生物群落与其周围环境所组成的综合体。荒漠有石质、砾质和沙质之分。人们习惯称石质和砾质的荒漠为戈壁,沙质的荒漠为沙漠。

土地荒漠化也有自然的和人为的双重因素。人为活动是土地荒漠化的主导因子,其中过度开垦和过度放牧是导致干旱、半干旱地区植被覆盖率急剧下降的主要原因。人类活动导致地下水位的下降也是加剧土壤干旱化,促进土壤可风蚀性的原因。另外,滥砍滥伐造成水土流失和植被破坏,在一定程度上也助推了土地荒漠化;不良灌溉方法使土壤板结、盐渍化也是导致土壤荒漠化的原因之一。退化草地生态系统的长期发展,造成土壤沙化和贫瘠、生态环境恶劣、生产力低下,威胁人类的生存和发展。

对沙化土壤的治理,一般采用化学固沙、工程防沙和生物治沙等措施。

(一)化学固沙

化学固沙和化学治沙是有差别的,化学固沙的目的是为了化学治沙。化学固沙是在流动沙丘或沙地上喷洒化学黏结材料,在流沙表面形成覆盖层,或渗入表层沙中,把松散的沙粒黏结起来形成固结层,从而防止风力对沙粒的吹扬和搬运,达到固定流沙、防治沙害的目的。化学治沙是指在风沙危害地区,利用化学材料与工艺,对易产生沙害的沙丘或沙质地表建造一层具有一定结构和强度的能防止风力吹扬,同时又具有保持水分和改良沙地性质的固结层,以达到控制和改善沙害环境,提高沙地生产力的技术措施。由此可见,化学治沙包含了沙地固结和保水增肥两个方面。化学治沙可以机械化施工,简单快捷,固沙效果立竿见影,尤其适宜于缺乏工程固沙材料、环境恶劣、降雨稀少、不易使用生物治沙技术的地区。化学固沙常与植物固沙相配合,作为植物固沙的辅助性和过度性措施。但目前,国内外用作固沙的胶结材料主要是石油化学工业的副产品,常用的有沥青乳液、高树脂石油和橡胶乳液等。这些固沙所用的化学物质均会造成环境污染,不利于环境的改善。

(二)工程防沙

工程防沙实质上是一种物理手段,它是利用柴、草及其他材料在流沙上设置沙障或覆盖物,以达到防风阻沙的目的。采取的措施主要有覆盖沙面、草方格沙障和高立式沙障等。

覆盖沙面主要是利用砂砾石、熟性土、柴草、枝条等覆盖在流沙的表面,阻止风与覆盖物下松散沙土的接触,从而减少沙土的风蚀作用。

草方格沙障是将麦秸、稻草、芦苇等材料,直接插入沙层内,直立于沙丘上,在流动沙丘上扎设成方格状的半隐蔽式沙障。流动沙丘上设置草方格沙障后,增加了地表的粗糙度,增加了对风的阻力。在风向比较单一的地区,可将方格沙障改成与主风向垂直的带状沙障,行距视沙丘坡度与风力大小而定,一般为 1~2 m。

高立式沙障主要用于阻挡迁移的流沙,使之停积在其附近,达到切断沙源、抑制沙丘前移和防止沙埋危害的目的。该种沙障一般用于沙源丰富地区草方格沙障带的外缘。高立式沙障常采用芦苇、灌木枝条、玉米杆、高粱杆等高杆植物,直接栽植在沙丘上,埋入沙层深度为 30~50cm,外露 1m 以上。将这些材料编成篱笆,制成防沙栅栏,钉于木框之上,制成沙障。沙障的设置方向应与主风向垂直,配置形式呈"一"字形、"品"字形、行列式等。

(三)生物治沙

大部分的荒漠化生物治理都以植物治理为主,通过封育、营造植物等手段,达到防治荒漠化、稳定绿洲,提高荒漠地区环境质量和生产潜力的目的。目前,藻类治沙技术也越来越受到广泛关注。根据荒漠化发展程度和治理目标,植物治理的内容主要包括人工植被或恢复天然植被以固定流动沙丘;保护封育天然植被,防止固定、半固定沙丘和沙质草原向沙漠化方向发展;营造大型防沙阻沙林带;营造防护林网,保护农田绿洲和牧场的稳定,并防止土地退化。植物治沙不仅仅指防沙治沙,还因其能改善生态环境、提高系统的生产力,而成为最主要和最基本的防治途径。

流动沙丘在风力作用下,往往沿主风向前移并埋压绿洲,而使生态系统进一步退化。因此,防治绿洲邻边和内部零星分布的流动沙丘,是植物固沙的重点。流动沙丘的表面由沙丘和丘间低地构成,沙丘极端干旱、流动性大、持水能力低,直接造林易被风蚀,难具成效。如辅以沙障等人工措施,则固沙效果较佳。丘间低地因地形部位较低,水分条件较好,一般不需施加人工沙障措施,植物便能成活。沙丘固沙造林技术一般包括以下几个方面。

(1)设置辅助沙障。在植物固沙实施前,对流动沙丘设置人工沙障,减缓侵蚀,改善造林沙地微环境,为固沙植物创造适生环境。

(2)造林地的设计与造林部位的选择。由于流动沙丘具有物质结构松散与易受风蚀移动的特点,沙丘造林首先应选择在迎风坡中下部造林,以削弱风力对沙丘的吹蚀。

(3)迎风坡造林技术的处理。选择沙丘迎风坡中下部横对主风方向,成行栽植固沙植物,株距 1~1.5m,行距 2~4m。若沙丘高度小于 7m,水分条件好,且沙丘背风坡的沙丘低地植物固沙成功,则可在迎风坡基部用犁耕方法促进风蚀,以加速沙丘的矮化改造速度。

(4)树种的选定。根据沙丘环境条件,选择适生树种,保证固沙目标的实现。适于半干旱草原与荒漠草原的树种,主要有白榆、沙柳、踏郎、花棒、多枝柽柳、柠条、沙棘、苦豆子、猫头刺等;适宜于干旱、极干旱荒漠的树种,主要有旱柳、沙拐枣、头状沙拐枣、柽柳、梭梭、红砂等。

绿洲外围与沙漠、戈壁等风蚀地相毗连的地带,是造成流动沙丘与风沙对绿洲危害最主要的地段,在此地段营造大型防风阻沙林带,对于防止流动沙丘对绿洲的入侵和减弱沙尘暴的发生具有显著的功效。20世纪50年代,在乌兰布和沙漠北部建立的大型阻沙林带,保护了后套绿洲大面积的农田、城镇和草场;河西走廊沿绿洲边缘营造的1240km长的阻沙林带,不仅有效阻止了流沙对绿洲的危害,还恢复了2.6万hm^2的耕地。在新疆和柴达木盆地的实践也证明,在绿洲周边营造大型阻沙林带,对于保护绿洲,控制流沙发展具有极其重要的作用。防风阻沙林带造林应注意以下几点。

(1) 阻沙林带的林带结构与树种选择。防风阻沙林带应由乔木和灌木树种组成,以行间混交为宜,愈接近外来沙源一侧,灌木比重应该增大,使之形成紧密结构,以便把前移的流动沙丘和远方来的风沙流阻拦在林带外缘,不至于侵入到林带内部及其背风一侧的耕地。我国西北绿洲周边营造防风阻沙带的乔木树种主要有沙枣、小叶杨、二白杨、新疆杨、钻天杨、加杨、青杨、旱柳、白柳、榆树等,灌木树种为索索柴、柽柳、酸刺、柠条、花棒及沙拐枣等。

(2) 阻沙林带的林带规模。防风阻沙林带的宽度取决于沙源状况,在大面积流沙侵入绿洲的前沿地区,风沙活动强烈,农业利用暂时有困难,应全部用于造林,林带宽度小者200~300m,大者800~900m乃至1km以上。流沙迫近绿洲,前沿沙丘排列整齐地区,可贴近沙丘边缘造林,林带宽度为50~100m。绿洲与沙丘接壤地区若为固定、半固定沙丘,林带宽度可缩小到30~50m。绿洲与沙源直接毗连地带,若为缓平沙地或风蚀地,因风成沙不多,防风阻沙林带的宽度可为10~20m,最宽约30~40m。

(3) 阻沙林带树种的种植技术。阻沙林带由于位置处在绿洲外侧,水土条件较差,沙丘表层干燥,因此,种植树种时一般应按下述要求进行:如果是乔木,栽植时应将根系深栽到湿沙层,表层亦应把干沙换成湿沙,踩实,乔木枝叶应修剪以减少水分蒸腾。可能情况下,移栽时适当灌水。灌木应该是阻沙林带的主要品种,栽种时,基本要求是根系湿埋到湿沙层,枝条紧贴地面或外露不超过3~5cm。如果是萌发力强的灌木,如黄柳、花棒,亦可用插枝办法栽植,只是枝条亦必须埋在湿沙土层中,并将表土干沙换成湿沙,踩实。

绿洲阻沙林带与大型高大密集流沙群之间,是一片由流动沙丘、固定、半固定沙丘及沙质荒漠组成的过渡地带,也是干旱区域沙源向外扩张的区段。防止沙源物质向外扩张,对其进行封沙育草保护治理,是保护绿洲、改善沙区环境的重要组成部分,是干旱区生态环境建设的基本环节。由于这个区域接近高大密集流沙中心,沙源物质丰富,水分条件干旱,离绿洲较远,因而造林难度大,但沙层底部基质常有土质堆积,沙层厚度亦相对较薄,地下水位较浅(一般2~3m,最深7m),仍然具有超旱生灌木与草本的生长条件,过去或多或少有植被生长。对曾生长或现在仍残留有天然稀疏植被的这一地带,通过封育恢复天然植被,是在现实生产力水平下防治沙漠化发展的有效技术。

五、矿山废弃地修复

矿山废弃地是一类特殊的退化生态系统,由于人类的巨大干扰,系统受损程度已超出了原有生态系统的自我修复能力,必须在人类辅助作用下,生态系统才能逐渐得以恢复。根据矿山废弃地形成原因及组成,分为4大类,即:精矿筛选后剩余岩石碎块和低品位矿石堆积而成的废石堆、剥离物压占的陡坡排岩场/排土场、尾矿砂形成的尾矿库、矸石堆积的矸石山。

矿山废弃地主要的生态问题表现为:表土层破坏,土壤基质物理结构不良、水分缺乏,持水保肥能力差,导致缺乏植物能够自然生根和伸展的介质;极端贫瘠,氮、磷、钾及有机质等营养物质不足或养分不平衡;存在限制植物生长的物质,如重金属等有毒有害物质含量过高,影响植物各种代谢途径;极端pH值或盐碱化等生境条件,影响植物的定居;生物数量和生物种类的减少或丧失,给矿区废弃地恢复带来了更加不利的影响。根据矿山废弃地的环境特征,开展生态修复与重建的首要问题是进行矿区废弃地的基质改良。对于矿山废弃地基质改良常用的方法有表土转换和客土覆盖技术、化学改良技术、生物改良技术等。

(一)表土转换和客土覆盖技术

地表物质是植物生长的介质,植物生长立地条件的好坏,在很大程度上取决于地表性质。一般认为,回填表土是一种常用且最为有效的治理措施。表土是当地物种的重要种子库,为植物恢复提供了重要种源。同时也保证了根区土壤的高质量,包括良好的土壤结构、较高的养分与水分含量等,还包含较多的微生物与微小动物群落。

从植物生长的根系伸展方面考虑,表土覆盖厚度越高越好,因为可以避免根系穿透回填土层而扎进有毒的矿土中。然而,从工作量和实际费用方面考虑,并不是覆土越厚越好。实际上,有研究表明,覆土超过一定厚度范围后,修复效果增长反而不明显。对于矿区表土的覆盖一般选择10~15 cm厚度,且依据种植的植物类型进行调整。

回填表土所产生的改土和修复效果确实比较明显,但是我国大部分矿区在山区,土源较少,多年采矿后取土也越来越困难,有些矿区已无土可取,只能从异地采土,实行客土覆盖,但此项工程量大,费用昂贵。因此,回填表土和客土覆盖的基质改良方法只能在条件允许的矿区使用,在土源短缺的矿区,应该选用其他有效的基质改良措施。

(二)化学改良技术

矿山废弃物堆积场的组成物质主要是灰烬、砂质、岩土等,这些物质都具有易腐蚀和易分散的特点,使用化学改良剂可以改善其理化性质。

有研究表明,Ca^{2+}能明显减少植物对重金属的吸收,而使重金属的毒性趋于平缓。因此,可以采用$CaCO_3$或$CaSO_4$等减缓Ca^{2+}含量较少的矿山废弃地中重金属的毒性。当废弃地pH值过高或过低时,可以向其中添加化学物质进行中和。在pH值过高的碱性矿区,可以投加$FeSO_4$、硫磺、石膏和硫酸等改良剂;在pH值过低的煤矿、铅锌矿和铜矿等酸性矿区,可以投放生石灰或碳酸盐等作为改良剂。由于大部分矿山废弃地土壤中缺乏有机质、氮、磷等植物生长所需的营养物质,因此在矿山废弃地修复过程中需要不断添加肥料。然而,肥料施加后的效果只是短暂的,当停止施肥后,植被覆盖度、物种数和生物量都会随之下降。由此可见,采用表土覆盖等物理措施和化学措施进行矿区基质改良需要长期的人力、物力投入,且改良效果持续时间较短,因此需要易于管理的改良技术。

(三)生物改良技术

生物改良技术指向矿区废弃地中引入一些生物(如高等植物、蚯蚓、藻类等),通过生物的生理生化作用改善土壤的理化性质。

生物的代谢活动不仅可以降低土壤中有毒有害物质的浓度,而且接种后可增加土壤活性、加速改良、缩短修复周期。蚯蚓对土壤的机械翻动起到疏松、混合土壤的作用,改善了土壤的结构、通气性和透水性,使土壤迅速熟化;同时其排出的粪便,不仅含有丰富的有机质和微生物群落,而且具有很好的团粒结构,保水保肥能力强,能有效促进植物生长发育。复垦时,种植生命力强、根系发达的绿肥植物,如紫花苜蓿、草木樨、三叶草等,可以起到熟化、改良土壤的作用。绿肥植物根系发达,主根可扎入地下 2～3m,根部具有根瘤菌,根系腐烂后对土壤有胶结和团聚作用,改善矿区基质的结构和肥力。由于微生物的活动可以改善根际周围的微生态环境,提高复垦造林的成活率,提高植被品种的发芽率、成活率和生长效果,因此,接种微生物技术已被用于矿区废弃地改良。

为了更好地修复矿区生态系统,在矿区废弃地基质环境逐渐改善的过程中,可以种植适应矿区环境的植物,提高植被覆盖率。由于矿山废弃地立地条件极为恶劣,用于矿区修复的植物通常应该选择抗逆性强(对干旱、潮湿、瘠薄、盐碱、酸害、毒害、病虫害等立地因子具有较强的忍耐能力)、茎冠和根系发育好、生长迅速、成活率高、改土效果好和生态功能明显的种类。禾草(如狗牙根、黑麦草、双穗雀稗、香根草、百喜草等)与豆科植物(如三叶草、沙打旺、草木樨、金合欢、胡枝子等)往往是首选物种,因为这两类植物大多具有顽强的生命力和耐贫瘠能力,生长迅速,而且后者能固氮,提高土壤氮素含量。在矿山修复过程中,一般采用将豆科与非豆科植物进行间作,促进非豆科植物的快速生长。主要是因为植物通过共生固氮所获得的氮素是有机氮,与无机氮相比具有有效期长、易积累、可通过微生物矿化转化成无机氮缓慢释放、易被植物吸收等优点。因此,在氮素缺乏的矿地,可多种植豆科植物。在矿山退化生态系统修复的初期,一般种植禾草与豆科的草本植物作为先锋种,随后,将乔、灌、草、藤多层配置结合种植,不仅可以提高物种多样性,还能提高生态系统的稳定性和修复效果。

对于不同的矿山废弃地,根据其土壤基质污染程度和重金属种类,所选择的修复植物种类和修复机理也是不同的,所选植物一般具有吸收和富集这种重金属的能力。当然,也有一类植物虽然对重金属没有富集作用,但其有较强的耐受性,可以在重金属含量很高的土壤和水体中生长,其地上部分能保持较低并相对恒定的重金属浓度。节节草、普通狗牙根、营草、白茅等能在 As、Sb、Zn、Cd 等复合污染的土层中良好生长,可作为长江流域矿山废弃地植被恢复的先锋植物。实际上,在矿山废弃地修复中,植被的作用是多方面的,植被的生长可加速废弃地碎岩及尾矿砂的风化进程,修复矿区受污染土壤,有效遏制水土流失,使矿区植被的立地条件逐步得到改善;有利于其他植被的自然定居;同时还能有效阻滞矿区飞扬的矿尘,改善局域生态小环境,使生态功能遭到破坏的矿山废弃地能够最终实现自我修复,并逐渐达到一种新的生态平衡。

第七章 生态环境监测与评价

第一节 环境污染物及其环境毒理学效应

一、环境污染与环境污染物

环境污染会给生态系统造成直接的影响和破坏,如水体富营养化、沙漠化、森林破坏。也会造成间接的危害,有时候这种间接的危害比直接的破坏造成的后果更严重,也更难以消除,如由大气污染衍生的温室效应、酸雨、臭氧层破坏。这种由环境污染衍生的环境效应具有滞后性,往往在污染发生的当时不易被察觉或预料到,然而,一旦发生就表示环境污染已经发展到相当严重的地步。

环境污染(environmental pollution)指有害物质或因子进入环境,并在环境中扩散、迁移、转化,使环境系统结构与功能发生变化,对人类以及其他生物的正常生存和发展产生不利影响的现象。其中,引起环境污染的物质或因子称为环境污染物。因此,环境污染物(environmental pollutant)可以定义为,由于人类的活动进入环境,使环境的正常组成和性质发生变化,直接或间接有害于生物生长、发育和繁殖的物质。污染物的作用对象是包括人在内的所有生物。环境污染物可以是自然界释放的,也可以是人类活动产生的,环境生态学主要研究的是人类活动产生的污染物。

环境污染有不同的类型,但无论是哪种类型的污染,污染物质对环境的影响有一个从量变到质变的发展过程。当某种能造成污染的物质的浓度或其总量超过环境的自净能力时,环境就受到了污染。环境污染有多种划分方式,可以按照目的和角度的不同进行划分,也可以按照污染产生的原因、影响范围等进行不同的分类。按环境要素,可分为大气污染、水体污染、土壤污染等;按污染物的性质,可分为化学污染、物理污染和生物污染;按污染物的形态,可分为废气污染、废水污染和固体废弃物污染,以及噪声污染、辐射污染等;按人类活动,可分为工业环境污染、农业环境污染和城市环境污染等;按污染产生的来源,可分为工业污染、农业污染、生活污染和交通运输污染等;按污染物的分布范围,可分为全球性污染、区域性污染和局部污染等。

同样,环境污染物也有多种分类方法。环境污染物按受污染物影响的环境要素可分为大气污染物、水体污染物、土壤污染物、生物污染物等;按污染物的形态,可分为气体污染物、液体污染物和固体污染物;按污染物的性质,可分为化学污染物、物理污染物和生物污染物;按污染物在环境中物理、化学性状的变化,可分为一次污染物和二次污染物(一次污染物又称为原生污染物,二次污染物又称为次生污染物)。

产生环境污染物的污染源有多种,由人类活动所产生的污染源主要包括:人们生活中排出的废烟、废气、噪声、污水和垃圾等;工业生产中排出的废烟、废气、废水、废渣和噪声等;农业生产中大量使用化肥、杀虫剂、除草剂等化学物质后,随农业灌溉或雨后流出的农业污水;交通工具排出的废气和噪声;矿山开采过程中所产生的废水、废渣;等等。

二、毒物

毒物(toxicant)指在一定条件下,与机体接触或进入机体后,较小剂量就能直接或间接导致生物或者其后代发病、行为反常、遗传异变、生理机能失常、机体变形,甚至死亡的外源化学物。绝大多数毒物就其性质来说是化学物,可能是天然的或合成的、无机的或有机的、单体的或化合物的,也可能是动植物、细菌、真菌等产生的生物毒素。但这里所指的生物毒素不包括寄生虫、微生物和生物体自身产生的毒素。毒物可以是固体、液体和气体,主要包括多氯联苯(PCBs)、多环芳烃(PAHs)、有机氯农药(如DDT、DDD、艾氏剂、六六六)等。

毒物与非毒物没有绝对的界限,只是相对而言的。从广义上讲,世界上没有绝对有毒和绝对无毒的物质。任何外源化学物只要剂量足够,均可成为毒物。因此,讨论一种化学物质的毒性时,必须考虑到它进入机体的数量(剂量)、方式(经口食入、呼吸道吸入,经皮肤或黏膜接触)和时间分布(一次或反复多次接触),其中最主要的是剂量。例如,在正常情况下,氟是人体必需的微量元素,但当过量的氟化物进入机体后,可使机体的钙、磷代谢紊乱,导致低血钙、氟骨症和氟斑牙等一系列病理性变化。即使是人类赖以生存的氧和水,如果超过人体的正常需求量,如纯氧输入过多或者输液过量、过快时,即会发生氧中毒或水中毒。食盐是人类不可缺少的物质,但如果一次摄入60g左右,将导致人体内电解质紊乱而发病,超过200g,即可因电解质严重紊乱而死亡。反之,有毒的物质在极其微量时,对机体不具有毒性作用,也可为非毒物,如砒霜、汞化物、氰化物、蛇毒等也是临床上常用的药物。

毒物一般同时具备以下3个基本特征。
(1)对机体有不同水平的有害性。
(2)经过毒理学研究之后确定具有毒性。
(3)必须能够进入机体,与机体发生有害的相互作用。

三、主要污染物的环境毒理学效应

(一)重金属

随着工农业的快速发展,重金属污染物的排放使环境恶化日趋严重,已直接或间接地对生物和生态系统造成威胁。常见的重金属主要有汞、镉、铬、铅、钒、钴、钡等,其中汞、镉、铅危害较大。砷是一种类金属,因与重金属具有很多相似性,所以经常与重金属一起讨论。重金属在自然界中很难消失,但可以通过生物的富集作用和食物链传递的生物放大作用,在生物体内积累,从而危害人类健康。当重金属进入人体后,会抑制酶的合成和改变酶的活性,破坏人体内酶的正常活动。这类物质除了直接作用于人体引起疾病外,某些重金属还可能促进慢性疾病的发生。重金属与生物成分的相互作用,即和大分子物质的作用可能是大多数重金属产生毒性效应的主要原因。一般来说,进入有机体的重金属,几乎不是以离子的形式存在,而是与生物成分反应,形成金属络合物或金属螯合物。

重金属在环境中的浓度、分布、变迁、侵入方式、接触时间等作用条件的不同,其对生态系统和人类健康的影响也不同。如水环境中的汞,被生物吸收后可在体内发生甲基化作用,无机汞转化为毒性较高的甲基汞。三价砷可在生物体内转化为毒性较低的甲基胂酸和二甲基胂酸。当这些物质在生物体内累积超过阈值浓度时,它们将扰乱或破坏生物的正常生理功能。铬以多种价态广泛存在于自然界中,对人体的毒性与其价态有关。三价铬是人体必需的微量元素;六价铬容易进入细胞内后被还原为三价,同时产生五价铬中间体及多种氧自由基,故具有很强的毒性。单一化学物质对不同生物毒性作用不同,但长期存在于环境中的药物的复合作用是潜在的、危险的。

1. 汞

汞是一种具有严重生理毒性的环境污染物。在自然界中,广泛分布于地壳表层的大部分汞与硫结合成硫化汞。汞的有机化合物——甲基汞具有严重的神经毒性,由甲基汞中毒所致的水俣病曾造成人类的灾害。甲基汞具有脂溶性和较长的半衰期。因此,水体中的甲基汞在水生生物体内具有极高的生物富集系数,并且能通过食物链传递而危害人类健康。汞的甲基化是水体污染危害的主要致毒机制。汞作为具有高度挥发性的污染物,能在全球范围内进行循环。土壤中的汞可挥发进入大气或直接被植物吸附,地表水中的部分汞也可以通过挥发作用进入大气。汞在大气中存在的时间较长,为 0.7～1 年。由于自然界蒸发冷凝作用,汞能通过大气干湿沉降返回地表或水体,而且能从低、中纬度向高纬度迁移。

汞及其化合物可通过呼吸道、消化道及皮肤等途径进入机体,在生物体内分布的递减次序为:肾＞肝＞血液＞脑＞末梢神经。汞对人体的危害主要表现为头痛、头晕、肢体麻木和疼痛等。总汞中的甲基汞在人体内极易被肝和肾吸收,其中只有 15% 被脑吸收,但首先受损的是脑组织,并且难以治疗,严重者甚至死亡。

以不同形式存在的汞,其毒性差异较大。金属汞通过食物和饮水进入人体后,一般不会引起中毒,因为金属汞通过消化道吸收的数量甚微。而侵入呼吸道的金属汞,能完全被肺泡吸收,并经血液运送至全身。无机汞中,氯化汞为剧毒物质;有机汞中,苯基汞的分解较快,毒性较弱,而以甲基汞和乙基汞为代表的烷基汞的毒性最大。当在体重为 70kg 的人体内,甲基汞蓄积量达到 30mg 时,出现感觉障碍;蓄积量达到 100mg 时,出现水俣病典型症状。

当人吃食了含有大量甲基汞的食物后,会发生甲基汞中毒,造成中枢神经病患。甲基汞具有脂溶性、原形蓄积和高神经毒性 3 个特性。甲基汞多数经过消化道进入人体或动物体内,在胃酸作用下,产生氯化甲基汞,经肠道吸收的甲基汞几乎全部进入血液,很快同红血球中的血红素分子里的巯基结合,形成非常稳定的巯基甲基汞,随血液运送到各器官。甲基汞通过血脑屏障,进入脑细胞,也能透过胎盘,进入胎儿脑中。因脑细胞富含类脂质,因此脂溶性的甲基汞与之有很高的亲和力而蓄积在脑细胞内。对于成年人,甲基汞主要侵害大脑皮层的运动区、感觉区、视觉区和听觉区,同时也侵害小脑;至于胎儿,则是全脑普遍受到侵害。

甲基汞分子结构中的 C—Hg 键结合得很牢固,不易被破坏,因而在细胞中为原形蓄积,随着时间的延长,损害日益严重。具体表现为手、足、唇麻木和刺痛,言语失常,视野同心性缩小,听觉失灵,震颤和情绪失常,这类损害的表现具有进行性和不可恢复性。

2. 镉

在正常体内代谢中,镉不是一种必需的微量元素。镉可经消化道、呼吸道及皮肤吸收。人体消化道对镉的吸收率为1‰~6‰,呼吸道对镉的吸收率为10%~40%。由此可知,人体对空气源的镉污染比饮食源镉污染更为敏感。一般正常人每日从饮水摄入镉0~20μg,呼吸道吸入0~1.5μg。吸烟时吸入镉的量相当大,烟草能蓄积大量的镉,每支卷烟含镉1~2μg,吸烟时约10%的镉被吸收,可使肾和其他脏器镉含量明显增加。镉进入机体后,主要与含巯基的低分子质量(约10 000)的血浆蛋白相结合,形成金属硫蛋白,随血流分布到全身的各个器官。首先选择性地储存于肝和肾,其次为脾、胰腺、甲状腺、肾上腺和睾丸,而脑、心、肠、骨骼和肌肉则无镉的存留或存量甚微。

消化道对镉的吸收率与镉化合物的种类、摄入量、共存的营养物质和化学物质等有关。高钙饮食后,镉在肠道的吸收率低;钙、铁、蛋白质摄入量低时,镉吸收明显增加;锌与镉化学性质非常相似,对镉的吸收可产生竞争抑制作用;维生素D也可影响镉的吸收。

蓄积性是镉对有机体作用的重要特征。镉进入有机体后,主要在肾、肝和脾中蓄积。当高浓度吸收镉时,临界器官是肺,主要症状是肺水肿。长期低浓度摄入镉时,临界器官是肾和肺,主要症状是肾功能损害,特别是小分子蛋白尿与肺气肿。人长期摄入受镉污染的饮水及食物,可使镉在体内蓄积并导致慢性中毒。日本著名的骨痛病(又称痛痛病),就是慢性镉中毒的典型事例。据当时的调查结果显示,日本发病区的大米平均含镉0.5~0.8 mg/kg,若当地居民以每日消费大米300 g计,则每日通过大米而摄入的镉就可达150~240 μg。镉引起骨痛病的机理可能是由于镉对肾功能的损害使肾中微生物D_3的合成受到抑制,影响人体对钙的吸收和成骨作用。同时,镉使骨胶原肽链上的羟脯氨酸不能氧化产生醛基,妨碍骨胶原的固化与成熟,从而导致骨骼软化。镉对鱼类和其他水生生物都有强烈的毒性作用。

镉还对胚胎生长发育有明显影响。镉可抑制胚胎细胞分裂和DNA、蛋白质的合成,也可抑制胸腺嘧啶核苷激酶的活性。镉引起的畸形有多种,以颅脑、四肢和骨骼畸形多见。镉可引起高血压的发生,使睾丸因缺血而坏死,因大量破坏红细胞并使骨髓缺铁而导致贫血和骨质疏松,还可引起横纹肌肉瘤、皮下肉瘤及睾丸间质细胞瘤。

镉与含羧基、氨基,特别是含巯基的蛋白质分子结合而使许多酶的活性受到抑制是镉毒性作用的机理之一。镉离子可与组织蛋白羧基形成不溶性金属蛋白盐,也可与巯基形成稳定的金属硫醇盐,从而使许多酶系统的活性受到抑制和破坏,使肾、肝等组织中的酶系统功能受到损害。镉主要损害肾小管而干扰肾脏对蛋白质的排出和再吸收作用,并可影响近端肾小管的功能,引起蛋白尿、糖尿、氨基酸尿,尿钙及尿磷增加。

3. 铅

铅不是生命必需元素,对所有生物均有毒。铅污染的来源广泛,主要来自汽车尾气、冶炼和制造业,其中汽车尾气排放是最严重的铅污染源。铅及其化合物的毒性主要取决于其分散度和溶解度。硫化铅难溶于水,毒性小;三氧化二铅、氧化铅等较易溶于水,毒性较大;铅尘、铅烟颗粒较小,化学性质活泼,易经呼吸道吸入,发生中毒的可能性较大。

环境中的铅主要经消化道进入人体,其次是呼吸道,无机铅化合物不能通过完整的皮肤,因此一般不经皮肤吸收。铅通常以蒸气、烟尘的形式进入呼吸道,吸入的铅烟有约40%进入血液循环系统。铅进入血液后,大部分与红细胞结合成为非扩散性铅,少量成为与血浆蛋白结合的结合性铅或可扩散铅。可扩散铅的量少但生物活性较大,可通过生物膜进入中枢神经系统。体内的铅90%以上存在于骨骼内,血液中仅占体内总铅量的2%。一般认为,软组织中的铅能直接产生毒害作用,硬组织中的铅具有潜在毒害作用。食入的铅除少数被吸收外,大部分由尿液排出；肠道吸收的铅通过肝脏，一部分可由胆汁排入肠内，通过粪便排出；呼吸道吸入的铅，相当部分经呼吸道纤毛作用排出，小部分被吸收。吸收入体内的铅，大部分经肾脏通过尿液排出，少部分随粪便、唾液、乳汁、汗液及月经排出，毛发和指甲也可排出少量铅。

长期接触微量铅的人，其体内蓄积的铅能阻碍血细胞的形成，导致智力下降；当蓄积到一定程度时会使人出现精神障碍、噩梦、失眠、头痛等慢性中毒症状；严重者会出现乏力、食欲不振、恶心、腹胀、腹痛或腹泻等；还可通过血液进入脑组织，损害小脑及大脑皮层，干扰代谢活动，使营养物质与氧气供应不足，引起脑小毛细血管内皮层细胞肿胀，进而发展为弥漫性脑损伤。长期铅暴露会使人受孕率降低。铅毒对儿童的影响更甚，儿童对铅的吸收量比成年人要高几倍。铅对儿童的伤害是直接的，且有些伤害是不可逆转的，当血铅浓度每 100mL 达到 60mg 时，就会由智力障碍引起行为异常。

铅的毒作用主要是与体内蛋白质的巯基相结合，从多方面干扰机体的生化和生理功能。受铅干扰最严重的代谢环节是呼吸色素（如血红素和细胞色素）的生成，铅可通过抑制线粒体的呼吸和磷酸化而影响能量的产生，并通过抑制三磷酸腺苷酶而影响细胞膜的运输功能。铅的毒性作用以对骨髓造血系统和神经系统损害最为严重。在轻度中毒或中毒早期，机体受到的损害以功能性损害为主；在严重中毒或中毒晚期，则可产生器质性损伤甚至不可逆性病变。

4. 砷

砷在自然界中分布很广，无机砷化合物多以砷化合物和硫砷化合物形式存在，如 As_2O_3（砒霜）、As_2S_3（雌黄）、As_2S_2（雄黄）、$FeAsS$（砷黄铁矿）等。空气、水体和食物中一般含砷量很低，但大量燃煤地区的空气中、个别地区的地下水以及海产品中砷含量较高。无机砷进入人体内通过氧化还原和甲基化作用，转化为多种有机砷化物，主要包括甲基胂酸和二甲基胂酸。一般认为，无机砷中以三价砷毒性最强，无机砷化合物的毒性大于有机砷化合物。因此，甲基化常被认为是砷的一种解毒方式。当然，甲基化的砷也具有毒性，二甲基胂酸可致染色体改变、DNA 损伤以及基因改变，具有遗传性和致癌性。

砷化合物可经呼吸道、消化道和皮肤吸收。砷化合物经呼吸道时能被黏膜完全吸收。在正常情况下，一般从空气中吸入的砷很少，低于 $1\mu g/d$。无机砷化合物经呼吸道吸收的程度取决于其溶解度和物理状态，阴离子砷和易溶解性砷化合物在胃肠道中的吸收较迅速，不溶性砷化合物则不易被吸收。有机砷化合物的吸收主要通过肠壁黏膜的简单扩散方式进行，其吸收速率与浓度呈正相关。无机砷化合物被吸入血液后，大部分与血红蛋白上的珠蛋白结合，少量与血浆蛋白结合，并迅速通过血液分布到肝、肾、肺、肠、脾、肌肉和一些神经组织中。亚砷酸盐还可以蓄积于白细胞中。

研究表明，砷化合物对哺乳类细胞的致突变作用很微弱，一般情况下以辅致突变的形式在细胞突变中发挥作用。亚砷酸钠强力促进紫外线照射和烷化剂对哺乳类细胞染色体断裂和致突变作用。砷也具有致畸作用。国际肿瘤研究机构已经确认无机砷化合物为致癌物，砷可导致人类患皮肤癌、支气管癌、肺癌、淋巴瘤、白血病、肝癌、肺癌、胃肠癌等。

砷的毒效应主要是由于三价砷与巯基结合引起酶失活，五价砷引起氧化磷酸化解偶联、砷酸盐取代磷酸盐参入 DNA 分子，砷对毛细血管壁的毒性作用等。在酶、受体或辅酶中，作为特殊官能团的巯基，对这些蛋白质分子的活性起着重要的作用，改变巯基可引起其活性丧失。而在体外，三价砷易与含有巯基的分子反应。与蛋白质巯基具有高度亲和力的亚砷酸进入细胞后,与蛋白质巯基结合而抑制一些重要的生化反应,从而产生毒性。

(二)有毒有机污染物

有毒有机污染物是指在水中通常只以微克级(10^{-6} g/L)或更低级水平存在,可造成人体中毒或者引起环境污染的有机物质。有毒有机物包括有机氯农药、多氯联苯、多环芳烃、含氮有机物、含磷有机物等。有毒有机污染物中研究较多的是持久性有机污染物(persistent organic pollutants,简称 POPs)。持久性有机污染物是指能持久存在于环境中,具有很长的半衰期,且能通过食物链(网)累积,并对人类健康和环境造成不利影响的天然或人工合成的有机化学物质。这类物质具有高毒性、长期残留性、生物累积性和远距离迁移性等特性。有机污染物一般通过吸附作用、挥发作用、水解作用、光解作用、生物富集和生物降解作用等过程进行迁移转化。

有机氯农药是一类对环境具有严重威胁的人工合成有毒有机化合物。引起环境污染的有机氯农药主要包括 DDT、DDD、艾氏剂、六六六等,都属于持久性农药。有机氯农药的化学性质和光学性质稳定,挥发性低,易溶于脂肪和有机溶剂而不易溶于水,在环境中的残留时间长。有机氯农药主要经消化道进入机体,并蓄积在脂肪组织以及脂质含量较高的组织器官,如大网膜、肾周围组织等,可引起中枢神经及某些实质脏器,特别是肝脏和肾脏的严重损害。

多氯联苯是联苯分子中一部分或全部氢被氯取代后生成的各种异构体混合物的总称。一般以 4 氯或 5 氯化合物为主,若 10 个氢都被置换,则可形成 210 种化合物。多氯联苯化学性质稳定,不易燃烧,强酸、强碱、氧化剂都难以将其分解,且耐热性高,绝缘性好,难挥发,所以常被用作绝缘油、润滑油、添加剂等,并被广泛用于电器绝缘材料和塑料增塑剂等。多氯联苯在环境中不易分解,极难溶于水,易溶于有机溶剂和脂肪,进入生物体内相当稳定,且易聚集于脂肪组织、肝和脑中,引起皮肤和肝脏损坏。

多环芳烃是由含碳化合物在温度高于 400℃时,经热解环化和聚合作用而成的产物。多由石油、煤等燃料以及木材和可燃性气体等在不完全燃烧或高温处理条件下所产生的挥发性碳氢化合物,排入大气中后经干湿沉降到达地表,引起地表水和地下水污染。迄今已发现 200 多种,其中有相当部分具有致癌性,如苯并 α 芘、苯并 α 蒽等。多环芳烃经皮肤、呼吸道、消化道等被人体吸收,有诱发皮肤癌、肺癌、直肠癌、膀胱癌等负作用,而长期呼吸含多环芳烃的空气,饮用或食用含有多环芳烃的水和食物,则会造成慢性中毒。

环境中除了大部分是含碳化合物外,还包括含氮和含磷有机物。含氮有机物指分子中含有氮元素的有机化合物,也可看作烃类分子中的一个或几个氢原子被各种含氮原子的官能团取代而含有 C—N 键的生成物。含氮有机物的种类很多,主要有硝基化合物、胺、重氮和偶氮化合物等。含磷有机物通常指磷和碳直接相连形成 C—P 键的化合物,分为三价磷化合物和五价磷化合物。含磷有机物中值得注意的是有机磷农药的环境毒理学作用。有机磷农药进入血液后,使胆碱酯酶活性受到抑制,导致神经系统机能失调,使一些受神经系统支配的心脏、支气管、肠、胃等脏器发生功能异常。有机氮农药主要指氨基甲酸酯类杀虫剂,一般来说,有机氮农药的毒性较小,在环境中的滞留时间短,半衰期多数仅 1～4 周。

(三)有害气体

根据物理形态,大气污染物分为气态污染物和颗粒污染物。通常,在煤和石油燃烧而排放的大气污染物中,气态污染物占85%~90%,颗粒污染物占10%~15%。按照化学形态,大气污染物又分为含硫化合物、含氮化合物、碳氢化合物、碳氧化合物、卤素化合物、颗粒物质和放射性物质。此处只讨论二氧化硫、氮氧化物、一氧化碳和颗粒物的作用和危害。

二氧化硫是最常见的大气污染物。二氧化硫经7h后转化为三氧化硫的量可达20%~30%,而三氧化硫的吸湿性强,可由大气中的固体颗粒吸附和催化,极易形成硫酸烟雾。二氧化硫也是形成酸雨的主要因素。酸雨可以使水体、土壤酸化,破坏森林,伤害农作物,损伤古迹文物,影响人体健康和生物生存环境。二氧化硫对人体的结膜和上呼吸道黏膜有强烈刺激性,可损伤呼吸器官导致支气管炎、肺炎,甚至肺水肿、呼吸麻痹。二氧化硫被呼吸道吸收后,进入血液分布全身。二氧化硫在体液中以其衍生物——亚硫酸根离子和亚硫酸氢根离子动态平衡的形式存在。二氧化硫衍生物在气管、肺、肺门淋巴结合食道中含量最高,其次为肝、肾、脾等器官。二氧化硫可刺激叶片的气孔开放,使大量水分蒸腾丧失、叶绿素破坏、细胞质壁分离、原生质凝固变性、叶肉细胞死亡、叶片的栅栏组织和海绵组织解体死亡,在叶片的脉间形成大小不同的块状或斑状伤斑。

氮氧化物习惯上以NO_x表示,是大气中常见污染物,主要来自石油、煤、天然气等燃料的燃烧,其次是来自生产或使用硝酸的工厂,以及汽车排放的尾气。大气中含氮的氧化物有氧化亚氮(N_2O)、一氧化氮(NO)、二氧化氮(NO_2)、三氧化二氮(N_2O_3)等,其中占主要成分的是NO和NO_2。NO和NO_2均难溶于水,因此不易在上呼吸道吸收,但容易进入下呼吸道直至肺的深部。当NO_2进入肺泡后,溶于肺泡表面的水液中,形成亚硝酸和硝酸及其盐类,对肺组织产生强烈的刺激和腐蚀作用,引起其毒性作用,甚至肺水肿;还能以亚硝酸根和硝酸根离子的形式经肺进入血液,然后运输至全身,引起肾、肝、心等脏器损伤,最后随尿液排出。NO可引起变性血红蛋白的形成,而导致红细胞携氧能力下降;也可作用于动物中枢神经系统,在高浓度NO下暴露几分钟,可引起动物的麻痹和惊厥,甚至死亡。

一氧化碳是无色、无臭、无味、无刺激性的有毒气体,主要来源于含碳燃料、植物茎叶等的不完全燃烧,其次来源于炼焦、炼钢、炼铁等工业生产过程。CO是一种非蓄积性毒物,经呼吸道吸入,再通过肺泡进入血液,与血红蛋白结合,这种结合是紧密的,也是可逆的。CO与血红蛋白的亲和力比氧与血红蛋白的亲和力高200~300倍,所以CO与血红蛋白结合减弱了红细胞携带和运输氧气的能力,使组织缺氧,导致低氧血症。吸入高浓度CO时,可引起脑缺氧和脑水肿,继而发生脑血循环障碍,导致脑组织缺血性软化和脱髓鞘病变。CO还可加重心血管病患者的症状。

颗粒物包括固体颗粒和液体颗粒,分为总悬浮颗粒物、可吸入颗粒物和细颗粒物。总悬浮颗粒物是粒径≤$100\mu m$的液体、固体或固液结合存在并悬浮于空气介质中的颗粒物;可吸入颗粒物(PM_{10})是粒径≤$10\mu m$,能被吸入人体呼吸道的颗粒物;细颗粒物(PM_5)是粒径≤$2.5\mu m$,能被吸入人体下呼吸道深部直至肺泡的颗粒物。PM_{10}和PM_5的成分比较复杂,除含有严重危害健康的二氧化硅外,还含有许多重金属,并具有很强的吸附性,常吸附一些有害气体和具有致癌性的碳氢化合物,是多种有害物质的载体。颗粒物可刺激和腐蚀呼吸道黏膜。长期作用下,可使呼吸道防御机能降低,发生慢性支气管炎、支气管哮喘等疾病,也能诱发心血管病的发生。

(四)病原体污染物

在生活污水,以及饲养场、屠宰场、制革、医院等排出的废水中常含有各种病原体,如病菌、病毒、寄生虫等。人体接触被污染水体后,极有可能导致水媒型传染病的发生。病毒可引起小儿麻痹、传染性肝炎,病菌或寄生虫可引起血吸虫病、姜片虫病、痢疾、伤寒、副伤寒、霍乱、病毒性肝炎、阿米巴痢疾等。

病原体污染具有数量大、分布广、存活时间长、繁殖速度快、易产生抗药性、难以绝灭等特点。受病原体污染后的水体,微生物激增,其中许多是致病菌、病虫卵和病毒,它们往往与其他细菌和大肠杆菌共存,所以通常规定用细菌总数和大肠杆菌指数及菌值数为病原体污染的直接指标。

(五)放射性污染物

放射性污染物是指各种放射性核素污染物,由核工业、核动力、核武器生产和试验以及医疗、机械、科研等单位在放射性同位素应用时排放的含放射性物质的粉尘、废水和废弃物。放射性物质主要经消化道进入人体,而通过呼吸道和皮肤进入的较少。而在核试验和核工业泄露事故时,放射性物质经消化道、呼吸道和皮肤这3条途径均可进入人体而造成危害。

放射性物质直接使机体物质的原子或分子电离,破坏机体内某些大分子,如 DNA、RNA、蛋白质分子及一些重要的酶。长期接触放射性物质,会导致人体致癌、白血病、白内障、寿命缩短等方面的损害以及遗传效应等。

第二节 环境污染物的生态学行为

一、环境污染物的迁移、转化和富集

污染物进入环境的方式有多种,但从人类活动的意向来看,可归结为以下3条途径:①废物排放,如工业三废(废气、废水和废渣)的排放。②人类活动过程中故意的应用,如农药的使用。③人类活动过程中无意的释放,如化学物质储藏地遭遇洪灾而泄漏。污染物进入环境后,会发生空间位置的移动及其存在形式或存在形态的变化,如何移动和变化主要取决于污染物自身的理化性质和环境条件。污染物在环境中的行为一般可能经历3类具体过程,即迁移、转化和矿化(或降解)。

(一)污染物在环境中的迁移

污染物的迁移是指污染物在环境中发生空间位置的移动及其引起的富集、分散和消失过程。污染物可以在不同介质中发生迁移,迁移强度和速度受多种因素影响,如污染物自身的理化特性以及环境的温度、酸碱条件、氧化还原电位、吸附剂种类和数量、配合配位体的数量和性质等。由于污染物的迁移作用,使得污染物可以远距离传送,从而由局部性污染引起区域性污染,甚至造成全球性污染。迁移的结果还导致局部环境中污染物的种类、数量和综合毒性强度发生变化。

污染物在环境中主要有3种迁移方式。

(1)机械性迁移。根据污染物在环境中发生机械性迁移的作用力,可以将其分为气的机械性迁移、水的机械性迁移和重力的机械性迁移。气的机械性迁移作用包括污染物在大气中的自由扩散作用和被气流搬运的作用等,主要受气象条件、地形地貌、排放浓度和排放高度等因

素的影响。水的机械性迁移作用包括污染物在水中的自由扩散作用和被水流搬运的作用等。重力的机械性迁移作用主要包括悬浮污染物的沉降作用和人为搬运作用等。

(2)物理化学迁移。对于无机污染物而言,物理化学迁移指污染物以简单的离子、配离子或可溶性分子的形式与环境中其他物质通过一系列物理化学作用来实现的迁移,如溶解-沉淀作用、氧化-还原作用、水解作用、配合和螯合作用、吸附-解吸附作用等;对于有机污染物而言,除了上述几种作用外,还有化学分解、光化学分解、生物化学分解等。物理化学迁移的结果决定了污染物在环境中的存在形式、富集状况和潜在的生态危害程度。

风化淋溶作用指环境中的水在重力作用下运动时通过水解作用使岩石、矿物中的化学元素溶入水中的过程,其结果是产生游离态的元素离子。

酸碱作用常用于指示环境 pH 值的变化过程。当环境 pH 值较低时,促进大多数污染物形成易溶性化学物质,如酸雨加速岩石与矿物的风化和淋溶,促进土壤中铝的活化;当环境 pH 值偏高时,有利于污染物沉淀而在沉积物中富集。

吸附作用指固体或液体表面对污染物的一种吸着作用。重金属和有机污染物常被吸附在胶体或颗粒物表面而随之迁移。

氧化还原作用指污染物在环境中由于电子传递而发生的物质变化过程。当环境中游离氧占优势时,有机污染物可被逐步氧化,最后彻底分解为二氧化碳和水;而在厌氧环境下则形成一系列还原产物,如硫化氢、甲烷、氢气等。某些元素,如铬、钒、硫、硒等,在氧化条件下形成易溶性化合物铬酸盐、钒酸盐、硫酸盐、硒酸盐等,这些化合物具有较强迁移能力;而在还原环境中,这些元素因变成难溶的化合物不能迁移而稳定在环境中。

(3)生物迁移。指污染物通过生物的吸收、转移、排泄和通过食物链的传递,以及生物的代谢降解过程而发生的迁移。如污染物经生物体内的生物化学作用而发生形态变化,产生代谢物或分解成简单的无机物、二氧化碳和水。不同种类生物对污染物的迁移能力和迁移方式不同。如有些生物对环境中污染物具有选择吸收和积累的能力,有些生物对污染物具有降解能力。

(二)污染物在环境中的转化

污染物的转化指污染物在环境中通过物理、化学或生物的作用由一种存在形态转变成另一种存在形态,或者转变成另一种物质的过程。不同形态的污染物在环境中有不同的化学行为,并表现出不同的污染生态效应。从污染物转化的形式看,可分为物理转化、化学转化和生物转化。污染物在转化过程中,通过改变其存在形态或者其分子结构,从而改变污染物原有的化学性质、毒性和生态效应。

污染物的物理转化可通过蒸发、渗透、凝聚、吸附以及放射性元素的蜕变等一种或几种过程来实现。

污染物的化学转化指污染物通过氧化还原反应、水解反应、络合反应、光化学反应等发生分解与转化的过程。在大气中,污染物的化学转化以光化学氧化和催化反应为主。在水环境中,化学转化主要以水解、络合和氧化还原反应为主。水解反应是有机污染物在水环境中最重要的一种反应,但某些有机官能团(如烷烃、多环芳烃等)则难以水解。有害污染物与水体中的无机和有机配位体或螯合剂发生配合反应而改变存在形态。在一定的氧化还原条件下,水环境中的重金属通过电子转移而出现价态变化。在土壤中,农药的水解由于土壤颗粒的吸附催化作用而加强,甚至有时比在水中还快。金属离子在土壤中也经常在其价态上发生一系列的改变。

污染物的生物转化和生物降解作用指污染物通过微生物的参与或在生物相应酶系统的催化作用下所发生的变化过程。污染物在环境中的转化结果,一方面可使污染物对生物的毒性降低,甚至转化为无毒物质或形成易降解的分子结构;另一方面可以增加污染物的生物可利用性,使污染物的生物毒性增强,或形成难降解的分子结构。微生物对环境中有机污染物的生物降解起着关键性的作用。无论是简单的有机物(如单糖类等)还是复杂的有机物(如纤维素、木质素等),也无论是天然的有机物(如石油等)还是人工新合成的化工产品(如农药等),均可在不同条件下被不同微生物所利用、降解以及彻底分解成最简单的无机物。微生物也参与矿物质的转化,如某些微生物能将无机汞转化成甲基汞,另一些微生物则能使有机汞还原为无机汞;有些微生物能将无机砷(As)转化成甲基砷,另一些微生物则能使甲基砷还原为无机砷;而有些微生物能将 As(Ⅲ)氧化成毒性较弱的 As(Ⅴ),另一些微生物又能将 As(Ⅴ)还原成毒性较强的 As(Ⅲ)。

(三)污染物在生物体内的富集

污染物在环境中生物体内的富集指污染物在生物个体内或者经生物的取食和被食关系沿食物链从低营养级传递到高营养级生物体内的过程。按照污染物在生物体内累积的不同,分为生物浓缩、生物累积和生物放大。

生物浓缩指生物机体或食物链上处于同一营养级的生物种群,从环境中蓄积某种污染物,出现生物体中浓度超过环境中浓度的现象,又称生物学富集。生物浓缩程度可用生物浓缩系数或富集因子(bioconcentration factor,BCF)表示:

$$BCF = \frac{\text{生物体内污染物的浓度}(\times 10^{-6})}{\text{环境中该污染物的浓度}(\times 10^{-6})}$$

生物累积是指生物个体在生长发育的不同阶段通过吸收、吸附、吞食等各种过程,从环境中蓄积某种污染物,从而随着生长发育,浓缩系数不断增大的现象,又称生物学积累。生物累积程度用生物累积系数(bioaccumulation factor,BAF)表示:

$$BAF = \frac{\text{生物个体生长发育较后阶段体内蓄积污染物的浓度}(\times 10^{-6})}{\text{该生物个体生长发育较前阶段体内蓄积污染物的浓度}(\times 10^{-6})}$$

生物累积污染物水平取决于生物对污染物的摄取和消除速度之比,当摄取速度大于消除速度时,则发生生物累积。

生物放大是指在生态系统中,污染物在生物体内随着食物链上营养级的升高而逐步增加的现象。生物放大的程度用生物放大系数(biomagnification factor,BMF)表示:

$$BMF = \frac{\text{较高营养级生物体内污染物的浓度}(\times 10^{-6})}{\text{较低营养级生物体内该污染物的浓度}(\times 10^{-6})}$$

生物放大的结果使食物链上高营养级生物机体中污染物的浓度显著地超过环境浓度。

影响污染物在生物体内富集的因素很多,主要有生物物种的特性、污染物的性质、污染物的浓度,及污染物对生物的作用时间、环境特点等。不同种类的生物、处在不同发育期的生物和生物的不同器官对污染物的富集规律不同。例如,鲢鱼的不同器官对重金属铅的富集量从大到小的顺序为:鳃>鳞>内脏>骨骼>头>肌肉;水稻各器官对铅的富集量也存在很大差异,富集能力由大到小依次为:根>叶>茎>谷壳>米;水稻的根在不同生长期对铅的富集量也有很大差异,依次为:拔节期>分蘖期>苗期>抽穗期>结实期;叶片和茎也以拔节期对铅的富集量最高,而谷壳和糙米则以结实期对铅的富集量最高。

以美国长岛河口区内 DDT 对生物群落的污染为例。该地区大气中 DDT 的含量为 3×10^{-6} mg/m^3,其溶于水中的量微乎其微。在水环境中,DDT 沿着食物链营养级在生物体内逐级富集,在生物体内的 DDT 含量逐渐增加(表 7-1)。

表 7-1 美国长岛河口区内 DDT 在生物群落中沿着食物链的生物富集作用(据孟紫强,2003,修改)

生物	体内 DDT 含量 (mg/kg)	富集系数
浮游生物	0.04	1.33×10^4
小鱼	0.50	1.67×10^5
大鱼	2.00	6.67×10^5
海鸟	25.00	8.33×10^6

二、环境污染的生态效应

生态效应是人为活动造成的环境污染和环境破坏影响生物体生存和发展,并引起生态系统结构和功能变化的现象。生态效应在传统意义上包括两方面的含义:一方面是指有利于生物体的生存和发展以及生态系统的结构和功能,即良性的生态效应;另一方面是指不利于生物体的生存和发展以及生态系统的结构和功能,即不良的生态效应。但是,生态效应一般指负面的影响。

污染物对生态系统的作用最明显的是对生物体的影响,而对生物体的作用首先是从生物大分子开始,包括对遗传分子的损伤、抑制蛋白质的合成、改变酶活性等。由于污染物影响了生物大分子的合成和分解、结构和功能,必然将逐步在细胞、器官、个体、种群、群落、生态系统各个水平上反映出来(图 7-1)。

(一)环境污染的分子生态效应

分子生物学技术的快速发展加速了从分子水平探索污染物对生物的作用机制研究。利用分子生物学技术可以快速检测生态环境是否受到污染。生物机体的生化过程是构成整个生命活动的基础,酶起着重要的作用。污染物进入机体后,一方面在酶的催化作用下进行代谢转化,另一方面也导致酶活性的改变。很多污染物对生物的作用就是与酶分子相互作用,影响其表达和活性,引发体内一系列生化变化,从而引起污染物的毒性效应。例如,细胞色素 P450 酶系、生物转化酶(如谷胱甘肽硫转化酶)、小分子抗氧化防御系统等各种酶活性的变化,都对污染物的毒理过程发挥重要作用。因此,可以将这些生物分子的响应作为污染物暴露的生物标志物。如鱼脑中乙酰胆碱酯酶的活性下降可以反映出水中有机磷和氨基甲酸酯的污染程度,鱼血清中谷氨酸草酰乙酸转氨酶升高,则指示水体中有机氯杀虫剂和汞污染严重,鱼肝脏受损。

(二)环境污染的细胞生态效应

污染物对生物的作用,在细胞水平上也有很明显的反映。生物在受到污染物的影响而尚未出现可见症状之前,在细胞和组织水平上已经出现了生理生化和显微结构等微观方面的变

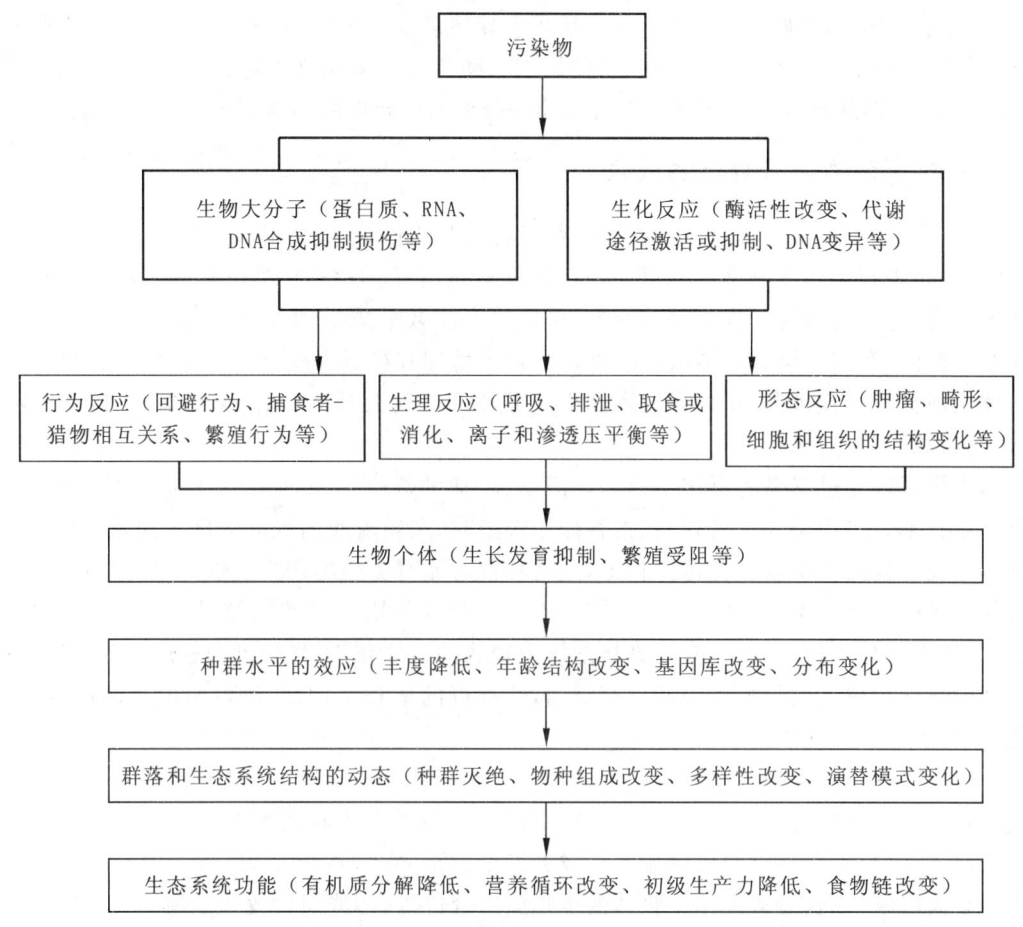

图 7-1 环境污染生态效应示意图（引自卢升高，2010）

化。例如，玉米在生长过程中受到镉污染时，根细胞和叶细胞的细胞核变性，外膜肿大，内腔扩大，严重时核膜会内陷；线粒体表现为凝聚性，膜扩张，内腔中嵴突消失，出现颗粒状内含物，中心出现空泡；基粒片层大部分消失，类囊体空泡化，基粒垛叠混乱，基质片层消失，并出现脂类小球。在重金属作用下，大麦根尖细胞的有丝分裂指数出现不同程度下降，根尖分生组织细胞内出现多核仁现象，结构也发生相应变化。

（三）环境污染的个体生态效应

在生物个体层次上的影响主要表现为改变个体行为和形态结构、降低繁殖力、抑制生长和发育、降低生物产量，严重时甚至导致死亡。大多数非静止性的水生动物需依靠游动来保持平衡、摄食、逃避伤害及产卵等。化学污染物可使水生生物的行为改变，如游动能力下降、异常游动，失去回避反应等。鱼类对各种性质的污染物，如洗涤剂、重金属及农药等，均可产生回避反应，轻则引起鱼类种群的迅速回避，重则减少鱼类的栖息密度及切断洄游路线，严重影响渔业生产。如水体中一定浓度的 DDT 导致鲑鱼对低温敏感，被迫改变产卵区，把卵产在温度偏高的区域而使鱼苗无法存活。水体中化学污染物对水生生物产生致畸的最敏感期是在胚胎发育阶段，如 Cd、Cu 和六六六污染水体，均可使草鱼胚胎发生畸形，包括心脏发育受阻而成管状心脏、鱼苗发生弯体等;防腐漆添加剂三丁基锡可使软体动物发生畸形;蚕豆种子的萌芽率随种子中镉含量的增加而显著下降;受氯丹污染的湖泊中鳟鱼的肝脏出现退化;γ-六六六使阔尾鳟鱼卵母细胞萎缩,抑制卵黄形成,抑制黄体生成素对排卵的诱导作用,使卵中胚胎发育受阻等。

(四)环境污染的种群生态效应

种群具有3个基本特征,即空间特征、数量特征和遗传特征。环境中污染物在种群层次上的影响,主要表现为改变种群的密度、繁殖、数量动态、种间关系、种群进化等。污染物对生物个体的行为、繁殖力和生长发育等的影响,可导致个体数量减少和种群密度下降,甚至导致种群灭绝。然而,有些污染物可能会导致种群数量的增加和种群密度上升。如N、P含量的增加使水体出现富营养化现象,从而导致水体中藻类种群密度上升;农药的滥用造成天敌减少,而引起害虫种群数量的暴发。

污染物可以通过降低种群出生率和存活率、增加种群死亡率,而改变种群年龄结构,并降低种群增长率。当污染物浓度较高、毒害作用较强时,在短时间内种群数量急剧减少甚至趋于灭绝。而长期暴露在浓度较低污染物下,生物种群可能对污染物产生抗性,这种污染环境的选择可导致具抗性基因型个体的增加,而使污染物对种群的增长率影响较弱。当污染物浓度较高,但仍低于致死剂量时,部分对污染物抵抗力较弱的个体死亡,导致种群密度下降,种群中的幸存者能够获得较多的物质资源和生存空间,使种群的增长率增加,种群密度逐渐恢复,从而避免灭绝。

环境污染也可以通过改变种群的生活史进程而影响种群的动态。生物个体在不同的发育时期对环境污染的敏感性不同,机体对污染物的抵抗力随着生物的发育而逐渐增强。在胚胎发育阶段,污染物可以直接导致胚胎死亡或者发生畸形;在种群生育期,污染物可能对种群动态产生重大影响,如延缓或加速生物体的生长或发育过程,还能通过改变生物的生长模式和性成熟期等改变种群的生活史进程。

污染物还可以通过改变种间关系来影响种群增长率。种间关系包括捕食、竞争、寄生和共生等。污染物能够降低被捕食者的活动能力,而加大其被捕食的风险;也可提高猎物的活动性,降低捕食者的捕食能力和捕捉效率,而减弱捕食者和猎物之间的捕食关系,从而提高猎物种群的增长率,降低捕食者种群的增长率。污染物也可以改变种间竞争关系,使环境中优势种和伴生种的地位发生互换。污染物还可以通过影响寄生物和寄主来破坏寄生关系,影响共生体生物的生活习性而改变共生关系。

(五)环境污染的群落和生态系统效应

环境中污染物对生物个体和种群的作用势必会影响群落和生态系统的结构和功能。污染物对群落组成和结构的影响,包括优势种、生物量、丰度和物种多样性等。群落的结构由各物种组分决定,物种组分的变化导致群落结构改变。而污染物影响物种的种群密度和种间关系,也就影响群落的物种组成。当污染物对环境中生物具有强毒作用,且影响时间过长时,对污染物越敏感的物种受到的毒性作用就越强,这些物种可能会从环境中消失;而对污染物抗性强的物种可能成为优势种,从而改变群落的物种组成和结构,降低群落中物种丰度和生物多样性。

污染物除了直接的毒性作用外,还可以通过改变种间关系来影响生态系统的结构。如在水生生态系统中,重金属污染改变水体中浮游植物的种类组成,浮游植物种类的变化可能影响植食性动物的种类组成,甚至改变其食性,从而影响种间关系。在农业生态系统中,农药不仅可以杀灭害虫,还会伤害有益生物,影响土壤微生物和无脊椎动物,使生物种类由复杂变简单。

环境污染也可以通过影响食物链结构而导致群落结构的破坏。在自然界中,各营养级的物种由于长期的自然选择建立了相对稳定的食物链结构,这对维持生态系统的正常功能具有重要作用。然而,由于环境中污染物的增加,改变了物种的种间关系,使抗性较弱的物种减少甚至消失。弱抗性物种在食物链(网)上所处营养级所受的影响,可能会导致前一个营养级物种因天敌减少或消失,其种群大小上升,随后出现其他天敌;后一个营养级物种因缺少食物,其种群生物个体减少,为了保证物种延续而被迫以其他生物为食。这种因污染物的影响而改变的食物链导致群落结构受到破坏。

生态系统的功能包括能量流动、物质循环和信息传递。污染物除了通过作用于生态系统的组成和结构,间接影响生态系统的功能外,还会直接作用于生态系统,使其功能发生变化。如环境污染可能通过减少营养元素的可利用性、降低光合效率、增强呼吸作用、增加病虫害胁迫等方式来降低初级生产量。污染物也可能通过影响分解者的种群大小、生物活性等而降低环境中有机质的分解和矿化作用,使物质循环受阻。

第三节 污染物的毒性评价方法

20世纪90年代后,随着环境化学、生态学、生态毒理学等学科的发展,研究有毒有害化学物质对生态环境的危害逐渐受到人们的重视,污染物生态毒性效应评价的研究内容和方法也随之不断发展。污染物的生态毒性效应评价研究作为生态风险评价研究的关键环节,也受到社会的更多关注,成为环境生态学研究的热点。污染物的生态毒性效应评价就是定量分析和评价环境污染物对生态系统的不良效应,为环境质量评价、调控和环境管理提供科学依据。

一、污染物的毒性作用

毒性(toxicity)指一种物质能引起机体损害的性质和能力。物质的毒性越强,导致机体损伤所需的剂量越小;反之,毒性越弱,对机体呈现毒性所需剂量就越大。物质的毒性强弱主要通过对机体产生损害的性质和程度而表现出来。因此,考察物质的毒性强弱必须考虑其与机体接触的剂量、时间、方式、途径等。

中毒(toxication)指机体受到某种物质的作用而产生功能性或器质性的病变。如有机磷农药进入机体并达到中毒剂量时,使生物出现出震颤、出汗、流涎、瞳孔缩小等中毒症状。根据中毒发生发展的快慢,可分为急性中毒、慢性中毒、亚急性中毒(又称亚慢性中毒)。急性中毒是指短时间内,大量毒物进入机体所引起的中毒症状,严重时甚至导致死亡;慢性中毒是指少量毒物长期逐渐进入机体,在机体内蓄积达到一定程度后才出现反应的中毒症状;亚急性中毒介于二者之间,界限并不十分明显。

危险度(risk)又称危险性或风险度,是指在一定暴露条件下化学物质导致机体产生某种不良效应的概率,即某种物质在具体的接触条件下对机体造成损害可能性的定量估计。危险度可分为归因危险度(attributable risk)、相对危险度(relative risk)和可接受危险度(acceptable risk)。

危害性(harzard)的意义与危险性相似,但缺乏定量概念,未考虑机体可能接触的剂量和损害程度,一般指化学物质对机体产生危害的可能性。化学物质的毒性与其危害性并不一定一致,有些毒性大的化学物质所具有的危害性可能很小,如难以挥发的高毒性化学物质通过呼吸道吸入而引起中毒的可能性就很小。

剂量(dose)的概念较为广泛,既可指给予机体的或机体接触的外源化学物的数量,又可指外源化学物质被吸收进入机体的数量,还可指外源化学物质在机体关键组织器官和体液中的浓度或含量。但是,由于外源化学物质被吸收的量或在机体内组织中的浓度或含量不易准确测定,所以剂量的一般概念是指给予机体的或机体接触的外源化学物的数量。剂量通常是以单位体重的机体接触的外源化学物质的数量(mg/kg)或生存环境中的化学物质的浓度(mg/m^3 或 mg/L)来表示。剂量是决定外源化学物质对机体造成损害作用的最主要因素。

同一种化学物质,不同剂量对机体作用的性质和程度不同,几个重要的剂量概念如下。

1)致死剂量(lethal dose,简称 LD)

致死剂量指以机体死亡为观察指标而确定的外源化学物质的量。按照可引起机体死亡率的不同而有以下几种致死剂量。

(1)绝对致死剂量(absolute lethal dose,简称 LD_{100}),指能引起所观察个体全部死亡的最低剂量,或在试验中可引起受试动物全部死亡的最低剂量。

(2)半数致死剂量(half lethal dose,简称 LD_{50}),又称致死中量(median lethal dose),指引起一群个体 50% 死亡所需剂量。一般用 mg/m^3 或 mg/L 来表示。

半数耐受限量(median tolerance limit,简称 TL_m),又称半数存活浓度,指在一定时间内受试动物中 50% 个体能够耐受的某种环境污染物的浓度。一般用 TL_m48 表示,即在一定浓度下,经 48h,50% 的受试动物可以耐受,50% 的受试动物死亡。如果经 96h,则为 TL_m96。

(3)最小致死剂量(minimal lethal dose,简称 LD_{min}),指在一群个体中仅引起个别死亡的最低剂量,低于此剂量则不能使受试动物出现死亡。

(4)最大耐受剂量(maximal tolerance dose,简称 TD_{max}),指在一群个体中不引起死亡的最高剂量。

2)半数效应剂量(median effective dose,简称 ED_{50})

半数效应剂量指外源化学物质引起机体某项生物效应发生 50% 改变所需的剂量。如以某种酶的活性作为效应指标,整体试验可测得抑制酶活性 50% 时的剂量(ED_{50}),整体试验可测得抑制该酶活性 50% 时的化学物质浓度称为半数抑制浓度(median inhibition concentration,简称 IC_{50})。IC_{50} 也可用其反对数(PI_{50})表示。

3)最小有作用剂量(minimal effect level,简称 EL_{min})

最小有作用剂量也称中毒阈剂量(toxic threshold level)或中毒阈值(toxic threshold value),指外源化学物质按一定方式或途径与机体接触时,在一定时间内,使某项灵敏的观察指标开始出现异常变化或机体开始出现损害所需的最低剂量。最小有作用浓度则是指环境中某种化学物质能引起机体开始出现某种损害作用所需的最低浓度。

4)最大无作用剂量(maximal no-effect level,简称 NEL_{max})

最大无作用剂量又称未观察到作用剂量(no observed effect level,简称 NOEL),指外源化学物质在一定时间内按一定方式或途径与机体接触后,采用目前最为灵敏的方法和观察指标而未能观察到任何对机体具有损害作用的最高剂量。对于环境中的外源化学物质则称为最大无作用浓度。

最大无作用剂量或最大无作用浓度是根据慢性或亚慢性毒性试验的结果确定的,是评定外源化学物质对机体损害的主要根据,也是制定每日容许摄入量(acceptable daily intake,简称 ADI)和最高容许浓度(maximal allowable concentration,简称 MAC)的主要依据。ADI 是指人类终生每日随同食物、饮水和空气摄入的某一外源化学物质不引起任何损害作用的剂量。MAC 是指环境中某种外源化学物质对人体不造成任何损害作用的浓度。由于人类生产和生活活动的差异,同一外源化学物质在生产和生活环境中的 MAC 也不相同。

不同化学物质之间毒性的差别相当大,可达到百万甚至几千万倍。因此,毒性分级在预防中毒等方面有着重要的意义。目前国际上对外源化学物质急性毒性的分级主要是依据 LD_{50},但国际组织与各国制定的分级标准还没有统一。世界卫生组织(WHO)的毒性分级标准见表 7-2,美国环保局(EPA)的毒性分级标准见表 7-3,我国工业毒物、农药的急性毒性分级标准见表 7-4 和表 7-5。

表 7-2 世界卫生组织(WHO)外源化学物质的急性毒性分级标准

毒性分级	大鼠一次经口 LD_{50} (mg/kg)	6只大鼠吸入 4h,死亡 2～4只的浓度($\times 10^{-6}$)	兔经皮 LD_{50} (mg/kg)	对人可能致死的估计量	
				g/kg	总量(g/60kg)
剧 毒(Ⅰ)	<1	<10	<5	<0.05	0.1
高 毒(Ⅱ)	1～	10～	5～	0.05～	3
中等毒(Ⅲ)	50～	100～	44～	0.5～	30
低 毒(Ⅳ)	500～	1000～	350～	5～	250
微 毒(Ⅴ)	5000～	10 000～	2180～	>15	>1000

表 7-3 美国环保局(EPA)制订的急性毒性分级

毒性分级	经口 LD_{50} (mg/kg)	吸入 LC_{50} (mg/L)	经皮 LD_{50} (mg/kg)
剧 毒(Ⅰ)	<50	<0.2	<200
高 毒(Ⅱ)	50～100	0.2～2	200～2000
中等毒(Ⅲ)	500～5000	2～20	2000～20 000
低 毒(Ⅳ)	>5000	>20	>20 000

注:LC_{50} 为半数致死浓度(median lethal concentration)

表 7-4 我国工业毒物的急性毒性分级

毒性分级	小鼠一次经口 LD_{50} (mg/kg)	小鼠吸入染毒 2h LC_{50} (mg/L)	兔经皮 LD_{50} (mg/kg)
剧 毒	≤10	≤50	≤10
高 毒	11～100	51～500	11～50
中等毒	101～1000	501～5000	51～500
低 毒	1001～10 000	5001～50 000	501～5000
微 毒	>10 000	>50 000	>5000

表 7-5 我国农药的急性毒性分级标准(1996)

毒性分级	大鼠经口 LD_{50} (mg/kg)	大鼠经皮 4h LD_{50} (mg/kg)	大鼠吸入 2h LC_{50} (mg/L)
剧毒	<5	<20	<20
高毒	5~50	20~200	20~200
中毒	50~500	200~2000	200~2000
低毒	>500	>2000	>2000

二、污染物的毒性评价方法

(一)一般毒性评价

环境污染物的一般毒性评价采用体内试验方法,它根据受试生物染毒时间的长短或次数分为急性、亚急性、慢性,以及长期和终生毒性试验。通过一般毒性试验,可以比较环境污染物的毒性,掌握毒性作用的特征与性质,分析中毒机理及其影响因素等。在毒性评价的常规工作中,要依据特定受检物的要求和目的来确定一般毒性评价的内容。

1. 毒性试验(toxicity test)

急性毒性(acute toxicity)指外源化学物质大剂量一次或在 24h 内多次接触于机体后,在短时间内对机体引起的毒性作用。急性毒性试验指测定高浓度污染物大剂量一次染毒或 24h 内多次染毒对受试生物所引起的毒性作用的试验。一般以试验中受试生物的半数致死浓度或剂量表示受试化学物质的急性毒性大小。试验结果可以阐明外源化学物质的相对毒性及毒作用的特点和方式,确定毒作用剂量-反应(效应)关系,为进一步进行其他毒理试验的设计提供有价值的直接参考依据。

慢性毒性(chronic toxicity)指机体在生命周期的大部分时间内或整个生命周期内持续接触外源化学物质所引起的毒性效应。慢性毒性试验又称长期毒性试验,指在受试生物生命的大部分时间或终生时间内,连续长期接触低剂量的受试化学物质的毒性试验。慢性毒性试验一般持续染毒 6 个月至 2 年,甚至终生染毒。通过慢性毒性试验可以确定受试化学物质的慢性阈剂量(浓度)和最大无作用剂量,为制定受试化学物质在环境中的最大容许限量和每日容许摄入量提供依据。

亚急性毒性(subacute toxicity)指机体连续多日接触外源化学物质所引起的毒性效应。亚急性毒性试验指在相当于受试生物约 1/10 生命周期内少量反复接触受试化学物质所引起的损害作用的毒性试验。亚急性毒性试验中一般是连续染毒 1~3 个月。通过亚急性毒性试验可以进一步确定受试化学物质的主要毒性作用、最大无作用剂量和中毒阈剂量,可以为慢性毒性试验的试验设计提供参考。

2. 蓄积毒性评价

蓄积作用指外源化学物质进入机体的速度(或总量)超过机体代谢转化和排泄的速度(或总量),进而造成外源化学物质在机体内不断积累的现象。蓄积作用是发生慢性中毒的基础。

化学物质的蓄积包括两个内涵,即物质蓄积和功能蓄积(又称损伤蓄积)。当机体多次接触较小剂量外源化学物质时,该化学物质的数量在体内不断蓄积,这种量的积累过程称为物质蓄积。当机体反复接触外源化学物质后,机体的结构和功能发生改变,并逐渐加深导致中毒表现称为功能蓄积。物质蓄积和功能蓄积同时存在、互为基础,因为物质蓄积的情况下,肯定存在机体一定结构和功能的改变,而功能改变的积累也必须以物质积累为基础。

具有蓄积作用的外源化学物质,如果较小剂量与机体接触,并不引起急性中毒,但如果机体与此种小剂量的外源化学物质反复多次接触,一定时间后可出现明显中毒现象,称为蓄积性毒性。

蓄积毒性试验有两种方法:蓄积系数法和生物半衰期法。蓄积系数法的具体试验方案有两种,即固定剂量法和递增剂量法。蓄积毒性试验的目的是求出外源化学物质的蓄积系数,了解蓄积毒性的强弱,并为慢性毒性试验及其他有关毒性试验的剂量选择提供参考。

蓄积系数(accumulation coefficient)表示外源化学物质的功能蓄积程度,指多次染毒使半数动物出现某种毒性效应的总有效剂量[$ED_{50}(n)$]与一次染毒时所得相同效应的剂量[$ED_{50}(1)$]的比值,用 k 表示。毒性效应包括死亡。半数有效量(ED_{50})是指某种化学物质使50%的受试动物产生效应的剂量。因此,k 值越小,表示受试化学物质的蓄积毒性越大。当 $k<1$ 时,表示高度蓄积;当 $1 \leq k \leq 3$ 时,表示明显蓄积;当 $3 < k \leq 5$ 时,表示中等蓄积;当 $k > 5$ 时,表示轻度蓄积。

生物半衰期是指外源化学物质进入机体后,由机体代谢转化和排泄而消除一半所需的时间。通常采用应用化学分析或同位素示踪技术测定化学物质在受试动物血液中的生物半衰期表示,即间接测定化学物质在血液中的浓度降低50%所需的时间。一般情况下,代谢快、排泄快的化学物质,其生物半衰期就短,而代谢慢、排泄慢的化学物质的生物半衰期就较长。外源化学物质在机体内的蓄积与其生物半衰期有关,生物半衰期短的毒物,则蓄积能力可能小;反之,其蓄积能力可能大。

(二)特殊毒性评价

特殊毒性包括外源化学物质的致突变性、致癌性、致畸性、依赖性和生殖系统毒性,其不易被察觉,需要经过较长潜伏期或在特殊条件下才会暴露出来。虽然发生率较低,但是造成的后果较严重而且难以弥补。

特殊毒性又称生殖发育毒性,指外源化学物质在损害生物的生殖和发育过程中所引起的毒性效应。外源化学物质对生物生殖发育的损害作用具有两方面的特点。一方面是生殖发育过程较为敏感,一定剂量的外源化学物质对机体其他系统或功能尚未造成损害作用时,生殖发育过程的某些环节可能已经出现了障碍;另一方面是外源化学物质对生殖发育过程的影响范围较为广泛和深远。一般毒性作用仅仅表现在外源化学物质直接接触个体并对其造成损害,而对生殖发育过程的损害,不仅直接涉及雌雄两性个体,同时还可造成其第二代个体的损害,而且这种损害作用甚至在第二代以后世代的个体中还有所表现。

第四节 生态监测与生态评价

一、生态监测

(一)基本概念

20世纪初,Kolkwitz R 和 Marsson M(1909)提出了污水生物系统,为应用指示生物评价污染水体自净状况奠定了基础,由此生态监测得以产生。1920年,Clements 把植物个体及群落对于各种因素的反应作为指标,应用于农、林、牧业,并主张把植物作为高效的测定仪器,积极提倡使用植物检测器。特别是自20世纪60年代以来,随着全球性环境问题的出现,人们对环境问题的认识不断深化,环境问题不再局限于排放污染物引起的问题,还应包括环境的保护、生态平衡和可持续的资源问题,环境监测也从一般意义上的环境污染因子监测开始向生态环境监测过渡和拓展。生态监测逐渐成为环境科学研究中的活跃领域,并在理论和监测方法上更加丰富。

但是,对于生态监测的定义,不同学者持有不同的观点。到目前为此,生态监测的定义尚不统一,争论的焦点主要集中在如何区分生态监测与生物监测。归纳起来大致有3种看法:其一,生态监测是生态系统层次的生物监测,就是观测与评价生态系统对自然变化及人为变化所做的反应,包括生物监测和地球物理化学监测两方面内容;其二,生态监测是比生物监测更复杂、更综合的一种监测技术,认为从学科上看,生态监测属于生物监测的一部分,由于其涉及的范围远比生物学科广泛、综合,因此可以把生态监测独立于生物监测之外;其三,生物监测包含生态监测,认为生物监测就是系统地利用生物反应来评价环境的变化,并把所获取的信息用于环境质量控制的程序中。这种生物反应重点是对生态系统水平进行评价。实际上,两者都是利用生命系统各层次对自然或人为干扰引起环境变化的反应来监测和评价环境质量,从这种意义上来说,二者没有太大差别。因此,目前人们所说的生物监测,实际上大多都是生态监测。

目前比较认可的生态监测(ecological monitoring)的定义是:以生态学原理为理论基础,通过物理、化学、生物等各种技术手段,运用可比的方法,在时间和空间上对特定区域范围内生态环境中的各个要素、生物与环境之间的相互关系、生态系统结构和功能进行系统的监控和测试的过程。生态监测的结果用于评价和预测人类活动对生态系统的影响和该系统的自然演变过程,对生态系统的能量流动、物质循环、信息传递过程进行监测,以便及时判断其是否处于良性循环状态,为评价生态环境质量、保护和改善生态环境、恢复重建生态、合理利用自然资源提供决策依据。

生物监测(biological monitoring)指利用生物个体、种群或群落的状况和变化及其对环境污染或变化所产生的反应,阐明环境污染状况,从生物学角度为环境质量的监测和评价提供依据。

环境监测(environmental monitoring)指运用物理、化学、生物等现代科学技术方法,间断地或连续地对环境化学污染物及物理和生物污染等因素进行现场的监测和测定,做出正确的环境质量评价。随着工业和学科的发展,环境监测的内容也由工业污染源的监测,逐步发展到对大环境的监测,即监测对象不仅是影响环境质量的污染因子,还包括对生物、生态变化的监测。因此,对环境污染物的监测不仅要测定其成分和含量,而且还需对其形态、结构和分布规律进行监测。为了更加全面、确切地评价环境质量,还需监测物理污染因素(如噪声、振动、热、光、电磁辐射和放射性等)和生物污染因素对生物的生存和生态平衡的影响。

而对于生态监测与环境监测的关系,一般认为,生态监测是环境监测的组成部分,但也有部分学者认为,生态监测包括环境监测和生物监测。笔者认同前一种提法,下文只阐述生态监测。

(二)生态监测的分类

生态监测有多种分类方式。根据生态监测的对象和内容,从不同的生态系统角度出发,生态监测可以分为水生态监测、湿地生态监测、大气生态监测、森林生态监测、草原生态监测、荒漠生态监测、农田生态监测、城市生态监测等。根据生态监测的两个基本空间尺度,可以把生态监测概括地分为宏观生态监测和微观生态监测两大类。

宏观生态监测指利用遥感技术、生态图技术、区域生态调查技术及生态统计技术等,对区域范围内各类生态系统的组合方式、镶嵌特征、动态变化和空间分布格局等及其在人类活动影响下的变化情况所进行的监测。宏观生态监测一般是以原有的自然本底图和专业图件为基础,所得的几何信息多以图件的方式输出,从而建立地理信息系统。监测的内容多为区域范围内具有特殊意义的生态系统的分布及面积的动态变化,如热带雨林生态系统、荒漠化生态系统、湿地生态系统等。宏观生态监测的地域等级可从小的区域生态系统(包括流域生态系统和行政区域生态系统)扩展到全球生态系统。

微观生态监测指对一个或几个生态系统内各生态因子的监测,监测对象是某一特定生态系统或生态系统聚合体的结构和功能特征及其在人类活动影响下的变化。微观生态监测以大量的生态监测站为工作基础,以物理、化学和生物学的方法对生态系统各个组分提取属性信息。根据监测的具体内容,微观生态监测又可分为干扰性生态监测、污染性生态监测、治理性生态监测以及环境质量现状评价生态监测。

干扰性生态监测主要是通过对生态因子的监测,研究人类生产活动对生态系统结构和功能的影响,分析生态系统结构对各种干扰的响应。污染性生态监测主要是通过监测受污染生态系统中主要生物体内的污染物浓度以及敏感生物对污染的响应,了解污染物在生态系统中的残留蓄积、迁移转化、浓缩富集规律及其响应机制。治理性生态监测主要指在对受损或退化的生态系统实施生态修复重建的过程中,为了全面掌握修复重建的实际效果、修复过程及趋势等,对其主要的生态因子开展监测,为评价修复重建效果、调整修复重建措施提供依据。环境质量现状评价生态监测主要是通过对生态因子的监测,获得相关数据资料,为环境质量现状评价提供依据。

宏观生态监测必须以微观生态监测为基础,而微观生态监测又必须以宏观生态监测为主导,二者既互相独立又相辅相成。一个完整的生态监测应包括宏观和微观监测两种尺度所形成的生态监测网。

(三)生态监测的内容

根据监测的目的,生态监测的主要内容如下。

(1)生态环境中非生命成分的监测。包括各种生态因子的监测和测试,即自然环境条件的监测(如气候、水文、地质等),还有物理、化学指标的异常(如大气污染物、水体污染物、土壤污染物、噪声、热污染、放射性)等。

(2)生态环境中生命成分的监测。包括对生命系统的个体、种群、群落的组成、数量、动态的统计和监控,污染物在生物体内的含量测试等。

(3)生物与环境构成的系统的监测。包括对一定区域范围内生物与环境之间构成的生态系统的组合方式、镶嵌特征、动态变化和空间分布格局等的监测,相当于宏观生态监测的内容。

(4)生物与环境相互作用及其发展规律的监测。包括对生态系统的结构、功能进行研究,既包括自然条件下(如自然保护区内)的生态系统结构、功能特征的监测,也包括受到干扰、污染或恢复、重建、治理后的生态系统的结构和功能的监测。

(5)社会经济系统的监测。人类在生态监测这个领域扮演着复杂的角色,它既是生态监测的执行者,又是生态监测的主要对象。人所构成的社会经济系统是生态关系变化的重要动力,故也是生态监测不可缺少的内容之一。

(四)生态监测的特点

生态监测不同于一般的环境质量监测,不仅表现在监测的对象、内容、方法及空间尺度上,而且生态学的理论及其监测技术决定了生态监测具有以下特点。

(1)综合性。生态监测的内容、指标体系和监测方法,既包括对环境本底、环境污染、环境破坏的监测,也包括对生命系统的监测,以及人为干扰和自然干扰造成生物与环境之间相互关系变化的监测。因此,生态监测不仅涉及多个生产领域,也涉及多学科的监测技术,只有这样,才能够全面掌握和了解环境污染及干扰的综合影响。

(2)复杂性。环境问题相当复杂,任何一个环境问题往往是多种因素共同作用的结果,通常涉及多种污染物,而且每种污染物的影响并非都是简单的加减关系,它们与外界环境之间形成复杂的相互作用。一般用物理化学仪器监测很难反映这种复杂的关系,需要结合生物技术开展相关监测,才能反映环境中多种污染成分综合作用的结果。生态监测的复杂性主要表现在:外界各种因子容易影响生态监测结果和生物监测性能;在时间和空间上的巨大差异性,以及自然界中许多偶然事件所产生的干扰作用很大;生物的生长发育和生理代谢状况等也会干扰生态监测的结果。

(3)连续性(又称长期性)。生态监测可以反映某种环境因素对长期生活于这一空间内的生命系统的影响。由于生态系统中各类生物有一系列连续的症状"记录"环境污染物的长期变化过程及影响,因此生态监测的结果能反映出某地区受污染或生态破坏的历史演变。

(4)累积性。有些环境污染物能被某些生物吸收,并在生物体内累积,使其体内的浓度比环境中高出很多倍,这种累积作用可以通过生物监测反映出来。

(5)灵敏性。有些生物对污染物的反映非常敏感,某些情况下,甚至用精密仪器都不能测出的某些微量污染物对生物却有严重危害,而通过生物监测却可以清楚地反映出来。如 $10^{-6} \sim 10^{-5}$ mg/L 有机磷农药会使鱼脑中的乙酰胆碱酯酶的活性受到抑制,使鱼类中毒。

(6)多功能性。生态监测可以通过各种指示生物的不同反应症状,同步监测污染的浓度、在生物体内的积累及其影响。监测结果不仅可以评价生态环境质量,而且可以评价监测区域的生产力与安全等。

（五）生态监测的指标体系

生态监测指标体系主要指一系列能敏感清晰地反映生态系统基本特征及生态环境变化趋势，并相互印证的项目。生态监测指标的选择首先要考虑生态类型及系统的完整性，即针对不同生态类型，指标体系有所不同。其中，陆地生态系统，如森林生态系统、草原生态系统、农田生态系统、荒漠生态系统以及城市生态系统等，其指标体系可由气象、水文、土壤、植物、动物和微生物 6 个要素构成；水域生态系统，包括淡水生态系统和海洋生态系统，其指标体系可由气象、水文、水质、底质、浮游动物、浮游植物、底栖生物、微生物 8 个要素构成。

同时，生态监测还应兼顾人为指标（包括人文景观、人文因素等）、一般监测指标（包括常规生态监测指标、重点生态监测指标等）和应急监测指标（包括自然和人为因素造成的突发性生态问题）。表 7-6 列举了常规生态监测指标，表 7-7 列举了不同类型生态系统监测过程中的重点监测指标。

表 7-6 常规生态监测指标（引自付运芝等，2002）

要素	常规监测指标
气象	气温、湿度、主导风向、风速、年降水量及其时空分布、蒸发量、土壤温度梯度、有效积温、大气干湿沉降物及其化学组成、日照和辐射强度等
水文	地表水化学组成、地下水水位及化学组成、地表径流量、侵蚀模数、水温、水深、水色、透明度、气味、pH 值、油类、重金属、氨氮、亚硝酸盐、酚、氰化物、硫化物、农药、除莠剂、COD、BOD、异味等
土壤	土壤类别，土种，营养元素含量，pH 值，有机质含量，土壤交换当量，土壤团粒构成，孔隙度，容重，透水率，持水量，土壤 CO_2、CH_4 释放量及其季节动态，土壤微生物，总盐分含量及其主要离子组成含量，土壤农药、重金属及其他有毒物质的积累量等
植物	植物群落及高等植物、低等植物种类和数量、种群密度、指示植物、指示群落、覆盖度、生物量、生长量、光能利用率、珍稀植物及其分布特征以及植物体、果实或种子中农药、重金属、亚硝酸盐等有毒物质的含量，作物灰分，粗蛋白，粗脂肪，粗纤维等
动物	动物种类，种群密度，数量，生活习性，食物链，消长情况，珍稀野生动物的数量及动态，动物体内农药、重金属、亚硝酸盐等有毒物质的富集量等
微生物	微生物种群数量、分布及其密度和季节动态变化，生物量，热值，土壤酶类与活性，呼吸强度，固氮菌及其固氮量，致病细菌和大肠杆菌的总数等
底质要素	有机质、总氮、总磷、pH 值、重金属、氰化物、农药、总汞、甲基汞、硫化物、COD、BOD 等
底栖生物	动物种群构成及数量、优势种群及动态、重金属及有毒物质富集量等
人类活动	人口密度、资源开发强度、生产力水平、退化土地治理率、基本农田保存率、水资源利用率、有机物质有效利用率、工农业生产污染排放强度等

（六）生态监测的方法

由于生态监测内容和指标体系的综合性、系统性，分析测试方法涉及的学科领域很多，如气象学、海洋学、水文学、土壤学、植物学、动物学、微生物学、环境科学、生态科学等，导致生态监测方法的多元性。除了传统的物理、化学监测所采用的方法外，生态监测方法的多元性还表现为新技术、新方法在生态监测中的实际运用。

表 7-7　不同类型生态系统的重点监测指标

生态系统类型	重点监测指标
湿地生态系统	大气干湿沉降物及其组成、河水的化学组分、泥沙及底泥的颗粒组成和化学成分、土壤矿质含量、珍稀生物的数量及危险因子、湿地生物体内有毒物质残留量等
森林生态系统	全球气候变暖所引起的生态系统或植物区系位移的监测,珍稀濒危动植物物种的分布及其栖息地的监测
草地生态系统	沙漠化面积及其时空分布和环境影响的监测,草原沙化退化面积及其时空分布和环境影响的监测,生态脆弱带面积及其时空分布和环境影响的监测,水土流失、沙漠化及草原退化地优化治理模式生态平衡的监测
农田生态系统	农药化肥施用量、残留量所造成的食品安全监测
湖泊生态系统	水体营养物质、藻类等对湖泊、水库和海洋生态系统结构和功能影响的监测
河流生态系统	污染物对河流水体水质、河流生态系统结构和功能影响的监测
矿业工程开发对生态环境的影响	地面沉降、SO_2、CO_2、烟尘、粉尘、氯化物、总悬浮颗粒物含量、采矿废物产生量、排放量、回填处置量、堆存量、采矿废物的化学成分对周围土壤、地表水、地下水、空气环境的影响,地面震动频率、速率、振幅等

1. 指示生物法

指示生物法指根据对环境中某种特定污染物质敏感或有较高耐受性的生物种类的存在,来指示其所在环境污染状况的方法。这类生物被称为指示生物。指示生物指对环境中某些物质,包括对污染物的作用或环境条件的改变能较敏感和快速地产生明显反应的生物。指示生物的基本特征有:具有代表性;生命期较长且比较固定地生活于检测区;对干扰作用反应敏感且健康;对干扰作用的反应在个体间差异小、重现性高。

对指示生物的选择方法有现场比较评比法、栽培或饲养比较试验法、人工熏气法、浸蘸法等。根据生态监测的目的来选定生物的指示指标,主要有:①症状指示指标,主要是通过肉眼或其他宏观方式可观察到的生物形态变化来指示环境污染现状;②生长势和产量评价指标,对于植物而言,各类器官的生长状况观测值都可用作指示指标;③生理生化指标,这种指标比症状指标和生长指标更敏感和迅速,常在生物未出现可见症状之前就已有了生理生化方面的明显改变;④行为学指标,如在污染水域的监测中,水生生物和鱼类的回避反应是监测水质的一种比较灵敏、简便的方法。

2. 生物样品的污染监测法

生物样品的污染监测指通过采集监测区域生物样品来分析生物体中污染物含量的监测方法。因为在受污染的生态环境中,由于某种污染物浓度显著高于背景值而大量蓄积在生物体内。

(3) "3S"技术。该技术包括遥感技术(RS)、地理信息系统(GIS)和全球定位系统(GPS)。遥感技术主要用于遥感数据源的选择、地理坐标的选择、遥感影像的识别和数据库的建设等。地理信息系统主要用于数据空间分析,包括数据库和遥感解析所生成的矢量生态景观类型数据,通过 GIS 实现对这些数据的面积量算以及空间综合分析。全球定位系统主要是实现对野外调查的空间定位、环境质量监测网的空间定位。

二、生态环境影响评价

开展生态监测的目的之一,就是对监测区域的生态环境质量状况做出科学的分析与评价,或对建设项目的环境影响做出预测性分析,为保护生态环境质量、修复或建设生态环境以及合理利用自然资源提供依据。生态环境影响评价指通过定量揭示和预测人类活动对生态影响及对人类健康和经济发展的作用,分析确定一个地区的生态负荷或环境容量。

生态环境影响评价是在生态环境影响识别、现状调查与评价的基础上,有选择、有重点地对某些受影响的生态系统做深入研究,对某些主要生态因子和生态功能的变化做定量或半定量的预测计算,以便把握因建设开发活动而导致的生态系统结构变化和环境功能变化的程度以及相关的环境后果,由此进一步明确开发建设者应负的环境责任以及提出为保护生态环境和维持区域生态环境功能不被削弱而应采取的措施和要求。

生态环境影响评价的基本程序如图 7-2 所示。

生态环境影响评价方法有许多还处于探索与发展阶段。各种生物学方法、环境科学的调查方法都可用于生态环境影响评价工作。目前,基本方法主要有以下几种。

(一)生态图法

生态图法是指在同一张图上表示两个或更多的环境特征重叠,指明被影响的生态环境特征及影响的相对范围程度。生态图法的优点是直观、形象、简单明了,缺点是不能做精确的定量评价。生态图法主要应用于区域环境影响评价;应用于具有区域性影响的特大型建设项目评价中,如大型水利枢纽工程、新能源基地建设等;应用于土地利用规划和农业开发规划中。其基本意义在于说明、评价或预测某一地区的受影响状态及适合开发程度,提供选择的地点和线路。

编制生态图有两种基本方法,即指标法和叠图法。

(二)列表清单法

列表清单法是针对将实施开发的建设项目的影响因素和可能受影响的影响因子,分别列在同一张表格的行与列内,并以正负号、其他符号或数字来表示影响性质和程度,逐点分析开发的建设项目的生态环境影响。该方法是一种定性的分析方法。

(三)生态机制分析法

生态机制分析法按照生态学原理进行影响预测,其工作步骤为:①调查环境背景现状和搜集有关资料;②调查植物和动物分布、动物栖息地和迁徙路线;③根据调查结果分别对植物或动物按种群、群落和生态系统进行划分,描述其分布特点、结构特征和演化等级;④识别有无珍稀濒危物种及重要经济、历史、景观和科研价值的物种;⑤观测项目建成后该地区动物、植物生长环境的变化;⑥根据兴建项目后的环境(水、土、气和生命组分)变化,对照无开发项目条件下动物、植物或生态系统演替趋势,预测对动物种群和植物个体、种群的影响以及生态系统演替的方向。

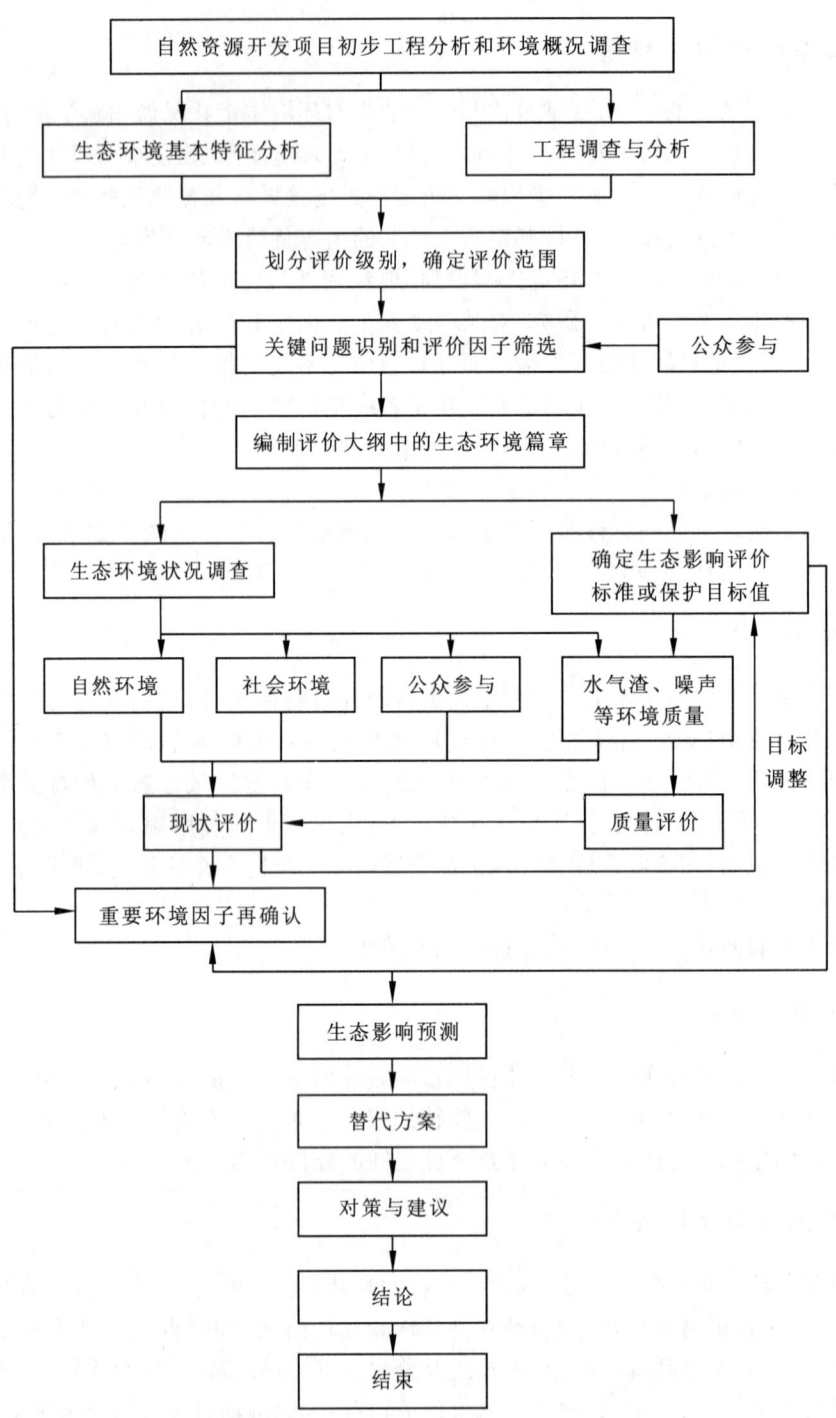

图 7-2 生态环境影响评价技术工作程序(引自盛连喜,2009)

(四)类比法

类比法分为生态环境整体类比和生态因子单项类比,是一种比较常用的定性和半定量评价方法。整体类比是根据已建成的项目对植物、动物或生态系统产生的影响,预测拟建项目的生态和环境效应。该方法被选中的类比项目,应该在工程特征、地理地质环境、气候因素、动植物背景等方面都与拟建项目相似,并且项目建成已达到一定年限,其影响已基本趋于稳定。由于自然条件多种多样,在进行生态评价时很难找到完全相似的两个类比项目,因此,可根据实际情况选择单项类比或部分类比。

(五)综合指数法

综合指数法是通过评价环境因子性质及变化规律的函数曲线,将这些环境因子的现状值(项目建设前)与预测值(项目建设后)转换为统一的无量纲的环境质量指标,由好至差用 1~0 表示,由此可计算出项目建设前后各因子环境质量指标的变化值。然后根据各因子的重要性赋予权重,得出项目对生态环境的综合影响。

(六)系统分析法

系统分析法常用于多目标动态性问题的分析和预测。在生态系统质量评价中使用系统分析的具体方法有专家咨询法、层次分析法、模糊综合评价法、综合排序法、系统动力学、灰色关联等,这些方法原则上都适用于生态环境影响评价。这些方法的具体操作过程可查阅有关书刊。

(七)生物生产力评价法

生态系统的生物生产力是系统的首要功能表征,是生态系统物流和能流的基础,也是生物与环境之间相互联系最本质的标志。衡量其功能优劣有 3 个基本生物学参数:生物生产力、生物量和物种量。

1. 生物生产力

生物生产力指生态系统在单位面积和单位时间所能生产的有机质的数量,即生产的速率,以 $t/(hm^2 \cdot a)$ 表示。目前全面测定生物生产力较为困难,多以绿色植物的生长量来代表。生物生长量既表征系统的生产能力,也可在一定程度上表征系统受影响后的恢复能力。

2. 生物量

生物量指一定空间内某个时期全部活有机体的重量,又称现有量,以 t/hm^2 表示。在生态影响评价中,一般选用标定相对生物量的概念,它是各级生物量与标定生物量的比值,以 P_b 表示,即:

$$P_b = B_m / B_{mo}$$

式中:B_m 表示生物量;B_{mo} 表示标定生物量;P_b 表示标定相对生物量,P_b 值越大,表示生态环境质量越好。

3. 物种量

物种量指单位空间(如单位面积)内的物种数量。它是生态系统稳定性以及系统与环境和

谐程度的表征。生态评价中亦用标定物种量的概念,并且将物种量与标定物种量的比值,即标定相对物种量作为评价的指标,表示为:

$$P_s = B_s/B_{so}$$

式中:B_s 表示物种量(种数/hm²);B_{so} 表示标定物种量(种数/hm²);P_s 表示标定相对物种量,P_s 值越大,表示环境质量越好。

(八)生物多样性定量评价

生物多样性定量评价中常采用物种多样性指数、均匀度和优势度 3 个指标表征。

1. 物种多样性指数

物种多样性指数常采用 Shannon-Winer 多样性指数,表达式为:

$$H = -\sum_{i=1}^{n} P_i \log_2 P_i$$

式中:P_i 为第 i 种的个体数占总个体数 N 的比例,即 $P_i = n_i/N$。

本法亦可用于群落多样性、生态系统多样性的表达。

2. 均匀度

均匀度表达式为:

$$E = \frac{H}{H_{max}}$$

式中:E 为均匀度;H_{max} 为最大多样性。

设群落中物种总数为 T,当所有物种都以相同比例(1/T)存在时,将有最大的多样性,即 $H_{max} = \log_2 T$。

样地中各个物种多度的均匀程度,即是每个物种个体数间的差异。物种的多样性与物种间个体分布的均匀度有关。

3. 优势度

优势度表达式为:

$$D = \log_2 T + \sum_{i=1}^{n} P_i \log_2 P_i$$

式中:D 为优势度;T 为群落中物种总数。

优势度表明群落中占统治地位的物种及其分布。

(九)景观生态学方法

景观生态学方法是通过对景观空间结构、功能与稳定性的分析,评价生态环境质量状况的一种方法。景观是由拼块、模地和廊道组成。模地为区域景观的背景地块,是景观中一种可以控制环境质量的组分。模地判定是空间结构分析的重点。模地判定依据 3 个标准:①相对面积大;②连通程度高;③具有动态控制功能,常采用传统生态学中计算植被重要值方法进行模地的判定。拼块的表征则采用多样性指数和优势度指数,优势度指数由密度、频度和景观比例 3 个参数计算得出。景观的功能与稳定性分析包括组成因子的生态适宜性分析、生态的恢复能力分析、系统的抗干扰或抗退化能力分析、种群源的持久性和可达性分析(能流是否畅通无阻,物流能否畅通和循环)及景观开放性分析(与周边生态系统的交流渠道是否畅通)等。景观生态学方法应用于城市和区域土地利用规划与功能区划、区域生态评价、特大型建设项目环境影响评价以及景观资源评价。景观生态学方法体现了生态系统结构与功能结合相一致的基本原理,可反映出生态环境的整体性状况。

(十)生态环境状况指数法

1. 生态环境状况指数(ecological index,简称 EI)计算方法

各项评价指标权重见表 7-8,生物丰度指数、植被覆盖指数、水网密度指数、土地退化指数及环境质量指数,按照我国《生态环境状况评价技术规范》(HJ192—2015)的规定计算所得。

表 7-8 各项评价指标权重

指标	生物丰度指数	植被覆盖指数	水网密度指数	土地退化指数	环境质量指数
权重	0.25	0.2	0.2	0.2	0.15

EI 计算方法如下:

$$EI = 0.25 \times 生物丰度指数 + 0.2 \times 植被覆盖指数 + 0.2 \times 水网密度指数 + 0.2 \times 土地退化指数 + 0.15 \times 环境质量指数$$

2. 生态环境状况分级

根据生态环境状况指数,将生态环境分为 5 级,即优、良、一般、较差和差,见表 7-9。

表 7-9 生态环境状况分级[引自《生态环境状况评价技术规范》(HJ192—2015)]

级别	优	良	一般	较差	差
指数	$EI \geq 75$	$55 \leq EI < 75$	$35 \leq EI < 55$	$20 \leq EI < 35$	$EI < 20$
状态	植被覆盖率高,生物多样性丰富,生态系统稳定,最适人类生存	植被覆盖率较高,生物多样性较丰富,基本适合人类生存	植被覆盖率中等,生物多样性一般水平,较适合人类生存,但不适合人类生存的制约性因子出现	植被覆盖率较低,严重干旱、少雨,物种较少,存在着明显限制人类生存的因素	条件较恶劣,人类生存环境恶化

3. 生态环境状况变化幅度分级

生态环境状况变化幅度分为 4 级,即无明显变化、略有变化(好或差)、明显变化(好或差)及显著变化(好或差),见表 7-10。

三、生态风险评价

生态风险评价(ecological risk assessment)指确定各种环境污染物(包括物理、化学、和生物污染物、生态破坏等)对人类以外的生物系统可能产生的风险及评估该风险可接受程度的体系与方法。生态风险评价包括预测性风险评价和回顾性风险评价,其范围包括点位风险评价和区域风险评价。生态风险评价的核心内容是定量地进行风险分析、风险表征和风险评价。

表 7-10 生态环境状况变化幅度分级[引自《生态环境状况评价技术规范》(HJ192—2015)]

级别	无明显变化	略有变化	明显变化	显著变化
变化值	$\lvert \Delta EI \rvert \leqslant 2$	$2 < \lvert \Delta EI \rvert \leqslant 5$	$5 < \lvert \Delta EI \rvert \leqslant 10$	$\lvert \Delta EI \rvert > 10$
描述	生态环境状况无明显变化	如果 $2 < \Delta EI \leqslant 5$,则生态环境状况略微变好;如果 $-2 > \Delta EI \geqslant -5$,则生态环境状况略微变差	如果 $5 < \Delta EI \leqslant 10$,则生态环境状况明显变好;如果 $-5 > \Delta EI \geqslant -10$,则生态环境状况明显变差	如果 $\Delta EI > 10$,则生态环境状况显著变好;如果 $\Delta EI < -10$,则生态环境状况显著变差

生态风险评价的步骤一般包括危险性的界定、生态风险的分析、风险表征和风险管理,如图 7-3 所示。危险性的界定主要是通过了解所评价的环境特征及污染源情况,做出是否需要进行生态风险评价的判断。生态风险的分析则需要进行暴露评价与效应评价。风险表征指将污染源的暴露评价与效应评价的结果结合起来加以总结,评价风险产生的可能性与影响程度,对风险进行定量化描述,并结合相关研究提出生态评价中的不确定因素的结论。风险管理是决策者或管理者根据生态风险评价的结果,考虑如何减少风险的一种独立工作。

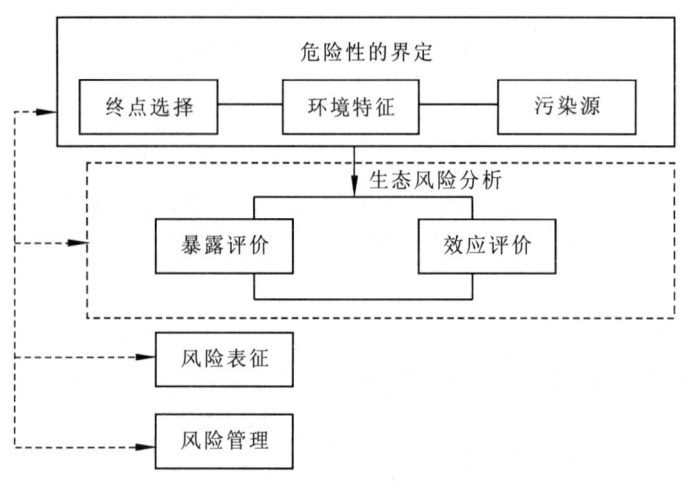

图 7-3 预测性生态风险评价内容及程序(引自盛连喜,2009)

在生态风险评价过程中,需要设计能定量描述环境变化及其产生影响的程序与方法,主要应用数值模型作为评价工具,归纳起来有以下 3 类模型。

(一)物理模型

物理模型是通过实验手段建立的模型,通常采用实验室内各种毒性试验数据或结果,研究建立相应的效应模型,来表达通常在自然状态下不易模拟的某种过程或系统。如预测某个水库是否会发生富营养化,常常利用附近类似的、已发生富营养化水库的资料,即应用类比研究的方法进行评价。

(二)统计学模型

统计学模型指应用回归方程、主成分分析和其他统计技术来归纳和表达所获得的观测数据之间的关系,做出定量估计。如毒性试验中的剂量-效应回归模型和毒性数据外推模型。

(三)数学模型

数学模型主要用于定量地说明某种现象与造成此现象的原因之间的关系,是一类可以阐述系统中机制关系的机理模型。数学模型能综合不同时间和空间观测到的资料,可根据易于观察到的数据预测难以观察或不可能观察到的参数变化,能说明各种参数之间的关系,以提供有价值的信息。应用于生态风险评价的数学模型有两类,即归宿模型和效应模型。

1. 归宿模型

该模型用来模拟污染物在环境中的迁移、转化和归宿等运动过程,包括生物与环境之间的交换、生物在食物链(网)中迁移、积累等的各种模型。

2. 效应模型

该模型用来模拟风险源引起的生态效应。如模拟污染物质对生物的影响与胁迫作用,包括:①个体效应模型,如毒物动力学和生长模型等,涉及个体生物的吸收、积累导致死亡的风险;②种群效应模型,如毒物对种群增长、繁殖、扩散、积累的影响模型以及毒物与种群关系或浓度效应关系模型等;③群落与生态系统模型,在效应模型中这类模型最为多样,包括微宇宙、中宇宙、区域与自然景观生态系统中的能流模型、物质循环模型、自然生态系统食物网集合模型等。

不确定性是生态风险评价的主要特点。引起不确定性的影响因素主要有3个方面:一是自然界固有的随机性;二是人们对事物认识的片面性;三是实验和评价处理过程中的人为误差,即自然差异、参数误差和模型误差。因此,建立和选择模型的过程中,应尽量减少不确定性,提高模拟精度,并且应采用现实的、相对准确的模型来定量描述这些不确定性是生态风险评价的核心。

第八章 生态工程

第一节 生态工程的形成与发展

一、生态工程的定义

首先提出生态工程(ecological engineering)这一概念的是美国学者Odum H T。1962年，概念形成初期将其定义为"基于少量人为辅助能源对以自然能源驱动为主的系统进行环境控制工程措施"。1971年，他将这一概念的范围进行了扩大，认为人对自然的管理即为生态工程。由于概念形成初期，在基本原理、基本原则与设计思路方面认识的不足，以上两个定义还不十分完善。1983年后，Odum在吸收了自组织理论的相关成果后，对生态工程的定义进一步修正后提出，将设计实施经济与自然的工艺技术称作生态工程。

1989年，Mitsch W J在其出版的《生态工程》中提出生态工程的概念："为了人类社会和自然环境两方面利益而对两者进行的有利设计。"1993年Mitsch W J在为美国国会撰写的报告中，对生态工程的概念进行了完善，修改为"为了人类社会及其自然环境的利益，而对人类社会及其自然环境加以综合且可持续的生态系统设计"。它包括开发、设计、建立、维持新的生态系统等步骤，以期在污水处理、地面矿渣及废弃物的回收、海岸带保护等领域，达到生态恢复和生物控制的目的。此后，不同研究背景的学者就其研究对象的差异，对生态工程提出了不同的定义。

国内对生态工程的研究与西方国家几乎同步，并且在应用历史与实践规模方面远胜于西方国家，具有明显的独立性与原创性。因此，国内关于生态工程的定义为多数学者所认可。其中最具代表性的为被称作"生态工程奠基人"的马世俊教授，其在《中国的农业生态工程》中提出："生态工程是应用生态系统中物种共生和物质循环再生的原理，结合系统工程的最优化方法，设计促进分层多级利用物质的生产工艺系统。生态工程的目的就是在促进自然界良性循环的前提下，充分发挥物质的生产潜力，防止环境污染，达到经济效益和生态效益同步发展。它可以是纵向的层次结构，也可以发展为几个纵向工艺链索横连而成的网状工程系统。"

综上所述，生态工程的定义较多。相对而言，西方国家对生态工程的概念是以环境污染问题的解决为出发点而定义的。而国内由于人口激增、资源破坏以及粮食生产不足等具体问题的存在，生态工程在概念与内涵方面要丰富得多。

二、生态工程学的形成与发展

生态工程学的产生和发展经历了一个较为漫长的历史过程，而且由于不同地区面临主要环境问题的差异,在起源与发展方面具有多元性。根究其发展过程,概括起来讲可以分为 3 个时期:生态工程学萌芽时期;生态工程学建立时期;现代生态工程学时期。

(一)生态工程学萌芽时期

生态工程学产生于人类祖先生产生活实践过程中,对生态学思想的不自觉应用。在人类文明早期,为了生存而进行的各种农耕养殖活动已经反映出古人对生态工程的实践与应用。在一些中外古籍中,已有很多关于生态工程实践的记载。例如,《吕氏春秋》中记载"竭泽而渔,而明年无鱼;焚薮而田,而明年无兽",包含了人类对生态工程学中所强调的物种共生原理的朴素理解。

而清朝时期古人所创造的"桑基鱼塘"生态农业模式,体现了对生态工程学中食物链原理的熟练应用。根据《高明县志》记载:"将洼地挖深,泥复四周为基,中凹下为塘,基六塘四。基种桑,塘畜鱼,桑叶饲蚕,蚕屎饲鱼,两利俱全,十倍禾稼。"这一模式即可养蚕,又可饲鱼肥田,至今仍在我国南方很多地区沿用。对于不同区域的环境特征,古人在食物链原理应用方面十分注重结合实际。例如,针对北方草原广袤,适于养殖牲畜的特点,在《幽风广义》中提出"多种苜蓿,广畜四化""多得粪壤,以为肥田之本",创造性地提出了粮、草、畜三结合的生态工程发展模式。这种基于生态工程原理对农畜用养的巧妙结合,使中国在土地长期集约耕种的情况下,没有出现西方多个国家数次出现的大范围地力衰竭现象。同样,当前的农业生产更加依赖于生态工程技术的应用。因此,可以说生态工程学是中国农业经久不衰的基础。

除了从历史典籍中可以发现萌芽时期生态工程学的众多应用外,古人应用其原理创造的工程有许多至今仍发挥着重要的生态功能。其中,最有名的即都江堰水利工程。作为全世界年代最久,迄今仅存的古代水利"生态工程",其科学的工程规划和合理的工程布局,在分水、导水、引水以及排洪泄沙等多个方面兼具功能,体现了古人在自觉应用生态工程学方面的伟大成就。

(二)生态工程学建立时期

以 18 世纪后半叶的第一次工业革命和 19 世纪 30 年代的第二次工业革命为代表,产业革命在为人类社会生产力带来飞速发展的同时,人类不得不面对伴随而来的各种资源、生态以及环境方面的问题。生态环境问题在世界范围内引起各国政府的重视,是同反映这一时期的生态环境污染现状的调查报告与科普作品分不开的。1962 年美国海洋生物学家 Rachel Carson 编写的科普作品《寂静的春天》,作为标志人类首次关注环境问题的著作,促使环境保护事业在世界范围迅速发展。

20 世纪 60 年代生态工程学概念的提出正是基于这一历史背景,在农业与环境领域得到发展。这一时期,西方发达国家在应对资源与能源危机的过程中,归纳总结出生态恢复工程的共性,进而在不同时期提出针对不同环境问题的生态工程概念。概念形成初期,Odum H T 将其定义为"以少量人为辅助能源对以自然能源驱动为主的系统进行环境控制工程措施"。1983 年在结合自组织理论,对生态工程学的定义进一步修正后提出,将设计实施经济与自然的工艺技术称作生态工程学。而 Uhlmann 和 Straskraba 则认为生态工程学与生态技术为同义词,将其定义为在环境管理方面,根据对生态学深入了解,花最小代价的措施,且对环境损害最小的技术。

国内同一时期发展起来的生态工程,所需要解决的不仅是环境资源问题,而且还有人口增长,资源有限及遭受破坏等综合问题。在这种背景条件下,催生的生态工程学概念是以上述生态环境问题为核心的。早在1954年,马世俊教授在研究蝗虫灾害防治的过程中,提出了以生态系统结构调整和水位控制为主要措施的生态工程措施。随后经过25年的实践工作总结,在1979年形成了较为系统的生态工程学的思想。其所提出的生态系统工程学概念强调生态工程的研究对象为"社会-经济-自然生态系统",强调重点关注废物管理、营养物质循环以及区域性食物供应3个系统的循环关系,提出所依据的机理就是模拟自然生态系统长期持续链环结构的功能。

这一时期生态工程学是根据全球不同区域所面临的生态、环境、人口、资源以及经济问题,提出各种不同的定义,处于概念的建立初期,在理论基础、概念内涵、原则步骤以及评价目标等方面的认识还十分有限。

(三)现代生态工程学时期

现代生态工程学时期是以1989年Mitsch和Jorgensen所著《生态工程》的出版为标志。该著作由多个国家的学者合著,明确给出了生态工程学的研究对象、基本原理与方法。并且随着国内外生态工程相关期刊的创刊,如 Ecological Engineering、Ecological Applications、《应用生态学报》等,生态工程终于步入现代发展时期。

当前一般认为生态工程学以人工生态系统、人类社会生态环境以及自然生态资源等为研究对象,以生态环境保护与社会经济协同发展为目标。其基本原理是以生态学、经济学和工程学原理为基础。方法与应用则主要包括生态系统设计、受损生态系统恢复、自然资源保护利用以及人类社会生态环境改善4个方面。

根据上述认识,颜京松(2001)给出了生态工程学一个较为全面的定义:为了人类社会和自然双双受益,着眼于生态系统,特别是社会-经济-自然复合生态系统的可持续发展能力的综合工程技术,促进人与自然调谐,经济与环境协调、可持续发展,从追求一维的经济增长或自然保护,走向富裕、健康、文明三位一体的复合生态繁荣。

随着生态工程学概念的完善,其在学科分支方面也有了较为明确的定位:隶属于应用生态学学科、管理生态学分支。并且随着生态工程学的发展,学科分类日益成熟。根据区域类型可划分为:山地生态工程、水体生态工程、湿地生态工程、滩涂生态工程、草原生态工程、盐碱地生态工程、沙漠生态工程、过渡带生态工程、环境脆弱带生态工程;根据产业类型可划分为:农业生态工程,种植业生态工程,林业生态工程,畜牧与水产养殖生态工程,污染生态工程,大气、水、景观生态工程,环境生态工程和城市生态工程等。学科分支的定位和学科分类的完善有助于现代生态工程学的进一步发展。

三、生态工程学研究意义

生态工程不仅是实现可持续发展的必然要求,也是实现社会、经济与生态可持续发展的基础。生态工程学作为一门综合了生态学、经济学和工程学的交叉学科,在推动生态经济可持续发展,解决当前生态环境保护与社会经济协调发展方面具有重要的意义。

（一）生态工程学对环境生态保护、恢复以及可持续发展具有典型意义

各种资源、生态、环境问题是目前全球共同面临的一个严峻问题，从生态学和社会学的角度来分析，具有复杂性、紧迫性、系统性和长期性的特点。由于生态环境在人类社会经济发展方面起着不可替代的作用，但经济发展过程对环境保护长期忽视、社会发展不平衡以及环境保护法律法规不健全等因素，最终导致全球普遍面临生态环境污染问题。开展生态工程在经济发展、环境保护、科技进步、社会效益和法规建设方面具有典型意义。就经济发展而言，生态工程的实施，会挽回环境保护领域由于环境污染每年造成的直接经济损失，以及资源利用价值、生态价值及美学价值所遭受的不计其数的间接损失。首先，就环境保护而言，生态工程不仅会使人类的生态环境保护意识有所提高，其积极的引导示范作用将会使公众积极参与到环境保护的行动中来。其次，生态工程实施的过程也是人们向自然学习和探索的过程，对生态环境保护的需求必将带来环境保护领域的发展。再次，纵观全球生态环境问题的成因与历程，不难发现其破坏过程同人类社会发展具有紧密的联系，根本原因在于人类社会，其最终的出路也只能在人类社会中寻找。因此，生态工程的实施有助于人类社会的发展与成熟。最后，生态工程切实有效地实施还离不开环境保护法律法规的健全。生态环境问题的出现是由于环境保护法律法规的缺失，而现在生态工程在生态环境保护方面的成就必将推动相关法律法规的出台和实施。因此，生态工程对于生态环境保护不仅具有典型的科技意义，而且还具有典型的社会和法律法规建设意义。

（二）生态工程学是贯彻落实党中央生态文明建设的实际需要

党中央在十八大报告关于大力推进生态文明建设中提出：建设生态文明，是关系人民福祉、关乎民族未来的长远大计。面对资源约束趋紧、环境污染严重、生态系统退化的严峻形势，必须树立尊重自然、顺应自然、保护自然的生态文明理念，把生态文明建设放在突出地位，融入经济建设、政治建设、文化建设、社会建设各方面和全过程，努力建设美丽中国，实现中华民族永续发展。我国在党中央领导组织下，在林业生态系统、农业生态系统、渔业生态系统等领域先后实施了多项大的生态工程，如"三北"防护林工程建设、环境自净工程、污染环境修复工程等，无论是在环境保护领域，还是在保障粮食安全以及促进经济发展方面所取得的成就举世瞩目。进入21世纪以来，经济社会进一步发展，环境保护工作持续进步。但经济发展和生态环境保护矛盾十分突出，新时期生态工程既要解决以往生态环境破坏遗留的问题，又要预防未来出现新的问题，面临巨大压力，任务极其复杂和艰巨。通过总结生态工程在各领域的实施，可以更清晰地认识到发挥生态环境保护必须要有一个在可持续发展思想基础上的长远规划，要有一个科学的、清晰的总体思路，然后坚定不渝地分步实施，才有可能在经济高速增长的同时，实现环境、社会、经济的协调发展，为全面建设小康社会，建设资源节约型、环境友好型社会提供保障。因此，生态工程学对于我们沿着十八大报告在生态文明方面所指明的方向，提供了理论、方法与技术保障，是生态文明建设的实际需要。

（三）生态工程学是提高污染控制与生态环境治理技术水平的需要

目前在环境污染治理方面尽管有大量的治理技术和经验，但必须清醒地认识到在开展污染治理方面可以发展的领域还很多，可以提高的空间还很大。总体来说，污染治理缺乏系统治

理思路和系统集成技术，还处在起步阶段，而且在污染治理过程中，生态修复技术方法和水平有待提高。生态工程学可以弥补现有污染治理方面的不足，有利于以系统的治理思路治理污染，恢复生态，促进生态环境的可持续发展，是实现自然、生态、经济和谐共处的基础。

第二节 生态工程学基本原理

根据现代生态工程学定义，该学科是以生态学和工程学基本原理为基础，以实现经济效益与生态效益高度统一为目标，使生态系统得到稳定持续发展的一门学科。因此，其基本理论基础包括：生态学原理、工程学原理以及经济学原理3个方面。

一、生态学原理

生态工程学的研究对象就是各类生态系统，因此生态学原理是确定研究对象特征、过程与存在问题，开展生态工程设计，以及进行生态工程评价的基础。根据已有的研究成果，生态工程学所涉及的原理涵盖生态系统个体、种群、群落以及生态系统等不同尺度，主要原理具体如下。

（一）生态位原理

生态学众多理论中，生态位理论一直处于十分重要的地位，被普遍认为是生态学的核心思想。作为群落生态学中最重要的概念之一，生态位又称生态龛位，是对一个物种所处的环境以及其本身生活习性的总称，即在生物群落或生态系统中，每一个物种都拥有自己的角色和地位，占据一定的空间，发挥一定的功能。这一原理对生态工程设计、调控以及评价过程均具有现实的指导意义。合理利用生态位原理，不仅是构建稳定高效生态系统的基础，同时也是生态系统调控和评价过程合理性评判的重要标准。

在开展水生态系统恢复的种间配置时，应该考虑各个种群的生态位宽度、种群之间的生态位相似性比例和生态位重叠情况，以及它们之间是否有利用性竞争生态关系。如果是利用性竞争生态关系，那么至少要求某一维度的资源不要重叠。例如，在开展湖泊生态恢复生态工程中，水生植物恢复工作要充分考虑浮叶植物、沉水植物和挺水植物对光照因子的生态位宽度以及重叠情况，合理设计恢复区域。除此之外，在开展水生态工程设计过程中还应当考虑不同物种之间多层布局的情况，如鱼、水生植物、浮游植物、浮游动物，从而形成一个完整稳定的生态系统。通过不同物种生态位情况，构建不同类群之间的合理配比，从而达到对资源高效利用，以及稳定维持生态系统的目标。

（二）食物链（网）原理

食物链（网）是群落和生态系统物质循环和能量流动的载体，直接或间接将生物群落各营养级结构上的生物种与无机环境联系到一起，是研究环境因子对生态系统影响的重要媒介。在生态工程学方面，食物链原理是开展系统内物种选择的重要依据。

这一方面最为成功的例子是在湖泊生态治理工程中广泛实施的生物操纵技术。生物操纵技术的核心是采用药物毒杀、选择性捕捞或增放凶猛鱼类，降低食浮游动物的鱼类（常包括食底栖生物鱼类）的种群密度，藉以壮大浮游动物种群，达到控制藻类生物量的目的。在实施这一技术的实践过程中,通常人们的注意力都集中在较高营养级的鱼类对生态系统结构与功能的影响,通过改变鱼类的组成和(或)多度对湖泊的营养结构进行调整,进而加速水生态系统的修复。

出于管理目的的食物链(网)操纵的思想始于20世纪60年代,湖沼学家开始注意到顶级消费者能对水生态系统食物链(网)中的较低级的生物(如藻类)产生深远的影响,并使水生态系统的营养结构和水质发生显著变化。生物操纵作为一种下行效应力量改善水质的潜力,在近40年世界各地不同湖泊生态修复过程中,展示了利用湖泊已有的营养级关系作为替代手段的可行性及有效性。

(三)物种共生原理

狭义的物种共生指存在于一个群落或者一个生态系统中的两种不同生物之间所形成的紧密互利关系,一方为另一方提供有利于生存的帮助,同时也获得对方的帮助,即偏利共生。这种关系广泛存在于动物之间、植物之间、菌类之间以及三者中任意两者之间。广义的物种共生除上述的互利共生关系外,还包括竞争共生、偏害共生、无关共生以及寄生。生态工程学作为一门以种间相互关系理论为指导的学科,重视对物种关系特别是互利共生关系的利用,以建立相互促进的生态系统。

豆科植物和根瘤菌之间的种间关系是物种共生关系的典型实例。一方面,根瘤菌的生长繁殖离不开从豆科植物根的皮层细胞中吸取碳水化合物、矿质盐类及水分;另一方面,它们又具有固定大气中游离态氮,进而转变为植物所能利用的含氮化合物供植物生活所需的能力。根据测算,豆科植物苜蓿年均可积累氮肥 $300kg/hm^2$。并且随着研究的深入,发现自然界类似植物和根瘤菌之间共生关系的植物种类并不仅仅局限于豆科,除豆科植物外还有其他科100多种植物能形成根瘤并进行固氮。除此之外,陆生生态系统中传粉昆虫与植物、苔藓植物中的藻类与真菌、有蹄类反刍生物与其肠道内瘤胃微生物之间均存在互利共生关系,这种关系可为农业和林业生态工程设计提供理论与应用基础。

湖泊生态系统中同样存在各种共生关系,例如早期水生牧食理论中沉水植物与附着螺类的共生关系。沉水植物作为湖泊重要的初级生产者,对生态系统的稳定与维持具有至关重要的作用。表面附生藻类、细菌以及各类有机、无机物质在营养与光照资源方面同其构成竞争关系,不利于个体的生长繁殖。而同样附着生长于其上的螺类可以取食附着其上的藻类,有利于沉水植物生长繁殖。因此,从这一方面来讲,沉水植物与螺类存在互利共生关系。尽管随着水生态系统研究的深入,对沉水植物和螺类共生关系提出了一些新的观点,认为螺类在牧食过程中没有选择性,不仅会牧食附着藻类,也会摄食沉水植物。但也有研究证据表明,沉水植物种类对螺类的适口性以及光照等环境因子会影响其种间关系。因此,在开展水生态工程设计过程中需要对种间关系的应用条件进行深入研究,以确保生态目标的实现。

(四)物种多样性原理

生物多样性(biodiversity)指生物及其与环境形成的生态复合体以及与此相关的各种生态过程的总和,包括数以百万计的动物、植物、微生物和它们所拥有的基因以及它们与其生存环境形成的复杂生态系统。按空间尺度,生物多样性可划分为4个层次,即遗传多样性(genetic diversity)、物种多样性(species diversity)、生态系统多样性(ecosystem diversity)以及景观多样性(landscape diversity)。

由于自然资源的合理利用和生态环境的保护是生态环境可持续发展的基础与目标,生物多样性对于生态工程系统的稳定性具有重要作用,是支撑其建立与发展最重要的生态学原理之一。这一理论对生态工程设计具有两方面的意义:一方面可以在生态工程过程中实现对资源的充分利用,具体到某一生态系统表现为对食物链的增长或者不同生态位物种的互补;另一方面,可以增加生态工程的系统稳定性,而系统稳定性是评价生态工程是否成功最重要的指标之一。

近年来,生态工程在与人类生产生活密切相关的农田生态系统应用十分广泛,可以充分说明生物多样性对于生态系统的重要性。在农田生态系统中,以作物为主的单种生物群落易于受到多种环境因子的影响,尤其是导致作物发生各种病虫害。同时单种作物种植模式也不利于野生生物的保护。而通过不同作物的套种,提高农田生态系统物种多样性,可以抑制病害虫并保护其天敌,提高土壤肥力,为野生生物提供保护,最终获取较高的经济、环境和社会效益。例如,实行棉麦套种,能有效减少棉田有害翅蚜的数量;而对作物大豆套种,不仅能抑制杂草生长,而且根瘤菌的作用还能提高农田肥力。

湖泊生态系统稳定的维持也同样离不开生物多样性,而且需要保持景观、生态系统、物种以及遗传等多个水平的多样性。例如,对清水稳态维持至关重要的水生植物如果要保持合理稳定的群落数量,必须要求生态系统中其他物种,如草食性鱼类、凶猛性鱼类、浮游动物以及底栖动物等,保持一定的多样性。这一点是开展湖泊恢复生态工程的基础与目标。

(五)物种耐受性原理

生物的生长与繁殖都必须满足适宜的环境条件,这就决定了无论个体、群落还是生态系统对不同环境因子均存在耐受性的上限和下限,超过上限或者下限均会导致生长与繁殖受限。物种耐性原理的研究不仅对于推动生态学的发展具有重要意义,而且不同生物耐受性范围及其差异是进行生态工程设计的基础。

目前,全球范围内绝大部分生态系统已经受到人类活动的干扰,其中重金属污染的生态治理工程最能体现物种耐受性原理的应用。重金属污染治理手段有多种,包括化学治理、工程治理、农业治理以及生物治理等多种方法。其中实施最为简便、投资小和对环境破坏小的方法就是生物治理。开展生物治理可以利用其生理生态习性来适应、抑制和改良重金属污染,常用的生物包括蚯蚓、微生物以及植物。无论哪种生物,在开展生态工程进行物种选择的过程中,均需要对重金属耐受性进行充分评价。

耐受性不仅体现在个体与群落方面,在进行生态系统层次设计时也需要充分考虑。淡水生态系统是水生系统中同人类生产生活最为紧密的部分之一,作为现代生态学研究的基本单元,同样面临着可持续发展的问题。然而,由于水体营养物质过度输入而引起的人为富营养化(cultural eutrophication)问题,已经在世界范围内引起了广泛关注。富营养化问题的出现,严重影响和制约了淡水生态系统的可持续发展。但是,我们应该认识到富营养化问题的出现在本质上是淡水生态系统物质交换和能量流动平衡失调,是湖泊生态系统结构与功能发生退化和受损,是生态元之间的链接断裂或弱化。因此,在开展湖泊生态系统管理和富营养化治理生态工程的过程中应该从淡水生态系统对环境因子的耐受性出发,充分考虑湖泊生态系统环境承载力,以实现湖泊生态系统可持续发展及确定合理的生态恢复工程目标。

(六)限制因子原理

限制因子指在决定生物存在和繁殖所依赖于各种生态因子的综合作用中,限制生物生存和繁殖的关键性因子,是决定生物生长、发育和分布的因素,又称主导因子。例如,荒漠生态系统中,水是限制因子;高寒生态系统中,热是限制因子;农田生态系统中,土壤是限制因子。但是需要指出的是,任何生物体总是同时受到多个因子的影响,单个因子不能孤立地对生物起作用,并且随着条件的改变限制因子也会发生变化。例如,湖泊生态系统中决定沉水植物生长繁殖的限制因子在不同条件下就有所不同,生物、光照、氮磷污染或者重金属污染等,均有可能成为限制其生长繁殖的主要影响因子。

限制因子作为生态学的一条基本原理,在指导生态工程设计方面可以根据需要进行灵活应用。一方面,当系统中需要目标生物发挥作用时,可以通过消除控制限制因子的方法来实现;相反,如果需要抑制某种生态现象,则可对限制因子的正向反馈调节作用进行强化。此外,限制因子之间存在普遍的相互作用,一种生态因子的不足往往可以由其他因子来补充和替代。在进行生态工程设计的过程中,可以通过调节其他因子的强度使生态因子作用得到强化或者减弱。

对于淡水生态系统来说,氮和磷的过度输入是驱动系统稳态变化最重要的原因,也是目前人类进行水生态系统管理和恢复主要调控的因素之一。不同氮、磷负荷条件是决定湖泊生态系统草型稳态和藻型稳态重要的限制因子。与磷不同的是,氮可以通过固定大气中的气态氮得到补充,因此在磷含量较高时,氮通常不会是湖泊生态系统的限制性因子。相反,很多时候氮元素在湖泊中的过量积累往往会增强磷的限制性作用。此外,影响湖泊生态系统的另一个限制因素是水深。水深的波动势必会改变水生植物的生长环境,进而影响水生植物的演替。水位对于浮叶植物和漂浮植物丰度的影响不大,而对于沉水植物丰度有很大影响,水位的降低会导致沉水植物丰度的增加。

(七)景观生态学原理

生态工程设计就其本质而言旨在摒弃人工作用的条件下,强化生物与环境的自然生态适应性。景观生态学是用来指示特定区域生物群落与环境间主要的、综合的、因果关系的研究。在确定不同环境因子的空间格局与生物群体相互关系方面,可以提供如景观的镶嵌性、连接度、碎裂性、均匀度、丰富度、边缘度等定性定量特征,这些特征对生物群落的分布、运动和持久性有很大影响,是进行农业生态工程、林业生态工程、湿地生态工程以及城市生态工程等诸多生态工程设计的理论基础。具体到特定生态工程,景观生态学可根据生态工程规模与尺度提供合理的判定标准。

(八)生态因子综合作用原理

尽管根据生态因子对生物的作用的大小、性质与作用方式,可以将其区分为主要与次要、直接与间接等,但生态系统中众多因子对生物的作用并不是孤立存在的,而是存在相互联系、相互促进、相互制约的关系,任何一个生态因子的变化必将引起其他因子产生相应的变化。并且,在一定条件下可相互转化。例如,自然界光照强度的昼夜、季节以及周年变化往往同温度相关,而温度的变化又会进一步影响空气湿度、土壤含水量等生态因子。

作为生物与环境的统一体，生态工程在进行系统设计时必须充分考虑各种生态因子对生物的综合作用，尤其是主要生态因子对其他因子的影响及响应。利用生态因子综合作用原理，可以减小生态工程系统内各因子的抗拮作用，增强相互促进，优化运行状态，以满足生态工程核心原理中对整体性与协调性的要求。

二、工程学原理

生态工程学是基于生态系统中物种共生、物质循环再生以及结构功能协调作用的系统优化活动过程。这一过程除遵循基本生态学原理外，还涉及包括系统工程、整体协调、耗散结构以及层次结构等工程技术领域的诸多原理。

（一）系统工程原理

系统工程学是一门高度综合性的管理工程技术，注重从系统的观点出发，跨学科地考虑问题，运用现代科学技术研究解决各种系统问题。作为一种组织管理方法，系统工程学首要任务是根据总体协调的要求，构建自然科学与社会科学在基础思想、策略及方法上的横向联系，并应用现代数学理论和工具，分析研究系统构成要素、组织结构、信息交换以及自动控制功能，以达到进行最优化设计、最优控制和最优管理的目标。

基于系统工程原理，在开展生态工程设计时应遵循整体性原则、综合性原则、优化性原则、模型化原则以及交互性原则。整体性原则要求生态工程以系统分析的原理和方法为基础，重视目标与过程的统一。生态工程重视的不仅是环境优化，而且兼顾社会、经济与自然的整体效益，追求社会-经济-自然的整体最佳效益，实现富裕、健康、文明三位一体的复合生态繁荣。综合性原则要求在生态工程设计时综合考虑实施途径、系统目标以及实施效果的多样性。在选择和确定生态工程实施途径、目标以及所能达到效果的过程中，需要尽可能地应用数学工具，在一定条件下使内部子系统之间协作，可保障时间与空间、物质与能量以及信息输入与输出的效率最高。同时，充分发挥模型优点，确保在较短时间内，以最少的消耗、最高的效率以及最大可能研究生态工程内部设计与外部环境变化过程之间的各种复杂响应关系，为系统最优化设计提供方法保障。在分析与决策过程中还应遵循交互性原则，一方面及时向抉择者提供反映系统分析和评价的结果；另一方面也需要将决策者的反馈作为系统进一步优化的信息充分加以利用，以便对下一步进程做出判断和修改。

（二）整体协调原理

生态工程作为一个有机整体，具有自然或者人为划定的明显边界，同时边界内的功能具有相对的独立性。如河流、湖泊、湿地水生态系统，同相邻的陆生生态系统边界明显，其功能也明显有区别。同时作为一种生态系统，其至少由包括生物和环境两个或者两个以上的组分构成。以湖泊生态系统为例，其本身包含水生生物和水生环境两部分，而水生生物和水生环境两大组分又可分为更小的子系统。水生生物分为沉水植物、浮游植物、浮游动物、底栖动物以及鱼类等。而水生环境又可分为水环境、底质环境以及大气环境等。系统内不同组分之间存在复杂的关系，并且相互依赖。生态工程是人工干预条件下对自然生态系统的重构，必须把环境与生物及其子系统进行充分协调。

湖泊恢复生态工程的发展经历了生态组分单项修复"治标"阶段到系统修复"治本"的转

换。早期开展湖泊生态工程往往仅考虑水生植物或者水体环境等单个组分,不能完成对完整生态系统的修复,所修复或构建的生态系统稳定性不足,导致大部分工作投入较大但取得的效果并不理想。目前,国内外富营养化湖泊中开展的水生植物恢复重建工作所取得的成果很难维持,究其根本原因就在于此。构建稳定的湖泊生态系统必须遵循生物与环境统一整体性原则:一方面必须对包括水体与底质在内的水生环境和包括鱼类与浮游生物在内的生物环境进行改善和提高;另一方面,在考虑水生植物生长环境与其对应关系的基础上,构建和谐有序的恢复方案。

(三)耗散结构原理

耗散结构原理指一个开放系统的有序性来自非平衡状态,即系统的有序性因系统向外界输出熵值的增加而趋于无序。而要维持系统的有序性,必须有来自于系统之外的负熵流的输入,即有来自于外界的能量补充和物质输入。生态系统作为一种非线性、复杂、开放的系统,不断与环境发生着物质与能量的交换,属于典型的耗散系统。因此,其概念与原理不仅能解释许多生态现象,而且在分析讨论生态平衡等问题方面较其他理论而言更为合理准确。

在进行生态工程设计应用中,要求不仅要注重系统内组分的设计,即自身熵输出的潜力,而且要注重系统外熵值输入能力,即向系统内部输入物质与能量的潜力。这两点既是维持系统稳定性所不能忽视的,也是评价生态工程系统效益的基本依据。湖泊生态系统在向富营养化演替,草型稳态向藻型稳态转换的过程中,初级生产力与总生物量的比值是逐渐减少的,往往伴随着系统稳态的降低。根据耗散理论,这一过程中生态系统将单位生物量的衰变逐渐减小到最低限度,使熵产生率最小化,从而使系统达到一种稳态。当一个健康的草型稳态湖泊受到营养物输入胁迫或干扰后,它通常会以增加大型水生植物群落呼吸速率,提高系统熵产生率来降低系统的无序性,当新的耗散结构形成后,又进入另外一个稳定状态。并且,如果影响系统稳定状态的强度与频率过大,会导致系统自组织能力的崩溃,从而进入非稳定状态。但是,外界胁迫因子去除后,系统的稳定状态并不能回到干扰前的状态。这既是目前湖泊生态系统稳态转换的基本观点,也是开展湖泊生态工程重要的理论基础。

(四)层次结构原理

层次结构理论可理解为稳定高效的系统必然由若干从低层次到高层次有秩序的组分所组成,并且各组分之间存在适当的比例关系和明显的功能分工,这种结构有利于系统顺利完成能量、物质、信息的转换与流动。层次结构包括横向层次和纵向层次。横向层次又叫作系统的水平分异性,指同一水平上的不同组成部分;纵向层次又叫作系统的垂直分异性,指不同水平上的组成部分。生态学研究中历来重视这种层次关系,生物学谱就是用来表示生物界层次结构的。

根据层次结构理论,生态工程本身也是按照层次组织起来的。例如,农业生态工程中,在个体水平内,农作物本身是由基因、细胞、组织、器官等不同层次组成的有机体,而在不同的水平层次间,有时构成作物群落、农田、区域以及农业生态系统的一部分。根据层次结构理论,组成系统的每个层次均具有特定的结构和功能特征,并可以单独作为一个研究对象和单元;尽管不同层次之间不能相互替代,但对某一层次的研究均有助于对其他层次的理解。湖泊生态系统可划分为个体、种群、群落、生态系统等不同层次,每个层次的组成结构与特征均不同于其他层次,且不能相互替代,但对不同层次的研究有助于对其他层次的理解。例如对沉水植物群落结构和功能的阐明,在种群层面有助于理解不同种类沉水植物的消长过程,在生态系统层面有助于理解藻类稳态和草型稳态的转换过程。因此,层次结构原理可为生态工程设计提供重要的理论基础。

三、经济学原理

生态工程设计与建设的最终目标是花费最少的人力资源,控制强大的自然生产能力。生态效益方面,要实现资源的再生与可持续发展,使自然再生产过程中资源更新速度大于或等于利用速度;经济效益方面,要保障物质能量输入输出的平衡与收益,使社会经再生产过程的生产总收入大于总支出,促进经济实力的不断增强。因此,这一过程就存在一个投入和产出效益评价的问题,这就需要经济学原理作为基础,对生态工程设计过程与目标进行指导和评价。

(一)资源利用合理性原理

资源利用合理性原理指在有限自然资源的基础上,既获得最佳的经济效益,同时不断提高环境质量。对于太阳能、地热能、风能、水能等非生物类可更新资源,由于人类对其更新过程不会产生大的影响,在利用过程中绝大多数可以满足所需。而湿地、湖泊、草原、森林等更新过程中与生物有关的可更新资源,其更新速度受开发利用强度的影响。人类对此类资源的过度利用会损害其更新能力,甚至会导致资源的枯竭。对这类资源的利用应注重通过保护其自我更新能力和创造条件加速其更新,使其取之不尽、用之不竭。

保护可更新资源再生能力的核心是控制资源开发利用速度于资源更新能力允许的合理范围内。例如,要保持湖泊生态系统良性循环,必须在湖泊中保持一定数量的凶猛性鱼类,以控制草食性鱼类对沉水植物的过度摄食。这就要求在进行捕捞作业过程中注意控制捕捞季节和时间,并对捕捞量和种类进行合理控制。对于不具备通过开发速度控制实现资源持续利用的可更新资源,反过来可以通过促进资源更新速率来满足对资源开发利用的需求。除可更新的资源外,矿产资源和社会生产资源等不能循环使用,属于不可更新资源。对于不可更新资源,在开发利用过程中需要注重物质循环理论,采用回收利用、资源替代、提高资源利用效率等方法实现对其的合理利用。

(二)生态经济平衡原理

生态经济平衡指生态系统及其物质、能量供给与经济系统对这些物质、能量需求之间的协调关系,其基础是生态系统物质与能量对经济系统的供求平衡。生态工程实施过程中坚持生态经济平衡有两点要求。一是,坚持生态平衡处于首位,经济平衡处于从属地位的设计与实施顺序。这是由生态经济本身的发展时序决定的,生态系统优先于经济系统存在,经济系统由生态系统孕育所生。二是,坚持生态平衡是经济平衡自然基础的原则,在生态经济系统中,一定的经济平衡总是在一定生态平衡基础上产生的。经济平衡并不是被动地去适应生态平衡,而是人类以经济发展为价值取向,主动利用经济力量去改善或重建生态平衡。经济发展能力愈强,人类对生态系统的影响作用愈大,改造生态系统的能力就愈大。这就要求生态工程实施过程中,生态系统在结构和功能方面能够通过自身的调节与经济系统相适应,且保持一定平衡状态。

(三)生态经济效益原理

在以往的社会生产活动中,人们过于追求经济效益,而忽视生态规律,导致生态失去平衡、资源遭受破坏、经济发展受阻,为社会发展带来灾难。客观现实要求人类树立生态经济效益的观点。生态经济效益作为生态效益和经济效益的综合体,要求人类在改造自然的过程中,不仅要获取最佳的经济效益,也要最大限度地保持生态平衡和充分发挥生态效益。生态经济效益是生态经济学的核心问题,是评价生态经济活动和生态工程项目的客观尺度,贯穿于生态工程项目的设计、实施与评价的整个过程。

在生态工程中遵循生态经济效益原理,需要对工程近期与远期生态经济效益进行比较分析,以尽量少的资源消耗和对生态系统最小的影响,提高生态环境质量,促进社会经济发展,取得最佳的生态经济效益。以湖泊生态系统为例,其生态效益与经济效益之间相互制约,互为因果。一方面,湖泊在生物多样性保护、区域环境改善以及气候调节方面具有很大的生态效益;另一方面,湖泊为人类在航运、渔获物、农业灌溉、工业用水方面具有很大的经济效益。但湖泊生态环境的恶化不仅会削弱其生态效益,更为重要的是会制约其经济效益的发挥;反之则会促进其经济效益的提升。在生态工程中,如果生态效益受到损害,整体的和长远的经济效益也将难以得到保障。因此,在开展设计与效果评价过程中要维护生态效益与经济效益之间的权衡关系,力求做到既能获得较大的经济效益,又能获得良好的生态效益。

(四)生态经济价值原理

生态经济价值作为生态学与经济学融合的产物,是生态价值与经济价值合并的特殊价值表现形式。目前,关于生态环境存在经济价值的观点基本没有争议,但生态经济价值估算方法在不同行业之间存在很大差异,是亟待解决的问题之一。例如,自然湖泊生态系统所能提供的区域环境改善、气候调节、生物多样性保护、防洪等众多生态效益,既不是使用价值,也不表现为具体的价值。在进行评价的过程中,如何从理论上解决其价值估算问题,是解决生态经济价值评估的关键。具体到生态工程设计,需要对其过程中生态经济价值大小进行科学比选与评估,避免自然资源的破坏与浪费。

第三节 生态工程设计思路与应用实例

一、生态工程设计原则

(一)综合性原则

综合性原则要求生态工程应以系统分析的方法与原理为基础,重视社会、经济与自然之间的相互关系,结合具体生态系统,以服务系统目标为原则,在尽可能不损害优先目标的前提下实现其他目标。以河流生态工程为例,在开展具体工程的过程中需要优先考虑其生态功能,并且努力满足水质净化、生态景观等功能的需要,同时兼顾亲水活动的安全。

(二)协调性原则

生态工程必须遵循系统内各组分的协调共存的原则,注重生态工程与生态系统整体风貌相协调,生态景观与周边景观相协调,能够充分体现不同生态系统及周边区域发展的特点。同时,生态工程作为自然-经济-生态的复合体,三者之间相互关系的协调也属于该原则的范畴。

(三)自然性原则

在开展生态工程的过程中,要始终坚持以生态系统自然的结构和功能为出发点,以自然修复为主、人工修复为辅,因地制宜,充分利用生态系统在结构与功能方面的条件,构建具有较强自我维持及稳定的自组织生态系统。

(四)经济性原则

生态工程的建设与应用均是以追求综合效益为目标,建设过程中始终伴随着实现经济效益的需求。生态经济对生态工程中自然-经济-生态复合系统实施具有重要的指导作用:生态系统是生态经济的基础,经济系统是生态经济系统的主题,生态经济是生态系统与经济系统的统一体。因此,生态工程需要与经济和社会发展同步,因地制宜,在前期建设与后期管护方面进行统筹考虑,实现生态系统的可持续性发展。

二、生态工程设计的一般步骤

随着生态工程学的发展,生态工程学学科分类日益成熟。例如,根据区域类型可划分为山地生态工程、水体生态工程、湿地生态工程、滩涂生态工程、草原生态工程等,根据产业类型可划分为农业生态工程、种植业生态工程、林业生态工程等。不同生态系统的特征各异,在开展生态设计过程中关注的重点也各异。但是,其设计的基本步骤存在相似性,具体如下。

(1)确定生态工程目标。所有生态工程的目标都是充分实现生态系统自我设计与经济系统人为设计的高度统一。开展这一步不仅需要充分考虑生态系统的结构、功能特点,尊重其基本演替与变化规律,还需要进一步考虑现有生态工程技术的可达性与经济的支撑能力。在此基础上,确定生态工程的总体目标,以及生态工程实施后在生态、经济与社会方面的具体指标。

(2)确定生态工程的系统边界。由于生态工程设计的对象为生态系统,生态系统具有空间和尺度上的限定,因此,任何一项生态工程在进行设计前不仅需要对目标加以界定,而且还应确定工程设计的范围与生态尺度。这一工作对于后继确定工程利益相关者具有重要作用。

(3)生态系统分析。对确定边界的生态工程进行系统的调查与分析,确定该生态系统发展历史、结构与功能的演化过程,甄别生态系统存在的主要问题。

(4)生态过程影响驱动因子及响应。在分析生态系统主要问题的基础上,对影响该生态系统的所有环境及生态因子进行分析,确定关键性驱动因子,并对驱动因子作用下生态系统的响应特征进行分析。

(5)生态工程方案构建。初步构建实现生态工程目标的不同工作方案,具体到工艺路线、工艺流程以及采取的工艺技术。

(6)生态工程方案的论证与修订。根据系统性原则中模型化与系统化要求,采用数学分析与模型模拟的方法,集合相关专家对工艺设计的意见和建议,进行统一修改,形成最终的生态工程方案。

(7)目标的可行性分析。基于论证修改的工艺方案,结合经济投入、自然生态特征以及当地社会经济条件,确定生态工程目标可行性。

(8)生态工程详细计划与实施方案。将确定采用的技术方案,进一步细化设计,并根据确定的实施地点,按照工艺与技术要求进行施工。为保证生态工程的实施,需要制定时间进度表,进行明确的任务分派,落实资金来源,组织项目评估。

(9)工程验收。应用经济学、工程学以及生态学基本原理对生态工程工艺合理性、技术可行性以及经济性进行评判。

三、生态工程案例——以湖泊为例

湖泊是地球上重要的生态系统,其在美化环境、保护物种以及资源利用等方面均具有不可替代的作用。然而由于人类在发展经济的过程中,对湖泊生态系统认识与保护的不足,导致其普遍出现富营养化的问题,使湖泊服务功能大大衰减。恢复和重建湖泊生态系统,维护湖泊生态安全已经成为共识。生态工程作为恢复和重建生态系统的重要手段,将其应用于富营养化湖泊治理越来越受到广泛关注。具体来讲,湖泊生态工程指在生态学原理指导下,以受损湖泊和生态系统恢复为目标,运用工程学和经济学理论,开展重建保护的生态工程。

(一)湖泊生态系统组成及结构

湖泊生态系统是由无机环境与各类水生生物群落共同组成的动态平衡系统。各种生物群落在从其生存环境之间获得物质与能量的同时,也时刻通过生命活动中的各种生理生化作用改变着环境,两者处于相互作用和相互影响的动态平衡中。作为水生态系统的重要组成之一,湖泊生态系统在组成结构上同样由无机环境、生产者、消费者以及分解者四大要素组成(图8-1)。生产者一般指浮游植物、维管束植物以及光合细菌等自养型生物,能够通过光合作用利用简单的无机物质制造有机物是这类生物的共同特征,在湖泊生态系统中处于各营养级底端。消费者包括原生动物、轮虫、浮游甲壳动物、底栖动物、鱼类及其他脊椎动物等以浮游植物和水生植物为食的各类生物,这类生物不仅受生产者的影响,而且也受其生活的水环境的影响。分解者主要包括各种水生细菌及真菌,它们分解动植物的残体、粪便和各种复杂的有机化合物,吸收某些分解产物,最终将有机物分解为简单的无机物,而这些无机物参与物质循环后可被自

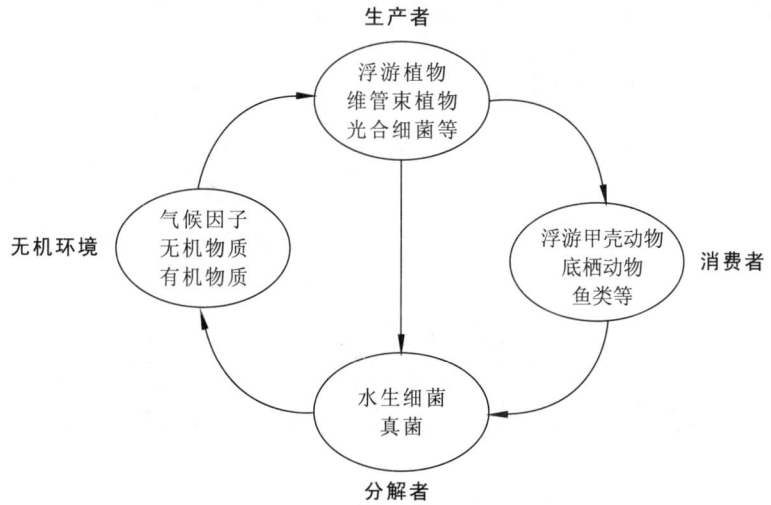

图8-1 湖泊生态系统循环体系

养型生物重新利用。湖泊生态系统中,分解者不仅包含各种细菌和真菌等异养型微生物,还包括蟹、软体动物等无脊椎动物。无机环境包含的内容较多,凡是能够对生物生长、发育、生殖、行为和分布造成影响的直接或者间接的因子都可以称之为环境要素。影响湖泊生态系统的环境要素主要包括:气候因子,如光、温度、湿度、风、雨、雪等;无机物质,如 C、H、O、N、CO_2 及各种无机盐等;有机物质,如蛋白质、碳水化合物、脂类和腐殖质等。

湖泊生态系统中的各类生产者、消费者、分解者是构成湖泊食物链和生态链的基本要素,而无机环境则是各条食物链物质和能量的来源与载体。具体到各生态类群而言,浮游植物和沉水植物通过光合作用将环境中的各种无机物质合成湖泊生态循环所需的有机物质与能量,浮游动物、鱼类及其部分无脊椎动物通过主动或者被动捕食初级生产者获得自身生长所需物质与能量,各类细菌、真菌以及部分无脊椎动物分解和降解初级生产者和各类消费者。在一个健康的湖泊生态系统中,为了保持系统稳定,上述各要素之间必须维持一种动态平衡,缺少或削弱任何一个生态系统要素都将引起生态系统的稳态转变与退化。

1. 水体理化因子

湖泊水体理化性状与其生态系统的结构和功能密切相关,一方面,水体理化特征影响着湖泊水生生物的生长、发育与分布;另一方面,水体理化特征反映着生物生存的外界条件。营养盐浓度的高低是湖泊生态系统重要的环境条件,湖泊氮、磷营养盐的大量输入,能导致浮游植物大量繁殖,水生植被退化甚至消失,使湖泊生态系统由草型清水稳态转变为藻型浊水状态。

2. 沉积物环境

湖泊沉积物是湖泊形成后逐渐沉积形成的,可以通过各种方式影响湖泊水体的物理化学性质,因而近年来逐渐被认为是湖泊组成密不可分的一部分。沉积物是湖泊营养物质的重要蓄积库,沉积物中营养盐的释放对水体的营养水平有着不可忽视的影响。当湖泊的污染外源受到控制以后,由于沉积物中营养盐内负荷的存在和释放,湖泊仍然可以继续处于富营养化状态。磷是造成湖泊富营养化的限制性因素之一,沉积物磷的释放行为因而备受关注。水体的营养状态和初级生产力受沉积物生物可利用性磷的影响较大,因而,近年来对沉积物磷的分级提取逐步由磷的单存性分级界定转向了可利用的视角,如图 8-2 所示。

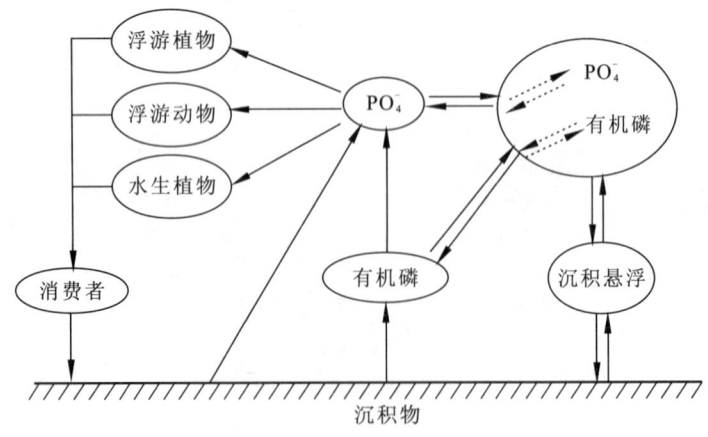

图 8-2　湖泊磷循环示意图(据 Correll,1998,修改)

3. 水文气象因子

水文气象对浅水湖泊生态系统有着深远和复杂的影响,其直接或间接影响着水生生物的数量变动、种群组成、垂直分布、生命周期等。一方面,光照、气温、水温、水量和透明度等可直接影响水生生物;另一方面,风向、风速、降雨、蒸发、降尘、水位、流量、流速、水体交换周期及停滞时间等通过影响湖泊水体的分层、混合以及光照、营养盐的可利用性等对水生生物起间接的作用。但目前有关水文气象对生态系统影响的研究还是较为匮乏。

4. 浮游植物

浮游植物是湖泊初级生产力的主要组成之一,在水生态系统能量流动和物质循环中具有重要作用。对于贫营养型和中营养型湖泊而言,生态系统的初级生产力由水生植物和浮游植物共同构成,浮游植物生产力较低,但其物种多样性较高。而对于富营养藻型浅水湖泊,生态系统的初级生产力几乎全部来自单细胞或群体浮游植物的光合作用,浮游植物物种多样性却较低。在不同营养类型或同一营养类型不同季节的湖泊,浮游植物群落结构往往存在显著差异。浮游植物种类组成和群落结构受多种生态因子的影响,这些因子中既有营养盐、光照、温度、pH 值等非生物因子,又有生物因子。生物因子对浮游植物的影响也不容小觑,浮游动物和鱼类可通过摄食作用,影响浮游植物群落结构,控制浮游生物的生物量;而水生植物也会通过营养竞争和他感作用影响浮游植物的群落特征;甚至于不同藻类之间也会相互作用,影响生长。此外,盐度、重金属、微量元素、水文、气象、UV 辐射等也可以直接或间接影响浮游植物种群的组成和结构,参与浮游植物演替变化。

5. 水生植物

水生植物是水生态系统的重要组成部分和主要的初级生产者之一,对生态系统物质和能量的循环和传递起调控作用,是良性湖泊生态系统的必要组成部分。水生植物发育良好有利于提高湖泊生态系统的生物多样性,而生态系统的生物多样性有助于提高生态系统的稳定性,进而使湖泊可以忍受较高的外源污染负荷,保持较低的营养水平,并能抑制浮游植物的生长,维持湖泊清水状态。水生植物具有多种维持湖泊清水状态的机制,如为浮游动物提供庇护、减少沉积物再悬浮、与浮游植物竞争营养及释放克藻物质等。按生活型,一般将高等水生植物分为挺水植物、浮叶植物、漂浮植物和沉水植物。其中,沉水植物占据了湖泊中水和底质的主要界面,联系着水体和沉积物两大营养库,对湖泊生产力及湖泊生态系统过程的影响显得尤为重要。目前,水生植物特别是沉水植物在水生态修复中的关键性地位得到了越来越多的认可。

水生植物生长除了受营养元素的限制以外,还受光照、温度、沉积物和生物因子等多种因素的影响。不同水生植物对水质的适应阈值不同,对氮、磷等营养盐的吸收也有差异。不同水生植物对水温有不同的适应能力。一般认为,沉水植物对低温有较好的适应性,最适宜生长的温度为 15～30℃。不同沉水植物对水温的适应能力也有差异,如伊乐藻和菹草较耐寒,而黑藻、微齿眼子菜和苦草则较耐热。水生植物的分布及其群落型特点与沉积物也密切相关,如红线草、微齿眼子菜多分布于砂质的底泥中,而狐尾藻多分布于有机质含量较多的黑色淤泥的底质中。此外,藻型富营养化湖泊中,浮游植物的大量繁殖生长也会抑制水生植物的生长,影响机制包括营养竞争、藻类层的遮光作用、释放有毒物质等。

6. 浮游动物

浮游动物是天然水域食物链中的一个重要环节,在湖泊生态系统的物质循环和能量流动中起着承上启下的作用。一方面,浮游动物有的以浮游植物为食物,控制着水体的初级生产力;另一方面,其本身又是其他水生生物的食物,其种类和数量的变化直接或间接影响着其他较高等水生生物的分布和丰度。浮游动物的不少种类对环境变化比较敏感,与水质污染程度密切相关。在清洁型水体中,浮游动物一般有种类多、数量少的特点;中度或较严重富营养化的水体中,耐污种类往往形成优势种群,以较高数量出现;在重度污染(包括有机和重金属污染)的水体中,很少有浮游动物能够生存。因而,浮游动物种类组成、种类数目变化、个体数量变动及生物量分布、多样性指数等群落结构特征被用来检测评价水质及变化趋势。此外,浮游动物还是水生态修复方法中生物操纵的关键因子之一,浮游动物的数量与分布受到温度、pH值、水流、浊度、食物、捕食等多种因子的影响。

7. 其他生物类群

底栖动物和鱼类在湖泊生态系统中也起着非常重要的作用,是食物链的重要消费者,两者均可直接或间接控制浮游植物的生长。底栖动物处于食物链的中间环节,一方面它对浮游生物进行捕食,另一方面为鱼类提供食物。底栖动物的群落结构与湖泊水质状况密切相关。不同湖泊生态系统中,底栖动物的物种种类、物种多样性、密度和生物量亦有很大差异。

鱼类对浮游植物的影响是近年来水生态修复研究中的热点问题。最初,人们主要是通过去除食浮游生物者或添加食鱼动物降低浮游生物食性鱼的数量,使浮游动物向大型化演替,从而提高浮游动物对浮游植物的摄食效率,降低浮游植物的数量,即典型的生物操纵方法。后来发现,浮游生物食性鱼不仅滤食浮游动物,有的也能滤食浮游植物,因而浮游生物食性鱼也被直接用来控制藻类,即非典型生物操纵方法。许多试验结果表明,通过生物操纵可显著降低浮游植物的生物量。但这种方法也同样得到了很多质疑,反对者(Barthelmes,1988;Wetzel,2001)认为:这种对较高营养级生物摄食模式的操纵对富营养化控制来说仅仅具有短期的治疗性价值,因为营养盐(特别是磷)只是从湖泊的一个营养库暂时地转移到了另一个营养库,而这些营养盐的一部分肯定将再循环及被后续的光合作用再利用;浮游植物及相伴的敞水区微生物的补偿能力是成倍增加的、多样的和快速反应的,在维持潜在生产力可持续的营养盐条件下,对生态系统如此简单的扰动将不会长时间持续下去;大型浮游动物的摄食可暂时导致藻类生物量的下降,却常常导致超微藻(在微型生物环中有更快的生长和循环速率)和不能被浮游动物有效摄食的蓝藻的急速增加;随着水体规模的增大,浮游食性鱼的去除通过毒杀或泄水都难以实现,这种设想成功的可能性变得很小了;要想实现对浮游生物捕食作用的降低,需要成年肉食性鱼类的大规模放养工程,这样放养的成本效率也是值得怀疑的,特别是在它的稳定性还不确定的情况下。因而,针对不同的富营养化湖泊,如何使生物操纵法获得成功并得以长期维持,是研究者和管理者目前非常关注的问题。

(二)湖泊生态系统退化机制

湖泊生态系统退化是自然因素和人为因素共同作用的结果,气候变迁、地壳运动、工业污染物排放、农业灌溉、过度养殖、水利工程兴建、外来物种的入侵、水土流失、林地破坏等均是湖泊生态系统退化的主要影响因素。但随湖泊的类型、时空的差异,各因素在湖泊生态系统退化中产生影响的程度不同。因而,根据主导因素的不同,可将湖泊生态系统退化划分为自然因素主导下的湖泊生态系统退化和人为因素主导下的湖泊生态系统退化。

1. 自然因素主导下的湖泊生态系统退化

湖泊一旦形成,就受到外部自然因素和内部各种过程的持续作用而不断演变。湖泊生态系统的自然演变主要表现在:入湖河流携带的大量泥沙和生物残骸年复一年在湖内沉积,湖盆逐渐淤浅,变成陆地,或随着沿岸带水生植物的发展,逐渐变成沼泽;干燥气候条件下的内陆湖由于气候变异,冰雪融水减少,地下水水位下降等,补给水量不足以补偿蒸发损耗,往往引起湖面退缩干涸,或盐类物质在湖盆内积聚浓缩,湖水日益盐化,最终变成干盐湖;某些湖泊因出口下切,湖水流出而干涸。此外,由于地壳升降运动,气候变迁和形成湖泊的其他因素的变化,湖泊也会经历缩小和扩大的反复过程。我国新疆的罗布泊和台特马湖的消亡,是自然因素影响下湖泊消亡的典型实例。

2. 人为因素主导下的湖泊生态系统退化

随着社会经济的快速发展,资源利用强度加大,人类在向自然索取生存材料的同时,却未能把握好与自然之间和谐相处的尺度,使湖泊环境问题越来越突出,主要表现为:过度利用水资源导致湖泊咸化、萎缩和干涸,盲目大规模围垦导致湖泊水面的缩小乃至消失,大量排放污水、污物导致湖泊水质恶化,水利工程建设和过度捕捞导致水产资源枯竭等。由于人类活动的不断加剧,大大加速了湖泊的演化过程。湖泊环境问题的日益迅速凸显使其生命周期缩短,加速了湖泊的消亡。根据湖泊演替过程中湖泊水质和水域面积的变化,以人为因素主导下的湖泊生态系统退化主要产生两种类型的退化,即湖泊萎缩和湖泊富营养化。人类不合理的开发活动可引起湖泊的萎缩,这些不合理的开发活动主要包括:在一些入湖河流的上游开展大规模开垦耕地,引水灌溉,筑坝、跨区域调水等工程,导致入湖水量锐减,水位下降,同时盲目围湖造田而使湖泊遭受消亡或急剧缩小。人类活动的加剧也是引起湖泊富营养化的重要原因。近几十年来,由于社会经济迅速发展与污染治理相对落后之间的矛盾日益突出,大量未经处理的污水直接排放到湖泊中,加速了湖泊环境中氮磷营养物质的累积,从而使湖泊富营养化进程变得异常迅速。

目前,富营养化已成为我国最为突出的浅水湖泊生态系统退化问题之一。我国主要淡水湖泊除处于人烟稀少地区和原始状态的部分湖泊外,其他湖泊营养盐水平基本达到了富营养化发生的标准浓度,如我国五大淡水湖泊中的太湖和巢湖已进入富营养化状态。城市湖泊,由于湖水受城市废水的影响大,无论地理位置如何,几乎已达到富营养化或严重富营养化的程度,其中昆明的滇池已达到严重富营养化水平。我国的富营养化湖泊几乎都是藻型富营养化湖泊,其特点主要表现为:湖水中总氮、总磷等无机营养盐浓度异常增高,大量大型水生植物消亡,而自养型浮游植物(藻类)异常增殖,成为湖泊生态系统中的主要生产者,当藻类生产力和生物量积聚至一定水平时,形成藻类水华,从而导致水生态系统结构和功能发生一系列变化,表现为水质恶化、水体透明度下降、溶解氧减少、湖底沉积速率增加、景观破坏、生物多样性下降、鱼类大量死亡等,严重影响着湖泊水体的使用价值。这种情况在靠近城市的小型湖泊中,如杭州西湖、南京玄武湖、武汉墨水湖等,表现得尤为突出。

(三)湖泊生态修复技术

1. 概念及意义

美国国家研究委员会(NRC)1992年在其出版的报告《水生生态系统修复》中将其定义为

"将生态系统修复到最接近其未受扰动时的状态",同时指出"所谓修复是指重建扰动前水体的功能以及相关的物理、化学和生物学特性"。水生生态系统修复是指通过一系列的措施将已经退化的水生生态系统恢复或修复到其原有水平,使水生生态系统具有更高的生态忍受性。水生生态系统修复的最终目的是通过一系列措施,创造一个自然的、可以自我调节的并与所在区域完全整合的系统,从而最大限度地减缓水生生态系统的退化,使系统恢复或修复到可以接受的、能长期自我维持的、稳定的状态。虽然水生生态系统的修复有时可以在自然条件下进行,但一般还是通过人工干预的方式实现的,主要包括:重建干扰前的物理环境条件、调节水和土壤环境的化学条件、减轻生态系统的环境压力(减少营养盐或污染物的负荷)、原位处理(采取生物修复或生物调控的措施),重新引进已经消失的土著动植物,尽可能地保护水生生态系统中尚未退化的组成部分等。

作为水生生态系统的重要类型,湖泊生态系统修复的核心依然是通过减缓外部环境胁迫,或改善环境条件,实现生态系统的修复,以提高其抵御外部环境变化的能力和自我修复的能力。虽然湖泊生态系统具有自然演替的能力,但其本身又是一类较为脆弱的生态系统,尤其对于浅水湖泊,抵御外界干扰的能力低,自身稳定性差,环境容量小。我国多数湖泊为浅水型湖泊,由于人为干扰的加剧,湖泊退化严重,因而恢复退化湖泊生态系统的重要性已越来越被人们所认识并逐渐形成研究热点。湖泊生态系统具有复杂性、开放性和影响因素多样性的特点,因而决定了其恢复过程的长期性和艰巨性。浅水湖泊的退化问题早在20世纪初就已出现,自此发达国家对退化湖泊生态系统修复进行了大量实践。我国也在近20年来对退化湖泊生态系统的修复开展了大量工作,但至今仍然没有非常成功的经验可循。退化湖泊生态系统的修复已成为全球淡水生态系统研究的前瞻性领域,其对于保障湖泊的可持续发展具有重要意义。

2. 水体污染治理

要实施湖泊生态修复,首先要充分了解湖泊的生态功能和系统结构,分析其功能退化或受损的原因,根据目标和功能来确定如何调整生态系统结构,从而有针对性地实施生态修复。湖泊富营养化是目前我国湖泊生态系统退化的主要问题,其主要是由于流域内不合理的人类活动,导致大量营养盐的输入、内源污染物的增加和氮、磷在水体中不断积累而造成的。对于富营养化湖泊,生态修复就是把蓝藻水华频发、水质浑浊的富营养化藻型湖泊生态系统通过一定的途径转化为水生植物茂盛、水质清澈的草型湖泊生态系统。

营养盐浓度是藻型湖泊生态系统和草型湖泊生态系统相互转换的重要影响因素,因此,开展退化湖泊生态系统的修复,实现湖泊从藻型到草型生态系统的转变,首先必须降低营养负荷,即通常所讲的控制污染负荷。引起湖泊污染负荷的污染源,根据其与湖泊水体的关系,可以划分为外源污染源和内源污染源两大类。其中,外源污染源是指湖泊水体以外的各种人类活动所产生的污染源,它是湖泊生态系统中污染物的主要来源,包括点源污染源、面源污染源等。目前,我国绝大多数天然水体的环境治理仍然停留在外源污染点源的控制上,而点源控制也主要限于工业点源污染控制或有机污染控制上,对于城市生活污水、农业分散的面源污染或生活污水基本上尚未采取真正有效的措施,未能实现外源污染的截断,因而短期内减轻我国湖泊富营养化退化加剧的趋势几乎不太可能。修复或重建环湖湿地保护带、修复或重建入湖河流的河口湿地系统、建设前置库等是目前常用的外源污染控制生态技术。

3. 沉积物污染治理

对于以水体富营养化为主要表现形式的湖泊生态系统,仅水体本身总氮、总磷浓度已达到或超过富营养化发生的浓度,即使将外源污染物消减到零,也不可能在短期内实现退化湖泊生态系统的修复,这就涉及到内源污染在湖泊富营养化中的作用。由于大量污染物的沉积,沉积物中营养盐含量较高,常常是上覆水中的数十倍,在风浪的扰动下,一次次地悬浮并把沉积物中的营养盐释放出来,形成内源污染,使得其营养盐负荷在外源全部得到控制的条件下,仍然很难在短时间内迅速下降。因此,现阶段湖泊生态修复的关键是在控制营养盐的基础上如何充分利用湖泊生态系统中营养盐及生物之间相互作用、相互依存的关系,增加系统的稳定性和弹性。

4. 水生植物恢复重建

重建或恢复湖泊生态系统的生物群落,促进系统的正常演替是实现其生态修复的第一步,也是关键的一步。以水生高等植物为主体的湖泊生态系统,为系统中物质循环、能量流动创造了必要的条件,同时也为其他动植物和微生物的生存提供必要的栖息地,从而增加了生态系统的物种多样性、弹性和稳定性,因而重建水生植物群落成为了湖泊生态修复的重点和热点。纵观国内外对湖泊生态系统修复的研究历程,从水生植物恢复角度而言,主要经历了3个发展阶段:20世纪70年代,国内外研究主要集中在通过向湖泊放养大量草鱼来消灭水生植物,以防止湖泊衰老;20世纪80年代,随着湖泊富营养化和藻类水华的发生,人们对过去破坏水生生物的行为有所认识;20世纪90年代开始,则进行了富营养化水体中组建和恢复水生植物的研究,并试图在已丧失了水生植物的湖泊中重建水生植物群落。

水生植物对生态系统的作用方式可以分为生物化学作用和生物物理作用两方面,具体表现在:抑制藻类,固持底泥,抑制风浪,吸收同化湖水和底泥中的氮、磷等营养物质,清除重金属和有毒有机污染物,为水生动物提供良好的栖息环境等方面,从而对改善湖泊水质、控制和降低湖泊富营养化状况,促进湖泊生态系统的修复起到重要作用。大型水生植物对湖泊外源营养物质的吸收净化作用,对内源营养物质的净化及克藻效应等,已从实践中得到了证实,滇池草海、太湖五里湖等的生态修复试验研究结果均表明,高等水生植物尤其是沉水植物在维持水体生态功能和水体净化过程中起着重要作用。

植物物种的选择是重建湖泊水生植被的重要一环,根据已有研究结果,莲、芦苇、红菱、黑藻、苦草、穗花狐尾藻、马来眼子菜、伊乐藻、金鱼藻和菹草等是湖泊生态修复中常见的植物种类。营养盐、光照、水温、透明度、沉积物理化性状等因素对水生植物的生长有重要影响,从而也影响着湖泊水生植被的重建。在富营养化湖泊水体中,藻类对水生植被的重建也有一定的影响,在藻类大量生长和暴发的季节,藻类对水生植物的恢复将产生抑制作用,特别是富营养化水体中的蓝藻水华对水生高等植物往往有致命伤害作用,导致引种的高等水生植物死亡。此外,溶解氧、pH值、食草鱼类种群等也是影响水生植物重建的重要因素。综上所述,在富营养化水体中恢复和重建高等水生植物群落面临许多生存压力,在构建时必须充分考虑这些压力,以环境改善为前提,包括控制污染负荷和输入、去除内源污染释放、协调水生生物群落结构等,在此基础上,再辅以水生植物种植,生态修复才能取得成效。

(四)生态修复实践与经验

纵观对湖泊生态系统修复的研究历程,经历了由工程控制污染源到生态控制的过程,并取得了一些有价值的研究成果和经验,同时也有一些值得深思的教训。在发达国家和部分发展中国家早期,主要通过切断污染源的措施对湖泊进行治理。但研究表明,即使在污染源得到有效控制的前提下，湖泊生态系统也不可能在短期内恢复。湖泊通过截污等措施，水体的营养盐浓度虽然有明显降低，但是湖水中叶绿素 a 浓度却往往不能有效降低，湖泊的富营养化程度并没有得到改善。我国南京玄武湖自 1990 年就开始实施上游的截污工程，但 1991—1997 年的湖水叶绿素 a 浓度年平均值仍呈上升趋势。因而，以藻类为绝对优势种群的富营养化湖泊生态系统仅靠控制外源营养盐并不能改变系统的稳定性，很难恢复到草型湖泊生态系统。20 世纪 70 年代，人们逐渐认识到湖泊的富营养化实质上是生态系统中生态链发生改变的外在表现形式。富营养化湖泊中，浮游植物大量生长繁殖，能量流动和物质循环不畅通，从而导致水生高等植物大量消亡，伴随其生长的鱼类和浮游生物也急剧减少，生态链上的生产者和消费者都发生了本质的变化，湖泊生态系统退化。

因而，人们基于生态系统中生态链的组成特点，提出通过重建生物群落来恢复生态的生物控制技术。生物调控是在分析湖泊水体食物网（链）结构对生态系统初级生产力重要影响的基础上，旨在通过调整食物链的结构组成，增加浮游动物种群数量，以提高对藻类的捕食强度，控制藻类的生存和水华的暴发。生物调控技术对于小而浅、相对封闭的湖泊生态系统中的某些浮游植物控制效果较好。但尽管鱼类大量摄食浮游植物，却未能有效降低浮游植物生物量，相反却促进了小型藻类的生长。我国武汉东湖在大量放养鱼类后富营养化程度并没有降低就是一个很好的证据。

目前，重建水生植物群落的方法，以其良好的净化效果、独特的经济效益、低能耗、简单易行以及有利于恢复和重建良好的湖泊生态系统等特点，正日益受到广大研究者的广泛关注，近年来已成为湖泊生态修复研究领域的热点之一。但是，人为构建的系统不是在与环境的互动中成长起来的自然生态系统，缺乏长期的稳定性，故如何长久维系水生植物存在的整个生态系统及其结构是目前生态修复学的难点。因而，湖泊生态系统修复必须采取顶端控制（控制进入湖泊的污染物的来源）和底端治理（包括内源污染治理和水生植物恢复）相结合的方法，才能从根本上解决湖泊富营养化问题，实现湖泊生态修复的目标。

主要参考文献

包维楷,陈庆恒.生态系统退化的过程及其特点[J].生态学杂志,1999,18(2):36-42.
蔡晓明,蔡博峰.生态系统的理论和实践[M].北京:化学工业出版社,2012.
陈志彪,涂宏章,谢跟踪.采矿迹地生态重建研究实例[J].水土保持研究,2002,9(4):31-33.
程发良,孙成访.环境保护与可持续发展[M].北京:清华大学出版社,2009.
付运芝,井元山,范淑梅.生态监测指标体系的探讨[J].辽宁城乡环境科技,2002,22(2):27-29.
高吉喜,张林波,潘英姿.21世纪生态发展战略[M].贵阳:贵州科技出版社,2001.
胡海清,魏书精,孙龙,等.气候变化、火干扰与生态系统碳循环[J].干旱区地理,2013,36(1):57-75.
胡荣桂.环境生态学[M].武汉:华中科技大学出版社,2010.
黄铭洪,蓝崇钰,束文圣,等.土壤种子库与矿业废弃地植被恢复研究:定居植物对重金属的吸收和再分配[J].植物生态学报,2001,25(3):306-311.
黄玉瑶.内陆水域污染生态学——原理与应用[M].北京:科学出版社,2001.
贾庆宇,王宇,李丽光.城市生态系统-大气间的碳通量研究进展[J].生态环境学报,2011,20(10):1569-1574.
雷军,张利,张小雷.中国干旱区特大城市低碳经济发展研究——以乌鲁木齐市为例[J].干旱区地理,2011,34(5):820-829.
李博.生态学[M].北京:高等教育出版社,2001.
李世杰.中国湖泊的变迁[J].森林与人类,2007,27(7):6-25.
李训贵.环境与可持续发展[M].北京:高等教育出版社,2004.
李振基.生态学[M].4版.北京:科学出版社,2014.
卢升高.环境生态学[M].杭州:浙江大学出版社,2010.
鲁敏,孙友敏,李东和.环境生态学[M].北京:化学工业出版社,2011.
陆桂华,何海.全球水循环研究进展[J].水科学进展,2006,17(3):419-424.
吕爱锋,田汉勤.气候变化、火干扰与生态系统生产力[J].植物生态学报,2007,31(2):242-251.
马克平.中国重点地区与类型生态系统多样性[M].杭州:浙江科学技术出版社,1999.
马世骏.生态工程——生态系统原理的应用[J].生态学杂志,1983,2(3):177-309.
马世骏,李松华.中国的农业生态工程[M].北京:科学出版社,1987.
马世骏,欧阳志云.复合生态系统与可持续发展复杂性研究[M].北京:科学出版社,1993.
孟紫强.环境毒理学基础[M].北京:高等教育出版社,2003.
彭筱峻,袁文芳,朱艳芳.生态环境监测的现状及发展趋势[J].江西化工,2009,2:25-29.
钱易,唐孝炎.环境保护与可持续发展[M].北京:高等教育出版社,2000.
曲向荣.环境生态学[M].北京:清华大学出版社,2012.

任海,彭少麟.恢复生态学导论[M].北京:科学出版社,2001.
尚玉昌.普通生态学[M].3版.北京:北京大学出版社,2010.
盛连喜.环境生态学导论[M].北京:高等教育出版社,2009.
史小丽,秦伯强.长江中下游地区湖泊的演化及生态特性[J].宁波大学学报,2007,20(2):221-226.
宋书巧,周永章.矿业废弃地及其生态恢复与重建[J].矿产保护与利用,2001(5):48-49.
孙儒泳.动物生态学原理[M].3版.北京:北京师范大学出版社,2001.
孙儒泳.普通生态学[M].北京:教育出版社,993.
陶波,葛全胜,李克让,等.陆地生态系统碳循环研究进展[J].地理研究,2001,20(5):564-575.
涂国平,贾仁安.红壤丘陵区生态系统反馈结构研究[J].水土保持研究,2003,10(4):84-87.
汪志聪,吴卫菊,左明,等.巢湖浮游植物群落生态位的研究[J].长江流域资源与环境,2010,19(6):685-691.
王德铭.水环境汞污染及其毒理反应系统的研究进展[J].水科学进展,1997,8(4):359-364.
王建林,王莉,包再德,等.小麦-玉米间作生态系统能流参数研究[J].应用生态学报,2003,14(9):150-151.
王林,曹珂,车轩,等.矿山废弃地生态修复研究进展[J].现代矿业,2013,536:170-172.
王遵娅,丁一汇,何金海,等.近50年来中国气候变化特征的再分析[J].气象学报,2004,62(2):228-236.
王治国,张云龙,刘徐师,等.林业生态工程学——林草植被建设的理论与实践[M].北京:中国林业出版社,2000.
魏艳,阮晨蕾.我国水环境污染现状及处理措施[J].北方环境,2012,25(3):173-174.
谢作明,陈兰洲,李敦海,等.土壤丝状蓝藻在荒漠治理中的作用研究[J].水生生物学报,2007,31(6):886-890.
谢作明,罗艳,王焰新,等.土著细菌对江汉平原浅层含水层沉积物中砷迁移的影响[J].生态毒理学报,2013,8(2):201-206
颜京松,王如松.近十年生态工程在中国的进展[J].农村生态环境,2001,17(1):1-9.
杨持.生态学[M].2版.北京:高等教育出版社,2008.
杨达源,李徐生,张振克.长江中下游湖泊的成因与演化[J].湖泊科学,2000,12(3):226-232.
伊武军.资源、环境与可持续发展[M].北京:海洋出版社,2001.
袁道先.地球系统的碳循环和资源环境效应[J].第四纪研究,2001,21(3):223-232.
云南大学生物系.植物生态学[M].北京:人民教育出版社,1980.
章家思.农业可持续发展的六大支持系统[J].农业现代化研究,1999,20(1):21-24.
张鸿龄,孙丽娜,孙铁珩,等.矿山废弃地生态修复过程中基质改良与植被重建研究进展[J].生态学杂志,2012,31(2):460-467.
赵晓光,石辉.环境生态学[M].北京:机械工业出版社,2007.
中华人民共和国水利部.2011年中国水资源公报[M].北京:中国水利水电出版社,2012.
杨纪朋,周名江,李军.一个海洋食物链能流的初步研究[J].应用生态学报.1998,9(5):517-519.
周天军,张学洪,王绍武.全球水循环的海洋分量研究[J].气象学报,1999,57(3):264-282.
邹晓锦,仇荣亮,黄穗虹,等.广东大宝山复合污染土壤的改良及植物复垦[J].中国环境科学,2008,

28(9):775-780

中国科学院的国家计划委员会自然资源综合考察委员会.中国自然资源手册[M].北京:科学出版社,1990.

Andrewartha H G, Brich L C. Distribution and abundance of animals[M]. Chicago: Chicago University Press, 1954.

Begon M, Harper J L, Townsend C R. Ecology: Individuals, populations and communities[M]. Oxford: Blackwell, Scientific Publications, 1986.

Begon M, Mortimer M. Population ecology[M]. Oxford: Blackwell Scientific Publications, 1981.

Bell L C. Establishment of native ecosystems after mining: Australian experience across diverse biogeographic zones[J]. Ecological Engineering, 2001, 17: 179-186.

Berdusco R J, O' Brien B. Reclamation of coal mine waste dumps at high elevations in British Columbia: 25 years of success[J]. CIM Bulletin, 1999, 92: 47-50.

Curry J P. The ecology of earthworms in reclaimed soils and their influence on soil fertility[M]//Edwards C A. Earthworm Ecology. London: St. Lucie Press, 1998: 253-261.

Deevey E S. Life table for natural populations of animals[J]. The Quarterly Review of Biology, 1947, 22: 283-314.

Daily J. Restoration Ecology: A synthentic approach to ecological research[M]. Cambridge University Press, 1995: 329-336.

Falkowski P, Scholes R J, Boyle E, et al. The global carbon cycle: a test of our knowledge of earth as a system[J]. Science, 2000, 290: 291-296.

IPCC. Climate Change 2001: Impacts, adaptation and vulnerability: summary for Policymakers: A Report of Working Group II of the Intergovernmental Panel on Climate Change[R]. Geneva, Switzerland, 2001.

Jordan R N, Yonge D R, Hathhorn W E. Enhanced mobility of Pb in the presence of dissolved natural matter[J]. Journal of Contaminant Hydrology, 1998, 29(1): 59-80.

Kendeigh S C. Ecology with special reference to animals and man[M]. Upper Saddle River NJ: Prentice Hall, 1974.

Kormondy E. Concepts of ecology (2nd ed)[M]. Englewood Cliffs: Prentice Hall, 1976.

Krebs C J. Ecology: the experimental analysis of distribution and abundance[M]. New York: Harper & Row publishers, 1978, 1985.

Marrs R H, Bradshaw A D. Nitrogenaccumulation, cycling and the reclamation of china clay wastes [J]. Journal of Environmental Management, 1982, 15: 130-157.

Odum H T. Enviroment, Power and Society[M]. New York: Willy, 1971.

Rouse W, Douglas M, Hecky R, et al. Effects of climate change on the freshwaters of arctic and subarctic North America[J]. Hydrological Processes, 1997, 11: 873-902.

Scheffer M, Carpenter S R, Foley J A, et al. Catastrophic shifts in ecosystems[J]. Nature, 2001, 413: 591-596.

Scheffer M, van Nes E H. Mechanisms for marine regime shifts: can we use lakes as microcosms for oceans? [J]. Progress in Oceanography, 2004, 60: 303-319.

Schmitt R W. The ocean component of the global water cycle[J]. Reviews of Geophysics,1995,3(supplement):1395-1409.

Smith R L. Ecology and field biology[M]. 3rd ed. New York:Harper & Row,1980.

Solomon S,Climate change 2007:the physical science basis[M]. Cambridge:Cambridge University Press,2007.

The Report of IPCC Climate Change 2007. The physical basis climate[M]. Cambridge:Cambridge University Press,2007.

Wang Z C,Li Z J,Li D H. A niche model to predict Microcystis bloom decline in Chaohu Lake,China[J]. Chinese Journal of Oceanology and Limnology. 2012,30(4):587-594

Wang Z C,Li G W,Li G B,et al. The decline process and major pathways of Microcystis bloom in Lake Taihu,China[J]. Chinese Journal of Oceanology and Limnology,2012,30(1):37-46.

Wiedinmyer C,Hurteau M D. Prescribed fire as a means of reducing forest carbon emissions in the western United States[J]. Environmental Science & Technology,2010,44(6):1926-1932.

Xie Z M,Liu Y D,Hu C X,et al. Relationships between the biomass of algal crusts in fields and their compressive strength[J]. Soil Biology and Biochemistry,2007,39(2):567-572.

Xie Z M,Luo Y,Wang Y X,et al. Arsenic resistance and bioaccumulation of an indigenous bacterium isolated from aquifer sediments of Datong Basin,northern China[J]. Geomicrobiology Journal,2013,30(6):549-556.

Xie Z M,Zhou Y F,Wang Y X,et al. Influence of arsenate on lipid peroxidation levels and antioxidant enzyme activities in Bacillus cereus strain XZM002 isolated from high arsenic aquifer sediments[J]. Geomicrobiology Journal,2013,30(7):645-652.

图书在版编目(CIP)数据

环境生态学/谢作明主编. —武汉:中国地质大学出版社,2015.12(2023.3重印)
ISBN 978-7-5625-3003-9

Ⅰ.①环…
Ⅱ.①谢…
Ⅲ.①环境生态学
Ⅳ.①X171

中国版本图书馆 CIP 数据核字(2016)第 044293 号

环境生态学				谢作明 **主　编**
	邢　伟　　潘晓洁　　王伟波　　王英才			**副主编**

责任编辑:党梅梅　张　琰	选题策划:张　琰	责任校对:张咏梅

出版发行:中国地质大学出版社(武汉市洪山区鲁磨路388号)　　邮政编码:430074
电　　话:(027)67883511　　传真:67883580　　E-mail:cbb@cug.edu.cn
经　　销:全国新华书店　　　　　　　　　　　　http://www.cugp.cug.edu.cn

开本:787mm×1092mm　1/16	字数:300千字　印张:11.75
版次:2015年12月第1版	印次:2023年3月第3次印刷
印刷:武汉市籍缘印刷厂	印数:2001—3000 册
ISBN 978-7-5625-3003-9	定价:38.00元

如有印装质量问题请与印刷厂联系调换